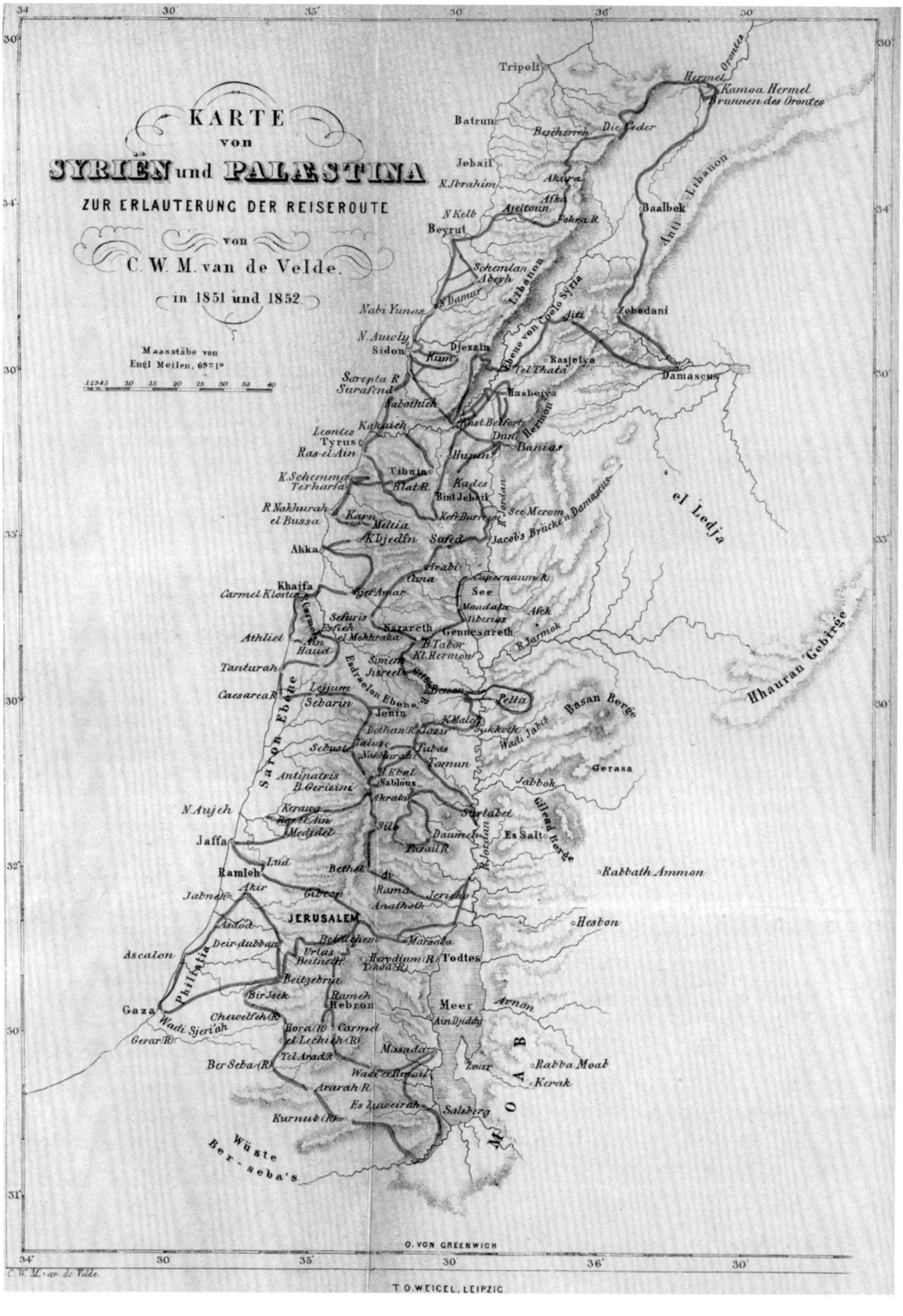

Karte mit Reiseroute, dem Reisebericht beigebunden (van de Velde, Reise)

Jutta Faehndrich

Als Künstler und Kartograph im Heiligen Land (1851/52)

Die drei Palästina des C. W. M. van de Velde

Reimer

Gefördert durch die Deutsche Forschungsgemeinschaft (DFG) –
Projektnummer 281029285

Bibliografische Information der Deutschen Nationalbibliothek
Die Deutsche Nationalbibliothek verzeichnet diese Publikation in der Deutschen Nationalbibliografie; detaillierte bibliografische Daten sind im Internet über http://dnb.d-nb.de abrufbar.

Layout: Nicola Willam, Berlin
Umschlaggestaltung: Alexander Burgold, Berlin
Abbildung Einband-Vorderseite: Van de Velde: Le Pays d'Israël, Paris 1857, Nr. 55: Yâfa (Japho, Joppe). Vue Septentrionale; ders.: Map of the Holy Land, Gotha 1858, Sektion 8
Abbildung Einband-Rückseite: ICRC Archives, Portraits des Premiers Adeptes de la Croix-Rouge, Vol. I (cote AF 681), V-P-HIST-E-05504, Charles William Meredith Van De Velde

Papier: 115 g/m² Magno Volume
Schrift: Baskerville und Avenir
Druck: Beltz Grafische Betriebe, Bad Langensalza

Printed in Germany
Gedruckt auf alterungsbeständigem Papier

ISBN 978-3-496-01645-8 (Druckfassung)
ISBN 978-3-496-03040-9 (PDF)

Für meinen Vater

Inhalt

Vorwort

Das erste Mal im Land war ich 2008 auf Einladung von Peter, einem alten Berliner mit jüdischen Wurzeln, der als Kind ausgewandert war. Er wolle mir sein Israel zeigen, hatte er bei unserer Begegnung in Berlin gesagt. Die Idee gefiel mir, und so beschloss ich, ganz ohne mitgebrachte Vorstellungen zu kommen. Meine Landeskenntnis beschränkte sich auf ein wenig Allgemeinwissen über den Nahostkonflikt sowie, das war mir vorher kaum bewusst, die Bibelgeschichten aus der Schule. Zusammen mit Peters Erklärungen ergab dies eine wilde Mischung, die immer wieder Verwirrung stiftete und zu denkwürdigen Szenen führte. Als wir auf dem Weg zu einem Kibbuz im Norden lauter Orte passierten, deren Namen mir aus besagten Bibelstunden bekannt waren, wurde mir beispielsweise klar, dass es sich bei dem Gewässer, das Peter als *Kinneret* bezeichnete, um nichts anderes als den biblischen See Genezareth handelte. Vielleicht hätte ich doch einen Reiseführer mitnehmen sollen. Denn die israelische Wirklichkeit, die draußen vor dem Autofenster vorbeizog, mochte partout nicht zu meinem kindlich-naiven, verschütteten Bibelwissen passen.

Als wir an einer Kreuzung vorbeikamen, an der es nach Nazareth abging, fragte ich Peter, ob wir nicht einen Abstecher machen könnten. Klar, sagte er, wenn Du Lust hast! So fuhren wir nach Nazareth, das sich als quirliges, arabisch geprägtes Städtchen herausstellte, in dem der Verkehr die Straßen verstopfte. Wir folgten dem Strom der hupenden Autos und landeten an einer großen Kathedrale jüngeren Datums. Das imposante Bauwerk war errichtet worden über der Grotte, in der Maria laut Überlieferung der Erzengel Gabriel erschienen war, um ihr zu verkünden, dass sie den Heiland in ihrem Leib trage. Hier begegnete ich auch das erste Mal den christlichen Pilgertouristen, die Israel auf der Suche nach den heiligen Stätten der Bibel bereisten. Für sie war diese Reise der Höhepunkt ihres Lebens. Vor der Grotte, die sich tief unter der Kirche befand, fragte uns ein russisches Pärchen, wo die Kirche des heiligen Josef sei. Wir wussten es nicht. Offenbar hatte Nazareth viele biblische Sehenswürdigkeiten, von denen ich keine einzige kannte.

Draußen setzten wir uns in den grünen Innenhof und ließen den Strom der Pilger an uns vorbeiziehen. Die Diskrepanz zwischen kindlichem Bibelwissen und israelischer Realität machte mich ganz schwindlig. Wo, fragte ich Peter, ist denn nun hier Jesus geboren? Er guckte mich ratlos an, dann lachte er. Was fragst Du mich!, rief er mit theatralischer Geste, ich bin Jude! Tatsächlich hatte ich das einen Moment lang vergessen. Keine Bibelstunden mit Jesusgeschichten. Während ich weiter grübelte, trat ein älterer Herr zu uns, der etwas abseits gestanden und seine Kamera gereinigt hatte. Entschuldigung, sagte er auf Deutsch und so leise, als würde er mir ein Geheimnis anvertrauen, das war doch in Bethlehem. Das liegt in den Palästinensergebieten, bei Jerusalem.

Diese Anekdote, die mir Jahre später nach vielen weiteren Reisen immer noch die Röte ins Gesicht treibt, sagt einiges über die komplexen Bedeutungsschichten, mit denen wir es in diesem Land zu tun haben, das für die drei abrahamitischen Weltreligionen ein sehr besonderes, ja ein heiliges ist.

Dieses Buch hat das Privileg, ein Thema zu behandeln, das zeitlich lange vor der komplexen, heute oft verfahrenen Situation in der Region verortet ist, und deswegen weniger konfliktbeladen erscheinen mag. Das ist jedoch nur oberflächlich der Fall. Ich habe mich bemüht, dieser Komplexität stets Rechnung zu tragen. Wenn dies vereinzelt nicht gelungen sein sollte, bitte ich um Nachsicht. Ich bitte auch um Nachsicht bei all den Fachwissenschaftlerinnen und -wissenschaftlern, auf deren Gebiet ich mit dieser Arbeit ausgiebig wildere. Aus theologischer, kunsthistorischer, kartographiehistorischer und geographischer Sicht wird das Buch mit diversen Mängeln behaftet sein. Doch man kann die vielseitige Persönlichkeit des Charles William Meredith van de Velde nur mit all ihren Facetten darstellen, wenn man mutig den Blick über den Tellerrand wagt.

Die Verwendung von Orts- und Ländernamen spiegelt die Komplexität des Gegenstands wider und ist ein ähnliches Minenfeld wie die Geschichte des Landes. Van de Velde publizierte in gleich vier Sprachen, Niederländisch, Englisch, Deutsch und Französisch, die je andere Schreibweisen nutzten, was schon zeitgenössisch ein Problem darstellte. Pragmatisch verwende ich daher allgemein die deutschen Ortsnamen nach der Online-Datenbank *Ortsangaben der Bibel*[1] und, falls dort nicht vorhanden, der deutschsprachigen Wikipedia. Bei kleinen Orten und Dörfern nutze ich die Namensform, wie sie van de Velde selbst schrieb, und merke gelegentlich die heute gebräuchliche lateinische Namensform an, wenn die Orte noch existieren. Aus ebenso pragmatischen Gründen schreibe ich ‚Palästina' und das ‚Heilige Land' durchweg ohne Anführungszeichen. Dass beide Begriffe nicht ohne Tücken sind, ist mir dennoch stets bewusst.

Gendergerechte Sprache nutze ich nur dort, wo sie auch historisch zutreffend ist, da ansonsten ein schiefes Bild der tatsächlich meist fehlenden Repräsentation von weiblich gelesenen Personen entstehen würde. In Bezug auf die Gegenwart verwende ich mitunter die weibliche Form, die dann stets die männliche mit meint.

Die Komplexität zu bändigen halfen viele Menschen, denen an dieser Stelle Dank gesagt werden soll. Meine erste Begegnung mit der historischen Person C.

W. M. van de Velde fand im Rahmen eines Projekts der German Israeli Foundation mit Haim Goren und Bruno Schelhaas als hauptverantwortlichen Wissenschaftlern statt. Am Leibniz-Institut für Länderkunde sorgten Kolleginnen und Kollegen wie Dirk Hänsgen, Eric Losang, Giulia Montanari, Bruno Schelhaas, Ninja Steinbach-Hüther und Ute Wardenga für anregende Gespräche, Ermunterungen und Denkanstöße. Dank für Hilfe und Unterstützung gebührt außerdem Philipp Seitz, Dorothee Riese, Johanna Maj Schmidt, Lena Schmidt und Jan David Schmidt sowie Yvette Hoitink und Lucelle Pardoe für ihre Hilfe bei der Entzifferung und Übersetzung niederländischer Handschriften. Tom Buk-Swienty stellte mir großzügig Briefkopien zur Verfügung. Ebenso unverzichtbar waren die vielen Archivarinnen und Archivare, Bibliothekarinnen und Bibliothekare, die mir so vieles zugänglich und möglich gemacht haben. Dazu gehören zuallererst Sven Ballenthin und Petra Weigel von der Sammlung Perthes der Forschungsbibliothek Erfurt-Gotha; Ayelet Rubin, Eran Laor Cartographic Collection Jerusalem; das Rijksmuseum Amsterdam mitsamt Forschungsbibliothek; Sander Wegereef, Scheepvaartmuseum Amsterdam; Sabine Haberler Kreis, International Committee of the Red Cross (ICRC); Robert van Vuuren, Noord-Hollands-Archief; Veronika Mantei, Staatsbibliothek Berlin; Bernhard Reuther, Bibliothèque nationale et universitaire Straßburg, Terry van Druten und Michiel Plomp, Teylersmuseum Haarlem; und immer wieder das Team der Geographischen Zentralbibliothek Leipzig. Dank für gute Ideen, Fehlersuche, Ansporn und Ermutigung verdienen unbedingt auch Jörn Bohr, Sascha Elias, Gaby Faehndrich, Katja Günther und Maria Schetelich sowie der Arbeitskreis Kultur- und Sozialphilosophie Leipzig.

Diese Arbeit wurde gefördert von der Deutschen Forschungsgemeinschaft (DFG). Ich habe noch keine Förderinstitution erlebt, die so konstruktiv Wissenschaftlerinnen und Wissenschaftler in ihrer Arbeit unterstützt wie die DFG. Ich danke Andrea Hamacher, Guido Lammers, Anita Schneider-Saager und Angelika Stübig sehr für ihre stete Ansprechbarkeit und unkomplizierten Beistand in allen Belangen wissenschaftlichen Forschens.

Mein Dank gilt zuletzt Beate Behrens und Anna Felmy vom Reimer Verlag, die sich meines Projekts angenommen und dafür gesorgt haben, dass dieses Buch in einer schönen historischen Kontinuität beim größten Konkurrenten seines eigenen Forschungsgegenstandes erscheinen kann.

Einführung

Palästina im Zeitalter der Entdecker

Das 19. Jahrhundert war das europäische Zeitalter der Entdecker und Expeditionen. Ihre Entdeckungslust suchte jedoch nicht nach der Vermehrung geographischen Wissens an sich; die Bevölkerung anderer Erdteile kannte ihre eigene Umwelt vermutlich gut genug. Tatsächlich ging es um die Schaffung eines dezidiert westlichen Wissensbestands. Die Informationen, die westliche Forscher auf ihren Reisen zusammentrugen, wurden gebündelt und aufbereitet in den europäischen Metropolen. Dies kann man sich in etwa so vorstellen wie ein Kleidungsstück, dessen Stoff aus fernen Ländern importiert und in Europa nach dem Zeitgeschmack beispielsweise zu einem ‚afrikanischen' Kleid geschneidert wird. In diesem Prozess der Wissensbildung hatte niemand je die ‚beforschten' Einheimischen als Rezipienten im Sinn. Europäische Forschungsreisende als größte Datensammler des 19. Jahrhunderts verschafften Europa einen entscheidenden globalen Vorteil, nämlich ein präzises Wissen über die Welt. Geographie wurde zu einer wissenschaftlichen und strategischen Erfolgsgeschichte zum Nutzen der westlichen Hegemonie.

Anders als Afrika und Amerika war allerdings die Region, die gemeinhin als ‚Heiliges Land' bezeichnet wird, seit der Antike in Europa wohlbekannt.[2] Der Strom der Pilger, die Informationen von dort in ihre Heimat brachten, war seit den Kreuzzügen selbst unter widrigsten Bedingungen nie ganz abgerissen. Doch hatte die Deutungshoheit über die Topographie des Landes seit Jahrhunderten fest in der Hand der katholischen und orthodoxen Kirchen gelegen.[3] Erst im Laufe des 19. Jahrhunderts gelang es dem relativ jungen Protestantismus, an Boden zu gewinnen und das Deutungsmonopol der Orthodoxie aufzubrechen.

Diese neue, überwiegend protestantische biblische Geographie stellte einen Paradigmenwechsel dar, der seinerseits die Antwort auf eine tiefe Erschütterung der christlichen Weltsicht durch die Wissenschaften war. Charles Darwin war nur der heute bekannteste Protagonist dieser Entwicklung. In der Geologie beispielsweise wies Charles Lyell nach, dass die biblische Erzählung von der Schaffung der Welt in sieben Tagen wissenschaftlich unhaltbar war.[4] Die Begründung einer Theologie und biblischen Geographie auf wissenschaftlicher Grundlage war der Versuch einer Antwort auf diese massive Verunsicherung des Glaubens. Statt der unhinterfragten Weitergabe von Legenden sollte die biblische Überlieferung nun nach klar definierten wissenschaftlichen Standards und mit den Mitteln historisch-kritischer Theologie und Philologie erforscht werden.

Palästina war für den Protestantismus also in gewissem Maße eine neue Region. Im 19. Jahrhundert entdeckten, beschrieben und konstruierten Protestanten zum ersten Mal das Heilige Land für sich. Dieses wissenschaftliche Palästina ist eine *invented tradition* im Sinne von Eric Hobsbawm – eine neugeschaffene, aber nicht unbedingt falsche ‚Entdeckung'.[5] Genau wie andere *invented traditions* des 19. Jahrhunderts gewann sie schnell an Popularität und schuf ein kollektives Bild der Region, das bis heute wirksam ist.[6] Paradigmatisch dafür ist beispielsweise William McClure Thomsons *The Land and the Book* (1859). Thomson war ein amerikanischer Protestant, der als einer der ersten Missionare des 19. Jahrhunderts ins Heilige Land ging und schließlich 25 Jahre im Libanon verbrachte. Die Gründung der American University in Beirut geht auf ihn zurück. Das Buch richtete sich an ein breites Publikum und wurde in den USA an Popularität nur noch von *Uncle Tom's Cabin* übertroffen. Der Titel bringt zum Ausdruck, dass die Bibel (das ‚Buch der Bücher') und das Land ein Ganzes bilden – das Land kann nicht ohne die Bibel verstanden werden und die Bibel nicht ohne das Land. Geographie wurde darum als essentiell angesehen für das Verständnis der Heiligen Schrift. Diesen Gedanken kann man auf die Karte erweitern als das wichtigste Werkzeug, mit dem das Land die Bibel verstehen half.

Die Geschichte des Heiligen Landes ist geprägt von starken und überaus lang wirksamen lokalen Bedeutungszuschreibungen. Sie ist ein Musterbeispiel dafür, wie Topographien konstruiert, Orten und Räumen symbolische Bedeutungen verliehen werden. Diese Zuschreibungen stammen jedoch nicht – wie man meinen sollte – aus biblischen Zeiten, sondern entstanden größtenteils erst im 19. Jahrhundert, als biblische Geographie als akademische Disziplin entstand. In diesem Prozess der Bedeutungszuschreibung spielte die Karte als Wissensspeicher eine ebenso zentrale Rolle wie Vermessen und Kartieren als Methoden der Datenerhebung und -speicherung.[7] Kartographie war – und ist bis heute – fester Bestandteil westlicher Praktiken der wissenschaftlichen Erfassung, Zuschreibung und Aneignung einer Region. Die so entstandenen Konstruktionen prägen ebenso bis heute das westliche Bild Palästinas und Israels.

Palästina und Kartographie im 19. Jahrhundert

Die Karte war das wohl produktivste Medium des 19. Jahrhunderts. Karten konnten leicht aktualisiert werden durch die Umarbeitung der Kupferplatte, von der sie gedruckt wurden. Das machte sie ideal zur Visualisierung von Geoinformationen und zum perfekten Darstellungsmittel der rasch voranschreitenden europäischen Expansion, Industrialisierung und Modernisierung. Zur Verbreitung des neuesten Wissens von der Welt dienten Zeitschriften und andere Periodika, die schneller publiziert werden konnten als die alten Enzyklopädien und immer öfter von Karten und kartenähnlichen Darstellungen begleitet wurden. Im Fall des Heiligen Landes war die Kartierung auch eine Voraussetzung für die Arbeit von Archäologen und anderen Forschenden. Geographie, Kartographie und Archäologie sollten die Authentizität der Bibel belegen und so den immanenten Widerspruch zwischen Religion und der neuen Ära der Wissenschaft auflösen.

Die Amerikaner Edward Robinson und Eli Smith, die Pioniere der neuen biblischen Geographie, vertraten die These, dass arabische Ortsnamen wegen der Ähnlichkeit der vorklassischen semitischen Sprachen zum Arabischen oft die biblischen Namen konservierten. Tatsächlich gelang die Auffindung biblischer Stätten, indem man die zeitgenössischen arabischen Ortsnamen auf Ähnlichkeit sowie die geographische Lage auf Plausibilität prüfte. Die Archäologie konnte dann im Idealfall die historischen Stätten ausgraben, die in der Bibel beschrieben waren, und die Authentizität der Überlieferung schien unter Beweis gestellt. Nachdem die Naturwissenschaften die Weltsicht der Gläubigen erschüttert hatten, brachten die derart gewonnenen Erkenntnisse ihnen neue Glaubensgewissheit. Als der britische Palestine Exploration Fund (PEF) in den 1870er Jahren eine generalstabsmäßige Vermessung der Region vornahm, war die Sammlung einheimischer Ortsnamen immer noch eine seiner wichtigsten Aufgaben. Heute sind diese Karten hervorragende Quellen für die historische Geographie der Region im 19. Jahrhundert.

Auch die Kartographie durchlief in dieser Zeit eine rasante Entwicklung. Im Laufe des 19. Jahrhunderts entwickelte sie sich zu einer professionellen Disziplin mit eigenen Institutionen, Regelwerken und Praktiken. Das Heilige Land wurde im Vergleich mit anderen Weltregionen erst spät nach modernen Standards vermessen und kartiert, denn seit dem Ende der Kreuzzüge lag es außerhalb des europäisch-christlichen Einflussbereichs. Die Praxis des Vermessens und Kartierens, Attribute des modernen westlichen Staats, fand hier nicht statt. Frühere Vermessungen durch westliche Akteure waren nur punktuell möglich, wie durch den Ingenieurtross in Napoleons Ägyptenfeldzug, oder so riskant, dass Forschende trotz gewissenhafter Reisevorbereitung mit dem Leben bezahlten. Eine systematische Vermessung der Region, wie sie zum Beispiel das Britische Empire von 1800 bis 1843 in Indien durchführte, war Mitte des 19. Jahrhunderts in Palästina undenkbar. Sie war umso mehr der innigste Wunsch aller christlichen Geographen und Entdecker, nicht nur wegen ihrer Bedeutung für die neue biblische Geographie.

Seit dem Ende des Mamlukenreichs 1517 gehörte die Region zum Osmanischen Reich. Im 19. Jahrhundert wurde die gesamte östliche Mittelmeerküste als ‚Syrien', das spätere Palästina als ‚südliches Syrien' bezeichnet und war eingeteilt in zwei langgestreckte, von Nord nach Süd verlaufende Verwaltungsbezirke, die osmanischen *Pashaliks* von Akkon und Damaskus. Daher ist es im Grunde ahistorisch und dient allein dem besseren Verständnis, wenn in dieser Arbeit von ‚Palästina' die Rede ist. Erst im Zuge des steigenden europäischen Interesses verfestigte sich der Ländername und wurde nach dem Ersten Weltkrieg im britischen Mandatsgebiet erstmals administrativ Wirklichkeit. Das Osmanische Reich wird heute meist als im Niedergang befindlicher ‚Kranker Mann am Bosporus' angesehen. Die historische Realität der Region sah sehr viel komplexer aus. Die weitgehende Autonomie, die das Osmanische Reich seinen regionalen Administrationen einräumte, sowie das Zusammenleben verschiedener Ethnien und religiöser Gruppen in seinen Territorien kann man durchaus als positive Aspekte der Osmanenzeit werten. Dennoch erscheint in zeitgenössischen Reiseberichten, aber auch in jüngeren Werken das Land als desolate, vergessene Provinz. Gudrun Krämer hat in ihrer Geschichte Palästinas zeigen können, dass es sich bei dem Bild des zerfallenen Landes im Niedergang, entvölkert und voller Ruinen, um eine westliche Zuschreibung handelt. Sie wird zum einen von der späteren zionistischen Aufbau- und Erfolgsgeschichte ausgehend rückwärts erzählt, stammt aber auch aus der Selbstdarstellung der christlichen Europäer und Amerikaner, die sich als Kulturbringer und Modernisierer sahen, als sie ab ungefähr 1830 massenhaft das Land bereisten. Seit den 1830er Jahren stabilisierte sich die Region politisch und ökonomisch unterdessen, nicht zuletzt wegen der sogenannten *Tanzimat*-Strukturreformen im Osmanischen Reich, die mit einer tiefgreifenden Modernisierung den Niedergang aufzuhalten versuchten.[8] Reisen wurde für Europäer sicherer, was zu einer anwachsenden Welle von Forschern, Theologen, Pilgerinnen und Pilgern, Touristinnen und Touristen führte und bald eine wahrhafte westliche Palästina-Renaissance auslöste.[9] Sie trafen auf eine Bevölkerung von ca. 380.000 osmanischen Untertanen, die überwiegend arabisch und muslimisch war. Um 1850 zählte man gut 88 Prozent Muslime, allerdings einschließlich der Religionsgemeinschaft der Drusen, die sich selbst nicht zum Islam rechnete; knapp acht Prozent Christen, zumeist griechisch-orthodox und arabischer Herkunft, im Libanon auch die katholischen, syrisch-aramäischen Maroniten; und knapp vier Prozent Juden, teils aus dem alten Yishuv (der jüdischen Restbevölkerung seit der Vertreibung), teils aus dem Habsburger- und dem Zarenreich eingewandert.[10]

Die Karte und ihr Kartograph

Die *Map of the Holy Land* ist Teil dieser westlichen Wiederentdeckung des Heiligen Lands im 19. Jahrhundert. Nach einigen früheren wichtigen Karten, namentlich von Napoleons Kartographen Pierre Jacotin und dem Deutschen Heinrich Berghaus, stellte sie den Versuch dar, die Region systematisch zu vermessen. In dieser Hinsicht stand ihr Kartograph van de Velde in direkter Konkurrenz zum Berliner Heinrich Kiepert, der eine Palästinakarte nach Informationen von Edward Robinson und Eli Smith fertigte. Wie die überlieferte Verlagskorrespondenz zeigt, waren sich die Kartographen und ihre Verleger dieser Konkurrenz sehr bewusst.

Die Karte, die van de Velde schließlich sechseinhalb Jahre nach seiner Forschungsreise beim Gothaer Geographischen Verlag Justus Perthes veröffentlichte, ist bis heute das bekannteste Resultat seines mehrmonatigen Aufenthalts. Perthes war einer der angesehensten geographischen Verlage der Zeit auf dem europäischen Kontinent und gründete 1855 eine eigene Zeitschrift, die bald zum wichtigsten Publikationsort geographischer Entdeckungen wurde. Die Sammlung Perthes, heute Teil der Forschungsbibliothek Gotha der Universität Erfurt, bewahrt die Überlieferung der Verlagsanstalt Perthes und ermöglicht einen einmaligen Einblick in die Produktion der *Map of the Holy Land* – von den Vertragsverhandlungen zwischen Kartograph und Verleger, der Entwurfszeichnung, der Umsetzung durch die Kupferstecher, ersten Probedrucken, langwierigen Korrekturen bis zum Druck und Verkauf. Sie umfasst auch die revidierte zweite Auflage und endete erst, als der Verlag die Karte 20 Jahre nach Erscheinen schrittweise aus dem Programm nahm. Die Korrespondenz verteilt sich über drei dicke Mappen, die 426 Briefseiten von 1854 bis 1866 umfassen. Alle Briefe des Kartographen und fast alle des Verlags sind erhalten, letztere in Kopien, die man herstellte, indem man Transparentpapier auf die noch feuchten, mit Tinte geschriebenen Briefe presste – der sogenannte Abklatsch. Ebenso liegt die Verlagskorrespondenz mit Kupferstechern, Lithographen und Handelspartnern vor sowie die Kassenbücher, die Ausgaben und Verkäufe auflisten. Nur die Kartenskizzen selbst sind nicht überliefert, lediglich die Weiterverarbeitung der fertigen Karte in späteren Produkten des Verlags wird in der Überlieferung sichtbar.

Geographie und Kartographie waren Mitte des 19. Jahrhunderts noch kein nationales Unterfangen, ebenso wenig die neu entstehende Palästinaforschung und biblische Geographie. Insofern war es völlig unproblematisch, dass eine englischsprachige Karte eines niederländischen Kartographen bei einem deutschen Verlag erschien. Die Anfänge des Projekts lagen in London, das zu dieser Zeit nicht nur Hauptstadt des Britischen Empires war, sondern globaler Umschlagplatz geographischen Wissens. Im Umfeld der prestigeträchtigen Royal Geographical Society (RGS) traf der niederländische Kartograph und Leutnant der Marine a.D. Charles William

Meredith van de Velde Mitte der 1850er Jahre den jungen deutschen Kartographen August Petermann, der sich dort niedergelassen und einen Namen gemacht hatte. Der Niederländer hatte wie viele Palästinaforscher seiner Zeit keine akademische, sondern eine militärische Ausbildung. Dies lag unter anderem daran, dass es Mitte des 19. Jahrhunderts außerhalb des Militärs keine nennenswerte Kartographenausbildung gab. Doch war van de Velde zweifelsohne stärker vom Glauben als von militärischen Ambitionen angetrieben, wie er selbst sagte: „The study of the Holy Scriptures had made me deeply feel the want of a correct and sufficiently detailed map of the land."[11] Die Kombination aus Glaube und militärischem Hintergrund sollte später charakteristisch werden für den britischen Palestine Exploration Fund (PEF), den zentralen Akteur bei der Erforschung Palästinas vor der britischen Mandatszeit.[12]

Van de Velde war auch an der Auffindung biblischer Stätten interessiert und veröffentlichte einen zweibändigen Reisebericht (in drei Sprachen), in dem er seine Vermessungsreise schilderte und eine Anzahl biblischer Orte identifizierte.[13] Darüber hinaus war er ein feinsinniger, sehr begabter Landschaftsmaler. Im 19. Jahrhundert stand am Anfang einer Kartographenkarriere oft zeichnerisches Talent. Neben Karte und Reisebericht veröffentlichte er nach seiner Rückkehr ein Album mit hundert Lithographien von Landschaften und Ortsansichten nach eigenen Skizzen und Aquarellen von seiner Reise, inklusive Ansichten aus dem heutigen Libanon und Syrien.[14]

Der vielseitig talentierte Protestant engagierte sich nicht zuletzt auch in humanitären Angelegenheiten. 1861/62 reiste er erneut ins Land, um die Lage der christlich-maronitischen Bevölkerung nach dem Bürgerkrieg von 1860 zu untersuchen; bei dieser Gelegenheit nahm er auch Messungen für eine zweite Auflage der Karte vor.[15] Ein Jahr später, 1863, gründete er mit Henri Dunant und anderen die Vorläuferorganisation des Roten Kreuzes in Genf und war 1864 deren erster Gesandter im deutsch-dänischen Krieg an den Düppeler Schanzen.[16]

Während seiner Zeit in den niederländischen Kolonien war van de Velde mit zwei Karten des malaiischen Archipels bekannt geworden.[17] Die *Map of the Holy Land* war seine erste zivile Karte ohne amtliche Unterstützung und verband geschickt seine eigene Vermessungsarbeit vor Ort mit früheren geographischen, kartographischen und Vermessungsdaten. Die Karte im Maßstab von 1:315.000 deckt die Region vom Libanon im Norden bis zum Osten des Sinai und vom Mittelmeer im Westen bis zur Negev-Wüste und dem Ostjordanland ab.[18] Eine zweite Auflage erschien 1866 auch auf Deutsch, nachdem die Erstausgabe 1858 nur Englisch gewesen war. Die deutsche Version war nach Fortschritten in der Drucktechnik nun vollfarbig, mit Höhenschichtenkolorit, um das Relief der Erdoberfläche darzustellen. Van de Veldes Karte blieb viele Jahre lang die maßgebliche der Region, bis zur generalstabsmäßigen Vermessung des PEF, dessen Karte 1880 erschien.[19]

Eine Besonderheit der Karte ist die Tatsache, dass van de Velde alle kartographischen Arbeiten selbst ausführte, mit Ausnahme des Kupferstichs sowie Druck und Vertrieb. Mitte des 19. Jahrhunderts begannen die heutigen Fächer erst, als professionelle Disziplinen Gestalt anzunehmen. Kaum ein Forscher beschränkte sich allein auf ein Fachgebiet. Dennoch war van de Veldes Multi-Talent recht einzigartig, besonders in der Qualität jedes einzelnen Mediums. Ähnlich erstaunlich war seine „eigenhändige Vermessung Palästinas", wie ein Nachruf es fast 50 Jahre später formulierte.[20] Wir wissen bis heute nicht, wie er seine Vermessungsreise finanzierte. Er war jedoch sowohl in militärischen als auch in Missionskreisen international hervorragend vernetzt und stand der protestantisch-evangelikalen Mission nahe, insbesondere der London Society for Promoting Christianity Amongst the Jews (LJS). Seine Vermessungsreise führte ihn kreuz und quer durchs Land: vom Nordrand des Libanongebirges durch die Region zwischen Mittelmeer und Jordan, im Süden bis hin zum Toten Meer, zur Wüste Negev, Beerscheba und Gaza. Die Vermessungsarbeiten führte er allein durch, ohne technische Assistenten. Sein verlässlichster Helfer war nach seiner Aussage ein 15-jähriger Junge aus einer Missionsschule, der für ihn dolmetschte. So war er gewissermaßen ein Ein-Mann-Vermessungsteam. Da er ohne ausgebildete Assistenten arbeitete, war er auf Instrumente verwiesen, die nicht der höchste technische Standard der Zeit waren. Er konnte keinen großen Theodoliten verwenden, da dessen Bedienung mehrere geschulte Personen erfordert hätte. Doch obwohl er seine Winkel mit einem einfachen 7-Zoll-Landvermesserkompass maß, der sogenannten *Boussole*, auf ein Stativ montiert, und er neben Berechnungen aus den Winkelmessungen lediglich seine Wegzeiten notierte, um weite Entfernungen abzuschätzen (kurze maß er mit einer Messschnur), gelang ihm eine Karte, die 20 Jahre lang als eine der genauesten der Region galt. Wie dies möglich war, werden wir im Folgenden ergründen. Zuerst soll es jedoch um seinen Reisebericht und seine Landschaftsbilder gehen, die so ganz anders wirken als die Karte, für die er heute vor allem bekannt ist.

Eine Reise, dreimal Palästina

Van de Veldes Palästinawerk, das auf seiner neunmonatigen Reise durch das heutige Syrien, den Libanon, Israel und die heutigen palästinensischen Gebiete basiert, bietet nämlich in Text, Bild und Karte drei völlig unterschiedliche Perspektiven. Im Bericht heißt es, dass sich das Land „unter dem Fluch Gottes" in einem schrecklichen Zustand befinde,[21] und es wird über „Ungeziefer", „Dreck", „Abscheulichkeit", „Frechheit", „Faulheit", „Gier" und „Lärm" der Einheimischen geklagt.[22] Der Autor meint sogar, dass das Land den Einheimischen nicht gehöre und sie es seinen rechtschaffenen Besitzern, dem Volk Gottes, weggenommen hätten.[23] Nur die Besiedlung mit konvertierten Juden könne das Land retten, wie in der Bibel prophezeit.[24] Diese Idee war in evangelikalen Kreisen weit verbreitet und ging im Grunde dem modernen Zionismus voraus, indem sie eine jüdische Massenmigration nach Palästina vorschlug, wohlgemerkt von Konvertiten.[25] Für die arabische Bevölkerung hatte der Reisende nichts übrig und schrieb ihr den ihm desolat erscheinenden Zustand des Landes zu. Seine Lithographien zeigen ein völlig anderes Bild. Dieses Land ist je nach dargestelltem Ort malerisch (pittoresk), schön oder erhaben. Die Einheimischen sind farbenfrohe dekorative Figuren im Vorder- oder Hintergrund, in bunten Gewändern, mit Turbanen und mit Kamelen an ihrer Seite. Keine Spur von Hitze, Ungeziefer, Schmutz und Ekel; Ruinen werden zu romantischen Kulissen und sprudelnde Bäche löschen den Durst des müden Reisenden.[26] Sein bekanntestes Medium, die Karte, ist dagegen scheinbar neutral und wissenschaftlich – alle Datenquellen werden fein säuberlich aufgelistet[27] – und sehr dicht an Informationen, die die zeitgenössische arabische Realität abbilden. Sie zeigt Gebiete jener arabischen und beduinischen Clans und Stämme, die der Kartograph in seinem Reisebericht als „Räuber und Plünderer" und „nicht rechtschaffene" Landesbewohner bezeichnete. Die ungeliebte Lokalbevölkerung wurde also mitnichten kartographisch an den Rand gedrängt, wie es häufig in der Kartographie geschieht, sondern ist im Gegenteil auf der Karte sehr präsent.

Diese drei divergierenden Palästinabilder können nicht ohne weiteres ineinander übersetzt werden. Hätten wir nur das Album vorliegen, hielten wir das Heilige Land je nach Gegend für romantisch, pittoresk, lieblich oder erhaben; im Großen und Ganzen erschiene es uns angenehm und gefällig. Liest man nur den Reisebericht, verkehrt sich dieser Eindruck ins Gegenteil; schmutzig, ‚abstoßend' und unwirtlich erscheint das Land. Der Bericht erzählt von den Härten, denen der Niederländer sich aussetzte, um für seine Karte zu vermessen in einer Weltgegend, die so gefährlich und feindselig war, dass er fast mit dem Leben bezahlt hätte. Auf der Karte findet sich keine Spur dieser Qual, aber auch wenig von den pittoresken, schönen und erhabenen Landschaften, die uns aus dem Album entgegentreten. Schwer zu glauben, dass Bilder, Karte und Bericht dasselbe Land aus der Perspektive derselben Person zeigen. Dies ist auch einer der Gründe, warum van de Velde je nach akademischer Disziplin bis heute so unterschiedlich rezipiert wird. Wohl auch deswegen wurde die merkwürdige Diskrepanz seiner drei Heilig-Land-Bilder bisher kaum beachtet. Es fehlte eine ganzheitliche Betrachtung dieser vielschichtigen Persönlichkeit und ihres widersprüchlichen Werks, die diese Studie nachholen will.

Im Zentrum der Diskrepanz zwischen den drei Darstellungsformen steht die Frage, wie etwas, das auf der Karte ganz neutral erscheint, im Bild schön oder malerisch wirken kann, in der Erzählung aber ‚hässlich' und ‚abstoßend'. Zur Beantwortung dieser Frage werden wir uns eingehender mit der Betrachtungsweise von Malerei, Kartographie und Reiseliteratur beschäftigen. Jedes dieser Medien hatte zunächst einen eigenen zeitgenössischen Diskurs und ein eigenes Publikum. Dies wird schon an den Sprachen deutlich, in denen die Werke erschienen – das Album nur auf Französisch, die Karte erst nur auf Englisch; allein der Reisebericht auf Niederländisch, Deutsch und Englisch. Auch in der Rezeption der drei Medien zeigt sich dies, wie wir sehen werden. Das Memoir war für Kartographen und Geographen gedacht, im Reisebericht dagegen seien Detailberichte über Vermessungen wenig sinnvoll, da der Leser davon wenig verstehe – so der Autor.[28] Kartographie, so dürfen wir schließen, war zu diesem Zeitpunkt bereits so weit professionalisiert, dass Laien sich nicht mehr im Detail auskannten. Desweiteren unterscheiden sich die von ihm bereisten Regionen geographisch und historisch. Wenn wir die gezeichneten Orte auf der Karte markieren, ergeben sich deutliche Cluster und bestimmte künstlerische Vorlieben.[29] Dies reicht jedoch alles nicht, um die Andersartigkeit der drei so unterschiedlichen Darstellungen von Palästina zu erklären. Wir werden nach weiteren Erklärungen suchen müssen. Aber zuerst soll der Urheber dieser drei Palästina selbst im Mittelpunkt des Interesses stehen.

1. Biographisches und Familiäres: Die Person C. W. M. van de Velde

Charles William Meredith van de Velde wurde am 4. Dezember 1818 im friesischen Leeuwarden als Sohn des Johannes van de Velde und der Cornelia Maria Jonquière geboren.[30] Er hatte mindestens zwei jüngere Geschwister, die 1821 geborene Schwester Jeannette Pauline Gertrude Antoinette und den 1825 geborenen Bruder François Hendrik Willem – beide werden später noch eine Rolle spielen. Die Familie war dem niederländischen Militär eng verbunden und mindestens auf mütterlicher Seite französischsprachig. Sein Vater war Sanitätsoffizier der Marine (*chirurgijn-majoor, officier van gezondheid tweede klasse*), der mütterliche Großvater Jean Paul Sixti Jonquière hatte bei Waterloo an der Seite Napoleons gekämpft.[31] So ist wenig verwunderlich, dass der Junge 1832 mit knapp 14 Jahren ebenfalls in die Marine eintrat. Auch sein jüngerer Bruder ging zur Marine und diente in den niederländischen Kolonien.[32] Ausgebildet wurde van de Velde, der später seine Bilder mit „W. van de Velde“ zu signieren pflegte, an der heute noch existierenden königlichen Marineakademie im westfriesischen Medemblik. Dieser Bildungsweg machte ihn zu einem der wenigen professionell ausgebildeten Kartographen seiner Zeit. In Medemblik erhielt er auch Zeichenunterricht bei Petrus Johannes Schotel, einem niederländischen Marinemaler, der dort an der Marineakademie unterrichtete. Zeichenfertigkeit und künstlerisches Talent waren wichtige Voraussetzung für die Kartographie, die weit bis ins 20. Jahrhundert hinein zeichnerische Handarbeit war.

Van de Veldes Marineakte können wir entnehmen, dass er nach einigen Jahren an der Akademie und auf dem Ausbildungsschiff *Urania* in der Zuiderzee im September 1836 erstmals auf einem Transportschiff zur See fuhr. Ab Oktober 1838 segelte er dann auf der Korvette *Triton* in die niederländischen Kolonien nach Südostasien, wo er bis September 1841 Dienst tat.[33] Unter anderem brachte er seine geodätischen und kartographischen Fähigkeiten bei der Kommission zur Verbesserung der Seekarten in Niederländisch-Ostindien ein, zu der er im Oktober 1839 abgeordnet worden war. Im Auftrag dieser Kommission und des Ministers der Kolonien, Jean Chrétien Baud, fertigte er eine Karte der Sundainseln (1842) und eine der Insel Java an (1845).[34] Ende 1840 wurde er zum Leutnant zur See (*luitenant ter zee*) zweiter Klasse ernannt. Ein Jahr später wurde die Fregatte, auf der er eingesetzt war,

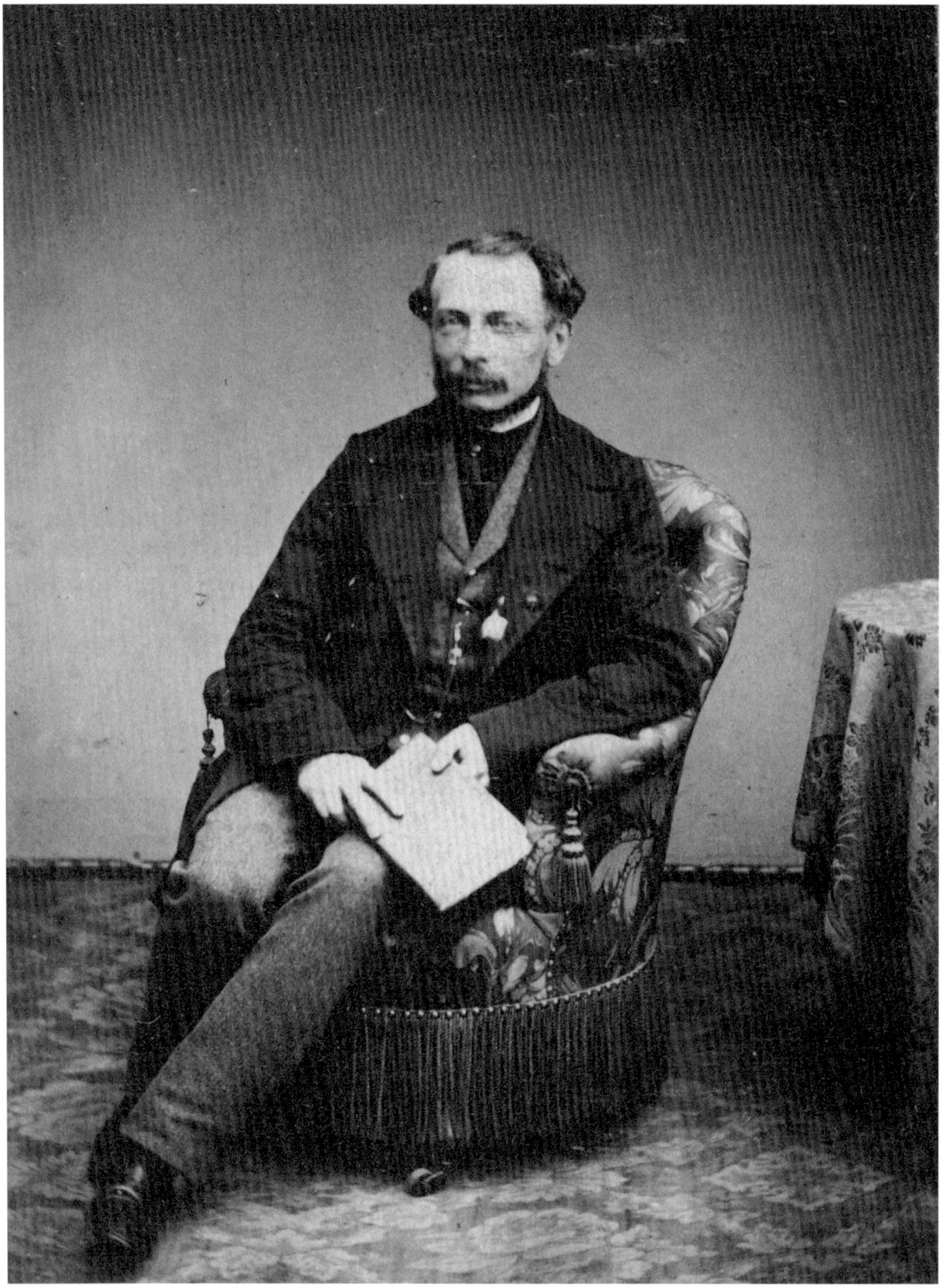

Abb. 1 C. W. M. van de Velde, ca. 1863

außer Dienst gestellt, und van de Velde wurde wieder in die Niederlande geschickt, zur Kommission zur Verbesserung der Schiffbarkeit der Zuiderzee und anderer Binnengewässer. Aus familiären Gründen – so die Marineakte – ließ er Ende Mai 1843 den aktiven Dienst ruhen und schied Ende 1846 auf eigenen Wunsch aus der Marine aus, um eine zivile Beschäftigung aufzunehmen.[35] Tatsächlich arbeitete er von Ende 1845 bis Ende 1847 beim Statistischen Büro der niederländischen Kolonialverwaltung in Buitenzorg, heute Bogor, Indonesien. Seine Anstellung dort fand offenbar wegen eines „Eklats“ ein abruptes Ende.[36] 1847 lebte seine Schwester mit ihrer Familie nachweislich in Buitenzorg; der Bruder François Hendrik Willem war ebenfalls auf Java stationiert.[37]

In Niederländisch-Ostindien ergab sich eine Begegnung, die nach eigener Aussage für seine spätere Karriere als Künstler und Forschungsreisender wegweisend wurde. Im Februar 1839 machten die Schiffe von Jules Dumont D'Urville auf ihrer Weltumseglung Station auf der Insel Ambon in den Molukken, wo sie von den dort stationierten Niederländern aufs Wärmste empfangen und logistisch unterstützt wurden. Dumont D'Urville war französischer Marineoffizier, Kartograph und Botaniker. Zwei Forschungsreisen im Pazifik hatten ihn berühmt gemacht, auf denen er Neuseeland und Australien kartiert und zahlreiche Inseln und unbekannte Spezies entdeckt hatte. Der junge Kadett van de Velde war von D'Urvilles Expedition tief beeindruckt, insbesondere vom künstlerischen Blick der Expeditionszeichner.[38] Dies bestärkte ihn darin, seine eigene zeichnerische Auseinandersetzung mit der Region zu publizieren. In Indonesien hatte van de Velde nicht nur das Handwerk einer kolonialen Seestreitkraft gelernt, sondern offenbar auch Grundlagen des Lithographierens.[39] Nach seiner Rückkehr in die Niederlande brachte er 1846 einen Band mit 50 Lithographien über die Inselgruppe des Malaiischen Archipels heraus, die unter anderem Java, Sumatra, Celebes und Borneo umfasst. Die Porträts kleiner Dörfer, Häfen, einheimischer Persönlichkeiten und Landschaften sind monochrom gehalten und von 87 Seiten landeskundlichen Texts begleitet.[40] Ein Jahr später folgte eine französische Ausgabe, jedoch ohne Textteil.[41] Dieses Java-Werk begründete seinen Ruf als Künstler und seine Karriere als Landschaftsmaler insbesondere ‚exotischer' Gegenden.

Die Niederlande nach 1813: Der lange Weg zurück an die Weltmacht

Van de Veldes aktive Dienstzeit fällt in die Phase des allmählichen Wiederaufstiegs der niederländischen Marine nach dem Ende der französischen Zeit. Nach der Französischen Revolution war die alte Republik der Sieben Vereinigten Provinzen der Niederlande von Frankreich erobert und als Batavische Republik zum Satellitenstaat des napoleonischen Reichs geworden. Erst nach Napoleons Niederlage in der Völkerschlacht zu Leipzig 1813 kehrten die Niederlande als Staat auf die Weltkarte zurück, als konstitutionelle Monarchie, von der sich allerdings 1830 Belgien abspaltete. Doch als Folge der vielen Kriege und nach dem Niedergang der staatlichen Ostindien-Handelskompagnie VOC lag die einst wirtschaftlich unschlagbare Handelsnation nach 1813 am Boden. Das Britische Empire hatte seit der Schlacht von Trafalgar 1805 die Kontrolle über die Weltmeere übernommen, Napoleons Kontinentalsperre 1806 der Handelsmarine und Amsterdam als Hafenstadt den Rest gegeben. Nach dem Ende der Franzosenzeit war von der niederländischen Marine nicht viel übrig. Amerikaner und Briten, die die holländischen Handelsrouten übernommen hatten, beherrschten die Meere, während London Amsterdam den Rang als globales Finanzzentrum abgelaufen hatte. Das Goldene Zeitalter der stolzen, den Welthandel beherrschenden niederländischen Seefahrernation war Geschichte.

Hinzu kam ein geographisches Problem: Seit Jahrhunderten hatten Segelschiffe von Amsterdam einen mühsamen Kurs über die Zuiderzee und zwischen den Nordseeinseln hindurch zur offenen See nehmen müssen. Der Weg von Rotterdam war nicht weniger schwierig. Erst nach und nach wurde durch den Bau von Kanälen und andere Maßnahmen auch die geographische Voraussetzung für einen Wiederaufstieg der niederländischen Seefahrt geschaffen. Die Dampfschifffahrt machte mit größeren und schwereren Schiffen weitere Maßnahmen nötig: 1865 begann der Bau des Nordseekanals, der nach seiner Eröffnung 1876 50 Jahre lang der größte Schifffahrtskanal der Welt war. Von 1866 bis 1872 entstand der *Nieuwe Waterweg*, der für einen Direktzugang Rotterdams zum Meer sorgte. Auch van de Velde wurde im Juli 1842 zu Vermessungsarbeiten in der Zuiderzee beordert, welche die Grundlage für solche Wasserbaumaßnahmen bildeten.

Der Weg zurück an die Spitze der maritimen Weltmacht war lang. Der Abfall Belgiens von den Niederlanden 1830 hatte die Marine zusätzlich dezimiert. Nach dem Ende der Ostindien-Kompanie wurde neben der Heimatflotte daher 1838 eine eigene Flotte für den Dienst in Niederländisch-Ostindien gegründet. Obwohl Großbritannien die Kolonie (den Malaiischen Archipel) zurückgegeben hatte – wie auf dem Wiener Kongress 1815 beschlossen –, hatte das britische Empire einen Teil der lukrativen Seeroute nach Java behalten, von wo unter anderem Indigo, Kaffee, Tee, Zucker, Gewürze und Tabak nach Europa kamen. Erst mit der Gründung der niederländischen Handelsgesellschaft NHM (Nederlandsche Handel-Maatschappij) im Jahre 1824 setzte der Aufschwung ein. Nach dem Java-Krieg (1825–1830), der den einheimischen Widerstand gegen das Kolonialregime niederschlug, führte die niederländische Verwaltung auf Indonesien ein System zur verschärften Ausbeutung der Kolonien ein, das einen hohen Prozentsatz aller Anbauflächen und lokalen Erzeugnisse für den Kolonialherren bestimmte, *cultuurstelsel* genannt. Diese Erträge gingen direkt an die NHM, die sie transportierte, vermarktete und die Profite der Staatskasse zuführte. Zu diesem Zweck wurden zahlreiche neue Schiffe gebaut, die die Überfahrt schneller bewältigten. Die enormen Profite, die so erwirtschaftet wurden, machten einen erheblichen Teil des niederländischen Bruttoinlandsprodukts aus.

Um 1850 standen die Niederlande schließlich nach dem Vereinigten Königreich, den USA und Frankreich wieder an vierter Stelle der globalen Handelsschifffahrt und verfügten einschließlich Dampfschiffen über 1800 seetüchtige Schiffe. Ab 1848 erfuhr das Land zudem einen wirtschaftlichen Aufschwung wegen der hohen Nachfrage nach Getreide und Reis durch die grassierende Kartoffelfäule – Auslöser der *Irish Potato Famine*. Auch durch den Krimkrieg stieg der Bedarf an Schiffskapazitäten.

Das niederländische Kolonialregime in Südostasien

Van de Veldes Militär- und Kolonialkarriere – wie auch die seiner Familie – spielte sich vor diesem Hintergrund ab und ist eng damit verflochten. Das niederländische Kolonialregime des 19. Jahrhunderts war kaum anders oder besser als Kolonialherrschaften überall auf der Welt. Es basierte auf Unterwerfung und wirtschaftlicher Ausbeutung der Kolonien sowie der dort lebenden Menschen mittels Gewalt und Unterdrückung. Die Niederlande führten mehrere Kriege, um einheimischen Widerstand zu brechen, vor allem auf der Insel Java. Die lokale Plantagenwirtschaft war eine Auftragsproduktion, bei der Europäer den Anbau nur zu diesem Zwecke eingeführter, wirtschaftlich besonders lukrativer Erzeugnisse durch Einheimische überwachten und kontrollierten, darunter Zuckerrohr, Gummi, Tabak und Kaffee. Einheimische Bauern, die nicht genug Land hatten, um landwirtschaftliche Erzeugnisse für die Zwangsabgabe *cultuurstelsel* anzubauen, mussten Frondienste leisten. Indonesische Historikerinnen und Historiker bezeichnen dieses System heute als *Tanam Paksa* („Zwangspflanzung"). Es führte um die Mitte des 19. Jahrhunderts zur Verarmung der einheimischen Bevölkerung bis hin zu Hungersnöten.[42]

Strukturell basierte das Kolonialregime auf der Zweiteilung der Gesellschaft in beherrschte Einheimische und herrschende Kolonialherren. Neben der lokalen niederländischen Hierarchie gab es eine einheimische, der Kolonialverwaltung unterstellte Administration, die als Mittler zwischen der indigenen Bevölkerung und der europäischen Verwaltung fungierte, jedoch allein für die Verwaltung und Gerichtsbarkeit der beherrschten Subjekte zuständig war. Trotz dieses binären Systems führte der Kontakt auch zur Verflechtung beider Kulturen. Niederländische Männer heirateten einheimische Frauen, Einheimische wurden in niedere Ränge des Kolonialsystems aufgenommen. Daher kann man in gewissem Rahmen durchaus von einer Kreolisierung der niederländischen Kolonien in Südostasien sprechen.[43] In der Gesellschaft des kolonialen Mutterlands ist bis heute der kulturelle Einfluss ihrer südostasiatischen Kolonien deutlich sichtbar, ganz zu

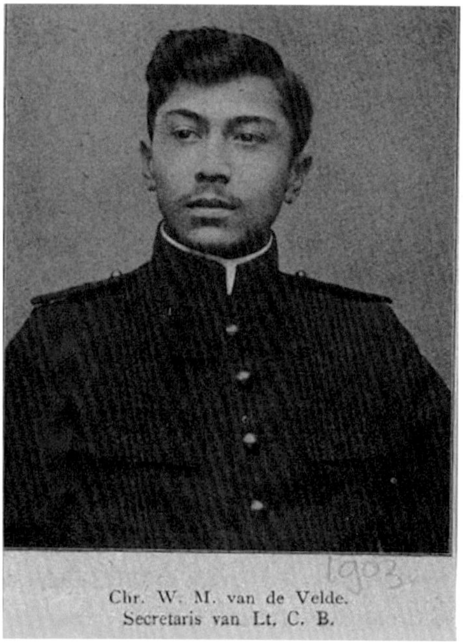

Abb. 2 C. W. M. van de Velde II, ca. 1903

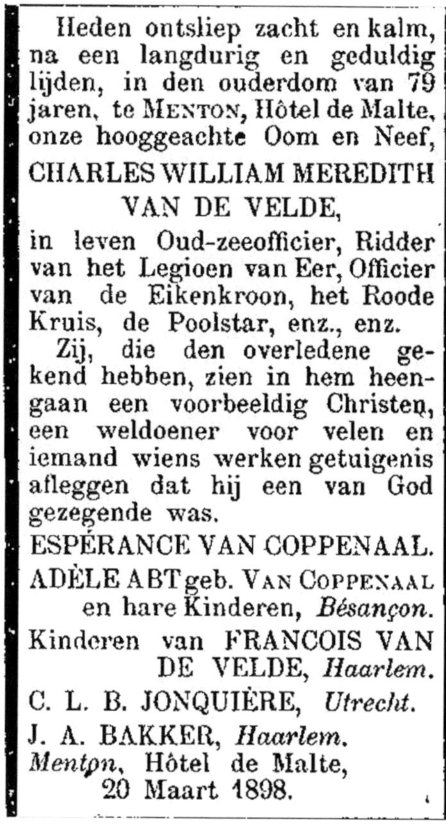

Heden ontsliep zacht en kalm, na een langdurig en geduldig lijden, in den ouderdom van 79 jaren, te MENTON, Hôtel de Malte, onze hooggeachte Oom en Neef,

CHARLES WILLIAM MEREDITH VAN DE VELDE,

in leven Oud-zeeofficier, Ridder van het Legioen van Eer, Officier van de Eikenkroon, het Roode Kruis, de Poolstar, enz., enz.

Zij, die den overledene gekend hebben, zien in hem heengaan een voorbeeldig Christen, een weldoener voor velen en iemand wiens werken getuigenis afleggen dat hij een van God gezegende was.

ESPÉRANCE VAN COPPENAAL.
ADÈLE ABT geb. VAN COPPENAAL en hare Kinderen, *Bésançon.*
Kinderen van FRANCOIS VAN DE VELDE, *Haarlem.*
C. L. B. JONQUIÈRE, *Utrecht.*
J. A. BAKKER, *Haarlem.*
Menton, Hôtel de Malte, 20 Maart 1898.

Abb. 3 Todesanzeige C. W. M. van de Velde, 1898

schweigen von der Bevölkerung der heutigen Niederlande, deren Wurzeln in den ehemaligen Kolonien liegen.

Charles William Meredith van de Velde war Teil dieses Regimes, in militärischer und später in ziviler Funktion, und seine Weltsicht war von dessen Perspektive geprägt. Auch seine Geschwister lebten längere Zeit in Niederländisch-Ostindien. Der jüngere Bruder François Hendrik Willem brachte es in seiner Militär- und Zivilkarriere zum Leutnant zur See zweiter Klasse und war bis zu seiner Pensionierung 1876 Hafenmeister von Batavia.[44] Er heiratete auf Java eine Einheimische. Der 1882 in Buitenzorg geborene Sohn wurde zu Ehren seines Onkels Charles William Meredith van de Velde II getauft und wurde seinerseits Teil des Kolonialapparats. Eine niederländische Porträtsammlung enthält ein Foto des jungen Mannes in Uniform aus dem Jahre 1903.[45] Er gehörte freiwillig der Armee an und bekleidete den Rang eines Korporals beim 4. Infanterieregiment.[46] Wie eine zeitgenössische Zeitung vermeldet, wurde er 1913 auf Java der Misshandlung eines Hausangestellten angeklagt.[47] Ein Urteil ist nicht überliefert. Unzweifelhaft ist die niederländische Kolonialgeschichte der Familie van de Velde fest eingeschrieben.

1945 erklärte Indonesien seine Unabhängigkeit. Erst nach vier Jahren gewaltsamer Auseinandersetzung erkannten die Niederlande 1949 die Vereinigten Staaten von Indonesien an. Der gleichnamige Neffe des Landschaftsmalers, Kartographen und Kapitäns verließ mit der Kolonialmacht seine Geburtsheimat und siedelte ins Mutterland über. Er starb 1964 im niederländischen Harlingen.[48]

Nach dem Ende der Marinelaufbahn

Nach dem Ende seiner Marinelaufbahn widmete sich Charles William Meredith van de Velde I der Kartographie und der Malerei. Auch als Mitbegründer des Internationalen Roten Kreuzes und dessen erster Abgesandter an einen Kriegsschauplatz ist er in die Geschichte eingegangen. Er war eng mit Henri Dunant befreundet und wohnte häufig bei ihm in Genf, wie man dem Briefwechsel mit seinem Verleger entnehmen kann.[49] Van de Velde wechselte ein Leben lang immer wieder seinen Wohnsitz. Allein rund um seine Palästinareise und die Herausgabe der Karte hatte er mindestens ein Dutzend verschiedene Wohn- und Aufenthaltsorte. Er verbrachte die Sommer meist in den Schweizer Alpen, lebte in Utrecht und Paris, zog nach der Forschungsreise mit seiner Schwester und ihren Töchtern von Paris nach Haarlem und 1859 weiter in die Schweiz, lebte in Lausanne und in Genf, dann wieder in Haarlem, Basel, Paris und immer wieder in Genf.[50] Dies sind nur einige seiner nachweisbaren Wohnsitze. Am Ende eines langen Lebens starb er am 20. März 1898 in einem Hotel an der Côte d'Azur. Die Familie in Frankreich und den Niederlanden betrauerte ihn mit einer großen Anzeige. Darauf unterzeichneten die beiden Töchter der Schwester, Espérance van Coppenaal und Adèle, verheiratete Abt; die Kinder des in Java verheirateten Bruders François Hendrik Willem (Vater von Charles William Meredith II) aus Haarlem, ein Cousin aus der mütterlichen Familie Jonquière sowie J.A. Bakkers aus Haarlem, der auch Taufpate von C. W. M. II war.[51] Nach langem und geduldig ertragenem Leiden, so die Todesanzeige, sei der hochverehrte Onkel sanft entschlafen. Das Hôtel de Malte, wo der Kartograph verstarb, ist bis heute am selben Ort zu finden.[52] Beigesetzt wurde van de Velde in Besançon nahe der Schweizer Grenze. Seine Nichte Adèle hatte dort den evangelisch-freikirchlichen Pastor Élie Abt geheiratet, der noch 1913 einem Künstlerlexikon biographische Informationen über den angeheirateten Onkel lieferte.[53] Pastor Abt und seine Frau fanden in den 1920er Jahren selbst auf dem Friedhof Cimetière des

Champs Bruley ihrer Gemeinde die letzte Ruhe.[54] Es steht zu vermuten, dass auch Charles William Meredith 1898 dort beigesetzt wurde. Sein Grab konnte bisher nicht lokalisiert werden.

Eckpfeiler der Biographie

Die Biographie van de Veldes ist geprägt von sieben zentralen Aspekten: seiner Marinelaufbahn und der Entsendung in die niederländischen Kolonien des malaiischen Archipels, seinem protestantischen Glauben und der Zugehörigkeit zur niederländischen Erweckungsbewegung *Réveil*, der Kartographie, der Malerei und nicht zuletzt seiner humanitären Arbeit als Mitbegründer und Emissär des Roten Kreuzes. Wie sich zeigen wird, sind alle diese thematischen Stränge aufs engste miteinander verwoben. Dieser Reihe wäre als weiterer wichtiger Aspekt seine vermutete Homosexualität hinzuzufügen. Sie hinterließ keinen sichtbaren Einfluss auf das Werk, jedenfalls nicht soweit heute nachvollziehbar, zeichnete jedoch wohl für sein Karriereende in der Kolonialverwaltung in Buitenzorg und die nachfolgende Entscheidung verantwortlich, nach Palästina zu reisen.[55] Sofern wir diese Homosexualität als gesetzt annehmen, begründete sie wohl auch seine Ehe- und Kinderlosigkeit, die wiederum sein Reiseleben begünstigte. Dieser Punkt soll hier aber nicht über Gebühr strapaziert werden. Festzuhalten bleibt, dass van de Velde bei aller zeitgenössisch so typischen biographischen Konstellation wie Militärlaufbahn und evangelikaler Missionsabsicht in dieser Hinsicht eine Außenseiterstellung als nicht heteronormative Persönlichkeit einnimmt.

Einige dieser Aspekte waren trotz ihrer zeitweiligen Dominanz nicht von lebenslanger Dauer. Die Marinelaufbahn beendete van de Velde auf eigenen Wunsch, als er nicht einmal 30 Jahre alt war; seine Kartographenkarriere hängte er mit Ende 40 an den Nagel. Seine Kolonialkarriere endete offiziell ebenfalls, bevor er 30 war, doch die koloniale Erfahrung bestimmte sein Denken und Handeln weit darüber hinaus. Seine zweite Lebenshälfte war geprägt von Malerei und humanitärer Arbeit. Die Malerei begleitete ihn ein Leben lang – das früheste in öffentlichen Sammlungen überlieferte Werk stammt von 1835, als er 17 Jahre alt war.[56] Wie er sich zeitlebens finanzierte, ist nicht abschließend geklärt. Nachweislich sammelte man in evangelikalen Kreisen für seine Palästinareise.[57] Im Briefwechsel mit seinem Verleger geht es – durchaus hartnäckig – immer wieder ums Geld, um Honorare und sonstige Kosten. Darin berichtet er auch, dass er mit Kunst sehr viel mehr verdient habe als mit Kartographie. Dennoch war sein Stellenwert als Künstler sowohl zeitgenössisch als auch heute eher im oberen Mittelfeld zu suchen. Noch im Alter von 65 Jahren versuchte er 1883, dem vor einer wesentlichen Vergrößerung stehenden Amsterdamer Rijksmuseum für 5000

Gulden sein Palästinawerk – Skizzen und Aquarelle – im Original zu verkaufen. Offiziell wurde dies mit der Begründung abgelehnt, für Ankäufe sei kein Geld da. Der mit der Planung für das neue Rijksmuseum befasste Kunsthistoriker Victor de Stuers setzte jedoch in einem bissigen Randvermerk hinzu, dass dies Aquarelle „wahrscheinlich ohne großen künstlerischen Wert" betreffe, die als Vorlage für die Lithographien gedient hätten und aus denen van de Velde nun nochmals Geld schlagen wolle.[58] Abgesehen davon, dass der Katholik de Stuers möglicherweise dem sehr protestantischen Landschaftsmaler nicht gewogen war, scheint er auch den Stellenwert des Originals eher geringgeschätzt zu haben. Über den Verbleib dieser Originale wissen wir bedauerlicherweise nichts; einzelne Aquarelle haben sich in europäischen Sammlungen erhalten.[59]

Van de Veldes künstlerische Arbeit deswegen abzuwerten, wäre nicht angebracht. Sein Werk besteht vor allem aus Landschaftsaquarellen, deren Leichtigkeit und leuchtende Farbigkeit auch heute noch großen Reiz haben. Er malte mit Vorliebe pittoreske Landschaften, darunter die Schweizer Alpen und zuletzt in den 1890er Jahren eine große Korsika-Serie. Zweifelsohne war er ein außergewöhnlich begabter Aquarellist. Seine Werke erzielen heute bei Kunstauktionen gute Preise.[60] Leider gibt es keine geschlossene Sammlung seines Werks in öffentlichen Museen oder Institutionen.

Protestantismus, Palästina und humanitäre Arbeit

Dass van de Veldes Palästinareise durch seinen Glauben inspiriert wurde, ist evident und von ihm selbst so formuliert worden. Doch lässt sich auch ganz konkret nachvollziehen, dass es der Pastor Ottho Gerhard Heldring war, eine zentrale Führungspersönlichkeit der niederländischen Erweckungsbewegung *Réveil*, der ihm 1850 die Idee einer Forschungsreise ins Heilige Land nahebrachte. Bei seinem Abschied aus Buitenzorg hatte man noch von einer Pilgerfahrt „zur Buße" gesprochen.[61] Heldring gebührt das Verdienst, der Bußfahrt einen Forschungszweck gegeben zu haben, durch den der Kartograph seine Fähigkeiten zum Nutzen der biblischen Geographie und der gesamten Christenheit einbringen konnte.

Auch die Ursprünge seiner humanitären Arbeit liegen im protestantischen Glauben. Bis heute wird die Rolle, die der Protestantismus bei der Gründung des Roten Kreuzes spielte, in der Literatur zu wenig berücksichtigt.[62] Die Genfer Kreise, aus denen im Oktober 1863 die Rotkreuz-Begründer um Henri Dunant hervorgingen, waren stark calvinistisch geprägt. Es gibt zahlreiche Zusammenhänge zwischen den Rotkreuz-Gründern und evangelikalen Organisationen. Dunant selbst war von 1852 bis 1859 Sekretär der Schweizer Evangelischen Allianz, der einflussreichen Dachorganisation protestantisch-freikirchlicher Strömungen, die in Europa und den USA tätig war und auch karitative Aufgaben wahrnahm.[63] Ihr stand auch van de Velde nahe; die englische Fassung seines Reiseberichts widmete er 1854 einem ihrer Gründer, John Henderson of Park. Die Evangelische Allianz wiederum stand der Judenmission nahe, besonders der London Jews Society (LJS), die im Heiligen Land aktiv war und enge Verbindungen zum 1842 gegründeten preußisch-englischen Bistum Jerusalem und dem britischen Konsul hatte.[64] Auch zu ihr hatte der stets gut vernetzte van de Velde beste Beziehungen.

So ist nicht verwunderlich, dass van de Veldes zwei Palästinareisen – zehn Jahre nach seiner ersten Vermessungsreise 1851/52 besuchte er die Region 1861 ein zweites Mal – mit seiner späteren humanitären Arbeit in engem Zusammenhang standen. Beides speiste sich aus derselben Quelle des protestantischen Glaubens, und fast scheint das eine aus dem anderen hervorgegangen zu sein. Die zweite Reise nämlich trat er 1861 als Gesandter des Syrian Asylum Committees an, um Massaker an Christen im Libanon zu untersuchen. Dieses Hilfskomitee war der Versuch der Evangelical Alliance, britische philanthropische Hilfsorganisationen für ihre Glaubensinteressen zu nutzen – was scheiterte, als jüdische Philanthropen wie Moses Montefiore ihre Gelder abzogen. Gleichzeitig war das Syrien-Komitee eine der Vorläuferorganisationen des späteren Palestine Exploration Funds.[65] Dies wurde die erste humanitäre Mission des Niederländers, der dies auch zu neuen Vermessungen für eine zweite Auflage seiner Karte nutzte. Die enge Verbindung dieser verschiedenen Facetten, der Kartographie, des Glaubens, der Judenmission und der humanitären Arbeit, zeigt nicht nur, wie stark diese Aspekte im 19. Jahrhundert zumindest in protestantischen Kreisen miteinander verzahnt waren, sondern auch, wie breitgestreut die Interessen und Talente dieser vielschichtigen Persönlichkeit waren.

Nach Gründung des Roten Kreuzes in Genf im Oktober 1863 war im April 1864 dessen erste Mission die Entsendung zweier neutraler Beobachter an den Schauplatz des deutsch-dänischen Krieges. Der Genfer Arzt Louis Appia besuchte die preußische Seite, van de Velde die dänische.[66] Der dänische Historiker Tom Buk-Swienty hat neben der Geschichte der Schlacht auch die dieser ersten Rotkreuz-Gesandtschaft rekonstruiert. In den Briefen van de Veldes nach Genf kommt dieselbe sensible Persönlichkeit zum Vorschein, die dem Leser in seinem Reisebericht aus dem Heiligen Land begegnet. Vor seiner Reise plagten ihn schwere Bedenken; auf der Fahrt klagte er über große Kälte.[67] Vor allem die Realität des Krieges machte dem medizinischen Laien, dessen Vater immerhin Sanitätsoffizier gewesen war, schwer zu schaffen. Wie er nach Genf schrieb, war er gesundheitlich und nervlich angeschlagen und konnte den Anblick von Blut nicht ertragen. Im dänischen Feldlazarett wurde er prompt ohnmächtig – worauf der zuständige Feldarzt die Armee bat, ihn künftig mit solchem Besuch zu verschonen. Dennoch scheute van de Velde keineswegs vor seiner Aufgabe zurück und setzte sich mit großem Nachdruck für die bessere Versorgung der dänischen Verwundeten ein, die sehr zu wünschen übrig ließ und zu grausamen Szenen auf dem Schlachtfeld und in den Lazaretten führte. Wie Buk-Swienty formuliert, war van de Velde in Düppel eine „Einmanndelegation“.[68] Wiewohl dies der Natur dieser ersten Rotkreuz-Mission geschuldet ist, so ist das Muster doch dasselbe wie bei seiner Palästinareise – van de Velde behielt gerne die Kontrolle und übernahm eher alle Aufgaben selbst, als Dritte hinzuzuziehen.

Auch im nächsten Krieg auf europäischem Boden, dem Deutsch-Französischen Krieg von 1870/71, leitete der Niederländer erneut eine humanitäre Mission, eine Ambulanz des niederländischen Roten Kreuzes für die Verwundeten in Versailles.[69] Im Laufe seines Lebens erhielt van de Velde zahlreiche Auszeichnungen, vor allem für seine humanitäre Arbeit. In der Marineakte wird der preußische Kronenorden 3. Klasse mit Verdienstkreuz für seinen Einsatz 1870/71 genannt, laut der Todesanzeige war er außerdem Ritter des schwedischen Nordstern-Ordens, der französischen Ehrenlegion und des niederländischen Ordens der Eichenkrone.[70] Offizier der Ehrenlegion war er schon 1850, als Heldring ihn kennenlernte und für biblische Geographie begeisterte.[71] Es ist nicht eindeutig belegt, ob diese Auszeichnung seinem Java-Werk oder der Hilfe für den Weltumsegler Dumont D'Urville galt.

Angebliche dritte Palästina-Reise und andere biographische Irrtümer

In der Literatur ist die Rede davon, dass van de Velde 1856 ein weiteres, drittes Mal im Heiligen Land gewesen sei, in Begleitung der jungen Niederländerin Alexine Tinne und ihrer Mutter Harriet. Tinne war Erbin eines der größten Vermögen der Niederlande und wurde später die erste Frau, die die Sahara durchquerte. Sie kann als eine der ersten weiblichen Forschungsreisenden in der Geschichte der europäischen Afrikabeschäftigung gelten und fasziniert noch heute wegen ihrer Exzentrizität und Eigenständigkeit. Ihre Mutter Harriet war die Tochter eines niederländischen Vizeadmirals und Zofe der niederländischen Königin; die Familie stammte aus Friesland. Nach einer ausgedehnten Skandinavienreise reisten Mutter und Tochter Tinne 1856 erstmals über Italien nach Ägypten und von dort nach Palästina – angeblich in Begleitung van de Veldes.[72] Dies lässt sich anhand der Korrespondenz mit van de Veldes Gothaer Verlag eindeutig widerlegen. Als Mutter und Tochter Tinne von Alexandria aus ins Heilige Land reisten – von April bis Dezember 1856 –, befand sich van de Velde mitten im aufwendigen Prozess der Herstellung seiner Karte und schrieb dem Verlag unter anderem aus Genf, London, Haarlem und Paris.[73] Seine Reisebegleitung lässt sich auch anhand der vermeintlichen Quelle, der Abschrift von Briefen Harriet Tinnes, nicht verifizieren.[74] Zwar stammen van de Velde und die Tinnes beide aus Friesland und hatten über die Marine potentiell Berührungspunkte, doch kann man eine Beziehung trotz eingehender Recherchen nicht nachweisen, geschweige denn diese vermeintlich gemeinsame Reise von Ägypten über den Sinai nach Syrien und Palästina.

Van de Veldes Abschied von der Marine wird verschiedentlich auf Gesundheitsprobleme zurückgeführt. Dies war vermutlich die offizielle Lesart, die er selbst kolportierte. Gegenüber der Marine führte er intern wie erwähnt jedoch familiäre Gründe ins Feld. Dass hier divergierende Erklärungen existieren, mag auf die Richtigkeit des von Zeitgenossen berichteten Skandals hinweisen, der hinter diesem Abschied stand. Definitiv unzutreffend sind Behauptungen, er sei Direktor des hydrographischen Instituts in Batavia gewesen oder bei seiner Begegnung mit Dumont D'Urville Hafenkommandant. Ebenso wenig hatte er selbst eine ärztliche Ausbildung. Besonders reich an Fehlinformationen ist ein Artikel im Schweizer Künstlerlexikon, dessen Autor nach eigenen Angaben den Ehemann der Nichte in Besançon befragt hatte, und von dem aus sich fehlerhafte Angaben in der Literatur verbreiteten. Offenbar war die Familie nicht über jedes Detail im Bilde oder erzählte mehr anekdotisch als faktisch vom berühmten Onkel.[75]

Forschungsstand

Neben den einschlägigen biographischen Lexika beschäftigt sich die historische, kartographische und kunsthistorische Forschung in den Niederlanden seit den 1960er Jahren immer wieder gelegentlich mit C. W. M. van de Velde. Dies wurde vor allem von Einzelnen getrieben, die Interesse an van de Velde fanden und über die Jahre neue Erkenntnisse beisteuerten. Gewissermaßen wiederentdeckt wurde van de Velde vom niederländischen Archivar und Historiker des Roten Kreuzes, Johannes H. Rombach (1928–1988).[76] Rombach gebührt das Verdienst, van de Velde nicht nur wieder ins öffentliche Bewusstsein gerückt, sondern auch dessen Wirken als Künstler, Kartograph und Rot-Kreuz-Mitbegründer gleichrangig beleuchtet zu haben. Unter anderem plante Rombach nach eigener Aussage 1981 eine Ausstellung von Werken van de Veldes im Westfries Museum in Hoorn, die aber offenbar nie realisiert wurde.[77] Das niederländische nationale Institut für Kunstgeschichte (RKD) bewahrt Rombachs mehrseitige Übersicht über Quellen zu Leben und Werk van de Veldes im Typoskript auf, die von großem wissenschaftlichem Nutzen ist, weil sie auch Negativbefunde notiert, also vermerkt, welche Archive keine Bestände zu van de Velde besitzen.[78] Rombachs Ansatz, van de Velde als Künstler, Kartograph und humanitären Akteur gleichermaßen zu betrachten, fand nur wenig Nachahmer. In der Folge blieb die – spärliche – Beschäftigung meist auf Einzeldisziplinen beschränkt. In der Kunstgeschichte interessierte vor allem sein Java-Werk,[79] in der Kartographie seine Palästinakarte. Aspekte wie seine Missionierungsabsicht und die dahinterstehende evangelikale Endzeit-Vision (der sogenannte Millennarismus) wurden meist ausgeblendet.

Der niederländische Kartographiehistoriker Dirk de Vries beschäftigte sich in den 1990er Jahren mit van de Veldes Palästinakarte und trug auch zahlreiche biographische Daten zusammen. Er stellte fest, dass van de Veldes Karte viele Details nur wegen ihrer Bedeutung für die biblische Geographie aufnahm; darunter Ruinen, arabische Toponyme und als gesichert geltende biblische Orte, deren Namen in eckigen Klammern unter den zeitgenössischen vermerkt wurden. De Vries wies auf die graphische Qualität der Terraindarstellung hin, also des Reliefs der Erde in Höhen und Tiefen, und nannte die Karte die Krönung von 50 Jahren Forschung zur Geographie der Region.[80] Israelische Historiker widmeten sich der Karte und erwähnten auch die Bilder, schenkten jedoch den Diskrepanzen zwischen beiden Medien wenig Beachtung.[81]

In den 1990er Jahren erforschte der Kirchenhistoriker Hommo Reenders (1935–2009) van de Veldes Rolle in der niederländischen Erweckungsbewegung und wies nach, dass seine Forschungsreise auf eine Anregung von Ottho Gerhard Heldring zurückging. Er fand in zeitgenössischen Quellen auch Hinweise auf die bisher unbekannnte vermutliche homosexuelle Orientierung.[82] Der Kunsthistoriker Jan de Hond betrachtete zuletzt 2008 van de Velde im Kontext des niederländischen Orientalismus und befasste sich auch mit dessen evangelikaler und kartographischer Perspektive.[83] De Honds Darstellung bietet zahlreiche neue und spannende Ansätze; als erster bezog er den französischen Begleittext zum Bilderalbum in die Darstellung mit ein. De Hond bemerkte unter anderem, dass van de Velde sich selbst mehrfach im Bild darstellte – als kleine Figur, erkennbar am westlichen Hut.[84] Diese gebräuchliche Technik sollte die Authentizität seiner Bilder verbürgen und zeigen, dass der Künstler die Landschaften mit eigenen Augen gesehen hatte. De Hond stellte auch fest, wie wenig van de Velde das orientalistische Bildrepertoire zitierte, und stattdessen ein ungewöhnlich ‚grünes' Landschaftsbild des Heiligen Landes darbot.[85]

In Japan beschäftigte sich ein Projekt der Tokyo University of Foreign Studies unter Leitung von Hidemitsu Kuroki mit van de Veldes Landschaftsansichten und stellte ihnen aktuelle Fotografien derselben Orte gegenüber – leider nur für ein Drittel der Ansichten. Die Website der sehenswerten Ausstellung *The Holy Land in Tranquility* ist immer noch im Internet zu betrachten.[86]

Ein deutsch-israelisches Forschungsprojekt, an dem auch die Autorin beteiligt war, erforschte von 2011 bis 2015 van de Veldes Beitrag zur Palästinakartographie im 19. Jahrhundert und arbeitete umfangreiche Quellenbestände zur Geschichte der Karte auf.[87] Die hier vorliegende Studie möchte nun erstmals alle drei Medien, in denen der Niederländer seine Erfahrung zum Ausdruck brachte, mit einem verknüpfenden, disziplinenübergreifenden Blick beleuchten und ihre Rolle bei der explorativen Erforschung, Verarbeitung und Produktion westlicher Bilder des Heiligen Lands als Teil der westlichen Aneignung der Welt herausarbeiten.

2. Die Reise und ihr Bericht

Reisewege ins Heilige Land

Insgesamt verbrachte van de Velde sieben Monate in der Levante. Am 4. November 1851 schiffte er sich von Marseille aus auf dem französischen Dampfer *Alexander* ein. Um die Quarantäne zu umgehen, die nach Epidemien und Ausbrüchen der Pest in der ägyptischen Hafenstadt Alexandria eingeführt worden war, entschied er sich für Beirut als Zielhafen. Nach Zwischenstationen auf Malta, Izmir (Smyrna), Rhodos und Zypern langte er dort am 23. November an. Noch kurz vor der Abreise hatte er in Paris die neuesten Karten beim französischen Kriegsministerium eingesehen und sich mit Experten für biblische Geographie getroffen, namentlich mit dem Archäologen und Orientalisten Félicien de Saulcy, der gerade nach eigenem Bekunden in Palästina Sodom und Gomorrha entdeckt hatte.[88]

Gegen die Regengüsse des levantinischen Winters hatte van de Velde Regenkleidung im Gepäck, die mit dem Naturkautschuk Guttapercha imprägniert war. Vor Ort beschaffte er sich eine Reisekantine – eine Art portablen Vorratsschrank –, einen Reisesattel, Mantel und Decke; daneben Feldbett, Klappstuhl und -tisch. Offenbar konnte man 1851 all diese Ausrüstungsgegenstände bequem vor Ort kaufen. An gedruckter Literatur hatte er die Werke von Ritter, Robinson/Smith, Kitto und Keith sowie selbstverständlich eine Bibel im Gepäck.[89] Dazu Zeichenmaterial, die wichtigsten Karten, Fernrohr, Kompass und vor allem sein Vermessungsinstrument, eine „Boussole d'arpenterie [nach Art] der französischen Ingenieure".[90] Alles wurde auf Pferde geladen, die er mitsamt Führer vor Ort mietete. Mit den ebenfalls angeheuerten Dienern ergab dies eine stattliche kleine Karawane. Im Vergleich zu Forschungsreisenden beispielsweise in Afrika war van de Velde jedoch geradezu minimalistisch unterwegs.[91]

Wie erwähnt wissen wir nicht genau, wie van de Velde die Reise finanzierte. Wahrscheinlich haben seine Kontakte zu evangelikalen Organisationen in ganz Europa erheblich dazu beigetragen. In seiner eigenen Erzählung war es oft die ‚Vorsehung', die ihm bei finanziellen Problemen aus der Patsche half. Schon auf der Reise nach Marseille kam ihm im Zug seine Fahrkarte abhanden, wurde aber zufällig wiedergefunden. Auf der ersten Station im Heiligen Land wurden ihm seine Barmittel gestohlen, doch großzügige (anonyme) Gönner ersetzten den Betrag, was sich später in Jerusalem ähnlich wiederholte. Stets erklärte er dies mit Gottes Willen und sah es als Beleg, dass seine Aufgabe im Sinne des Herrn sei. Zweifellos war für ihn diese Reise die Erfüllung eines göttlichen Auftrags.[92]

Die Neuentdeckung Palästinas im 19. Jahrhundert

Van de Veldes Reise fällt in eine Phase, in der die westliche Welt 500 Jahre nach den Kreuzzügen das Heilige Land für sich neu entdeckte.[93] Napoleons Feldzug in Syrien hatte Palästina und Ägypten mitten hinein ins europäische Bewusstsein katapultiert und in Europa eine regelrechte Orientmode ausgelöst, die das zeitgenössisch auch ‚südliches Syrien' genannte Palästina mit einschloss.[94] Gleichzeitig waren Naturforscher wie Darwin im Begriff, die Schöpfungsgeschichte vom Kopf auf die Füße zu stellen. An deutschen Universitäten entstand im Zuge dieser Entwicklung um 1850 aus der ehemaligen philologischen Hilfswissenschaft der theologischen Bibelexegese heraus eine akademische Orientalistik, zu der wegen ihrer führenden Stellung bald Studierende aus der ganzen Welt pilgerten.[95] Obwohl diese Orientalistik vor allem mit einer exzellenten Arabistik glänzte, entwickelte sich in ihrem Umfeld auch eine universitäre historisch-kritische Bibelwissenschaft, die die Standards weit in Richtung einer verstärkten Empirie und Kontextualisierung biblischer Narrative verschob. Theologie wurde zu einer methodisch rigorosen, empiriegestützten Wissenschaft.

Die frühesten modernen Forschungsreisenden und Wegbereiter dieser Neubewertung des ‚Orients' waren Carsten Niebuhr (1733–1815, 1764 in Palästina), Ulrich Jasper Seetzen (1767–1811, reiste 1805–1807 durch Palästina und Syrien) und Johann Ludwig Burckhardt (1784–1817, reiste 1810–1812 durch Syrien und das Haurangebirge). Alle drei waren Protestanten und an progressiven deutschen Universitäten ausgebildet, so in Leipzig und insbesondere an der aufklärerischen Universität Göttingen. Sie waren empirisch geschult, extrem gut vorbereitet und sprachen hervorragend Arabisch. Mehr noch, sie reisten in landestypischer Kleidung in Begleitung Einheimischer und waren kaum als Europäer zu erkennen. Sowohl Seetzen als auch Burckhardt konvertierten formell zum Islam. Ihre persönliche Annäherung an den Forschungsgegenstand war also sehr weitreichend. Dennoch blieb die Forschungsreise in diesen Teil der Welt lebensgefährlich. Niebuhr kehrte als einziger seiner sechsköpfigen Expeditionsgruppe zurück, Seetzen und Burckhard starben unterwegs – der eine ermordet, der andere tödlich erkrankt.[96] Burckhardt und Seetzen kamen jedoch in Afrika und nicht in Syrien ums Leben, und ihr eigentliches Interesse galt nicht ausschließlich Palästina. Meist war das Forschungsziel Afrika, insbesondere die Nilquellen, oder der Versuch einer Querung des Kontinents. Dies hing auch mit dem schon beschriebenen Interesse an arabischer Kultur zusammen, das in der neuen Orientalistik herrschte. Trotz des regionalen Fokus auf Afrika waren diese drei Wegbereiter für eine Neubewertung der gesamten Region des Mittleren Ostens. Markus Kirchhoff hat in seiner Grundlagenarbeit über die Geschichte der Palästinaforschung gezeigt, wie essentiell Wissenschaft und insbesondere die Geographie bei dieser ‚Neuentdeckung' war. Selbst der Begriff ‚Palästina' wurde erst im 19. Jahrhundert wieder geläufig und das Land als Einheit erst als solches wahrgenommen.[97]

Die Sicherheit europäischer Reisender in der Region änderte sich allmählich, als Ibrahim Pascha 1832 im Auftrag seines Vaters Muhammad Ali von Ägypten die Herrschaft in Syrien und Palästina mit militärischen Mitteln an sich brachte. Politisch öffnete die ägyptische Besatzung das Land nach Westen. Ibrahim, in dessen Armee europäische Offiziere als Berater fungierten, insbesondere Franzosen, stärkte die Rechte von Juden und Christen und baute die kommerziellen und diplomatischen Beziehungen zu Europa aus.[98] Ab 1838 wurde es europäischen Mächten gestattet, Konsulate in Palästina und Syrien zu eröffnen, und auch daran waren Wissenschaftler zentral beteiligt: Preußens erster Konsul wurde der deutsche Orientalist Ernst-Gustav Schultz.[99] 1841 gründeten England und Preußen ein gemeinsames anglikanisch-protestantisches Bistum in Jerusalem, unter maßgeblicher Beteiligung der Londoner Judenmission LJS.[100] Die heute erstaunlich erscheinende länderübergreifende Kooperation zeigt, dass nationale Interessen in dieser Frühphase der europäischen Neuentdeckung Palästinas noch kaum eine Rolle spielten. Der erste gemeinsame preußisch-englische Bischof war Michael Alexander, ein in Posen geborener und in England tätiger ehemaliger Rabbiner und Professor am King's College, der zum Christentum konvertiert war. Das neue westliche Engagement in Palästina war, anders als in den Jahrhunderten zuvor, stark protestantisch geprägt, wobei evangelikal-freikirchliche Strömungen besonders dominant waren. Der junge Protestantismus war im Begriff, sich fest auf dem Boden des Heiligen Landes zu etablieren.

Die ersten akademischen Reisenden, deren Forschungen die neue historisch-kritische biblische Geographie begründen sollten, waren die bereits erwähnten amerikanischen Theologen Edward Robinson, der unter anderem in Halle an der Saale und Berlin Theologie studiert hatte, und Eli Smith, ebenfalls amerikanischer Pfarrer und seit 1833 Missionar des protestantischen American Board of Commissioners for Foreign Missions (ABCFM) in Beirut. Smith sprach fließend Arabisch und verfügte über ein dichtes lokales Netzwerk, was den beiden erhebliche Vorteile auf ihrer Reise verschaffte. Smiths Arabischkenntnisse ermöglichten die Anwendung der These Robinsons, dass man biblische Orte wegen der Ähnlichkeit der semitischen Sprachen anhand der arabischen Ortsnamen identifizieren könne, wovon beide reichlich Gebrauch machten und so den Grundstein für zahlreiche Ortsidentifikationen legten. Ihr Werk *Biblical Researches* (1841) wurde buchstäblich über Nacht zum Standardwerk und von der Royal Geographical Society umgehend mit einer Goldmedaille prämiert.[101] Mit Hilfe des jungen deutschen Kartographen Heinrich Kiepert publizierten Robinson und Smith 1841 eine – wenn auch kleine – Karte auf Grundlage ihrer Reise und eigener Vermessungen. Auch wenn Charles William Meredith van de Velde dies nicht selbst so formulierte, waren für ihn doch Robinson und Smith der Fixstern, nach dem er sowohl seine Arbeitsweise als auch seine wissenschaftliche Praxis der biblischen Geographie ausrichtete.

Nach dem Rückzug Ibrahim Paschas 1840 brachte die osmanische Reformära des *Tanzimat* der Region stabilere Verhältnisse und weitere Modernisierungen. Dies ermöglichte den Aufbau einer westlichen touristischen Infrastruktur, die Reisen in die Region nicht nur praktikabel und sicherer, sondern auch komfortabler machte. Ab den 1850er Jahren gab es reguläre Dampfschifffahrtslinien von Marseille und Triest nach Beirut, Alexandria, Akkon oder Jaffa.[102] Christliche Institutionen zahlreicher Konfessionen und Nationalitäten bauten Pilgerherbergen und Infrastruktureinrichtungen in Jerusalem, wie das österreichische Hospiz im muslimischen Teil der heutigen Altstadt (Grundsteinlegung 1854, eröffnet 1863) oder den russisch-orthodoxen Pilgerkomplex direkt außerhalb der Stadtmauern (erbaut ab 1860, fertiggestellt 1890). 1859 eröffnete sogar ein österreichisches Postamt in Jerusalem. Ab 1869 bot der Reiseveranstalter Thomas Cook *package tours* für Pilger und Touristen ins Heilige Land an.[103] Die Modernisierung des Landes ab Mitte des 19. Jahrhunderts wurde wesentlich von europäischen Akteuren betrieben; sie errichteten überhaupt die ersten Bauten außerhalb der Stadtmauern Jerusalems und begründeten damit die Erweiterung der Stadt über ihren antiken Grundriss hinaus. Diese europäischen Bauten des 19. Jahrhunderts prägen heute noch wesentlich die Altstadt Jerusalems und den Bereich unmittelbar außerhalb der Altstadtmauern.

Die Wiederentdeckung der Region Mitte des 19. Jahrhunderts hatte also auch ganz praktische Gründe: Von einem lebensgefährlichen Abenteuer, das Jahre der Vorbereitung brauchte und doch viele Forscher das Leben kostete, war eine Palästinareise zu einem kalkulierbaren und mitunter durchaus komfortablen Unterfangen geworden, das für das europäische Bürgertum erschwinglich wurde. Massentourismus und Reisen zum Vergnügen waren im 19. Jahrhundert allgemein ein neues Phänomen, ja man könnte sagen, eine aufkommende Mode des wachsenden Bürgertums. Zeitungen florierten seit der französischen Revolution und bedienten den großen Wissenshunger der Bevölkerung; die Sehnsucht nach fernen Ländern und Zeiten wuchs. Die Romantik schürte das Interesse am griechischen Freiheitskampf, am ‚Orient' und am Exotischen – bis hin zu Lord Byron, der selbst im griechischen Unabhängigkeitskrieg kämpfte und starb. Auch Imperialismus und Kolonialismus beförderten diese Entwicklung. Eisenbahnen und bessere Transportmöglichkeiten gaben Menschen mit ausreichend Geld und Zeit die Möglichkeit, ferne Länder zu erkunden. Tatsächlich war Reisen aber immer noch nicht billig, mitunter beschwerlich oder gefährlich. Es blieb die Domäne von begüterten Schichten wie dem Bürgertum oder Eliten wie Künstlern und Soldaten. Für den Rest der Bevölkerung mussten Bilder und Nachrichten aus fremden Ländern, Panoramen und Dioramen herhalten, um die Sehnsucht nach der Ferne zu stillen. Auch Bilderalben und Reiseberichte, wie die van de Veldes, erfüllten diese Ersatzfunktion. Sie simulierte oft nicht nur eine Ortsveränderung, sondern auch Ereignisse, die man damit bequem und gefahrlos miterleben konnte, wie Katastrophen, Schlachten und Stürme auf See.[104]

Noch vor dem Bürgertum hatten bereits die westliche Oberschicht und der europäische Adel den ‚Orient' entdeckt; die traditionelle *Grand Tour* führte selbstverständlich nach Ägypten und Palästina. Ein prominenter Palästinareisender war Albert Prince of Wales, der spätere Edward VII., der 1862 eine viermonatige Reise in die Levante machte. Vor allem wegen der Aufnahmen seines Fotografen Francis Bedford ist diese Reise bemerkenswert – und weil sich der Prinz in Jerusalem tätowieren ließ, einer Pilgertradition entsprechend.[105] Der literarisch berühmteste Reisende ist bis heute Mark Twain, der seine Reise 1867 in *Innocents Abroad* (1869) verewigte und wie kaum ein anderer das (nicht immer zutreffende) westliche Bild eines desolaten, rückständigen Palästinas im 19. Jahrhundert prägte. Die Forschungsreise des Niederländers van de Velde steht 1851/52 am Beginn dieser neuen europäischen Reisetätigkeit und der infrastrukturellen Modernisierung der Region. Der Kartograph und Landschaftsmaler konnte sich noch nicht all der Annehmlichkeiten erfreuen, die nach und nach das Land zugänglicher und das Reisen erträglich machten. Die Schwierigkeiten, Härten und Gefahren des Unternehmens schildert er in seinem Reisebericht ausführlich und mit sichtlicher Lust am Erzählen.

Briefe, Route und Lokalkontakte

Van de Veldes Reisebericht ist in chronologischer Form gehalten, in der Erzählfiktion kapitelweise niedergeschrieben bei längeren Aufenthalten an einem Ort. Verfasst ist er in Form von Briefen an einen fiktiven Freund, den das literarische Ich – wohl weitgehend identisch mit dem Autor – an seiner Reise teilhaben lässt und der als Alter Ego und Gesprächspartner fungiert. Ottho Gerhard Heldring, der Pastor der evangelikalen *Réveil*-Bewegung, veröffentlichte in der Zeitschrift der Bewegung Briefe van de Veldes, deren Ton ein ganz ähnlicher ist, die jedoch nicht mit dem Reisebericht identisch sind. Ausführliches Briefeschreiben war schon wegen der knappen Zeit auf Reisen unmöglich, wie van de Velde selbst berichtete – der stattdessen seinen Report auf Tagebuchnotizen stützte. Es fällt jedoch nicht schwer, im „Du" des Reiseberichts den Ton der Heldring-Briefe zu erkennen, und ein verstehendes „Du" aus dem Kreis seiner Glaubensbrüder hatte van de Velde offenbar bitter nötig. Mehrfach beklagte er, dass ihm ein Reisegefährte fehle und er sich nach einem Gegenüber sehne, das ihn verstehe. Daraus spricht ein massives Fremdheitsempfinden, das ihn nicht nur nach seiner Ankunft, sondern während der ganzen Reise begleitete.[106] Das Gefühl, fremd, anders, allein, unverstanden und ohne empathisches Gegenüber zu sein, ist prägend für die Kontakterfahrung von Reisenden nicht nur des 19. Jahrhunderts.[107] Dies umso mehr, als für van de Velde – wie für viele christliche Palästinareisende – die Reise zu den Stätten der Bibel eine intensive Auseinandersetzung mit dem eigenen Glauben war, welcher protestantisch-theologisch gesehen notwendig ein Gegenüber braucht: Nach dem Apostel Paulus entsteht Kirche erst durch die Gemeinschaft der Gläubigen (*communio sanctorum*; Röm. 12:4–13).

C. W. M. van de Velde war also ein früher europäischer Reisender im Heiligen Land, aber er war mitnichten der furchtlose Pionier, als den er sich selbst darstellte. Anders als einige seiner berühmten Vorgänger konnte er keine akademische Ausbildung vorweisen, dafür militärische Praxis, eine hervorragende kartographische und vermessungstechnische Ausbildung und Erfahrungen aus der Missionsarbeit und Kolonialverwaltung. Vor Ort konnte er sich auf etablierte Reiserouten und eine – wenn auch karge – lokale Infrastruktur stützen, die vor ihm bereits andere Reisende erkundet und beschrieben hatten. Auch gab es seit den 1830er Jahren eine rege evangelische Missionstätigkeit in der Region, vor allem im Libanon. Sein Netzwerk an Kontakten bestand daher vor allem aus westlichen Missionaren und diplomatischen Vertretern vor Ort. Doch auch einheimische Würdenträger wusste er für seine Sache zu nutzen; durch die Vermittlung niederländischer Diplomaten an der Hohen Pforte reiste er ausgestattet mit einem Firman, einem Schutzbrief des osmanischen Sultans, der lokale Autoritäten anhielt, ihn bei seiner Arbeit zu unterstützen. Seine westlichen Kontakte waren besonders zahlreich im südlichen Libanon, wo das American Board of Commissioners for Foreign Missions (ABCFM) ein dichtes Netzwerk hatte, auf das er ausgiebig zurückgriff, wie aus Abb. 4 und der Liste seiner Missionskontakte im Anhang ersichtlich.[108]

Nach der Ankunft in Beirut brauchte er zunächst Zeit, um sich auszurüsten. Er baute seine bestehenden Missionskontakte noch aus und hielt sich bis Februar 1852 bei Missionaren in Sidon, Tyros, Tibnîn, Abeih und Hâsbeiya auf.[109] Seine drei Monate Aufenthalt ergaben sich auch daraus, dass in sein Quartier in Hâsbeiya eingebrochen wurde und er das dabei gestohlene Geld aus Europa wiederbeschaffen musste.[110] Wie auch später im Süden des Landes reiste van de Velde in diesen drei Monaten kreuz und quer herum. Anders als normale Reisende, deren Route für gewöhnlich von einem Start- zu einem Zielort führt, wollte van de Velde das Land in seiner ganzen Breite erkunden, besonders abseits der etablierten Routen. Sein wichtigster Kontakt in der Libanon-Region war der amerikanische Missionar William McClure Thomson (1806–1894), der in Sidon lebte und später Gründer der amerikanischen Universität Beirut wurde. Thomson war seit 1833 Missionar

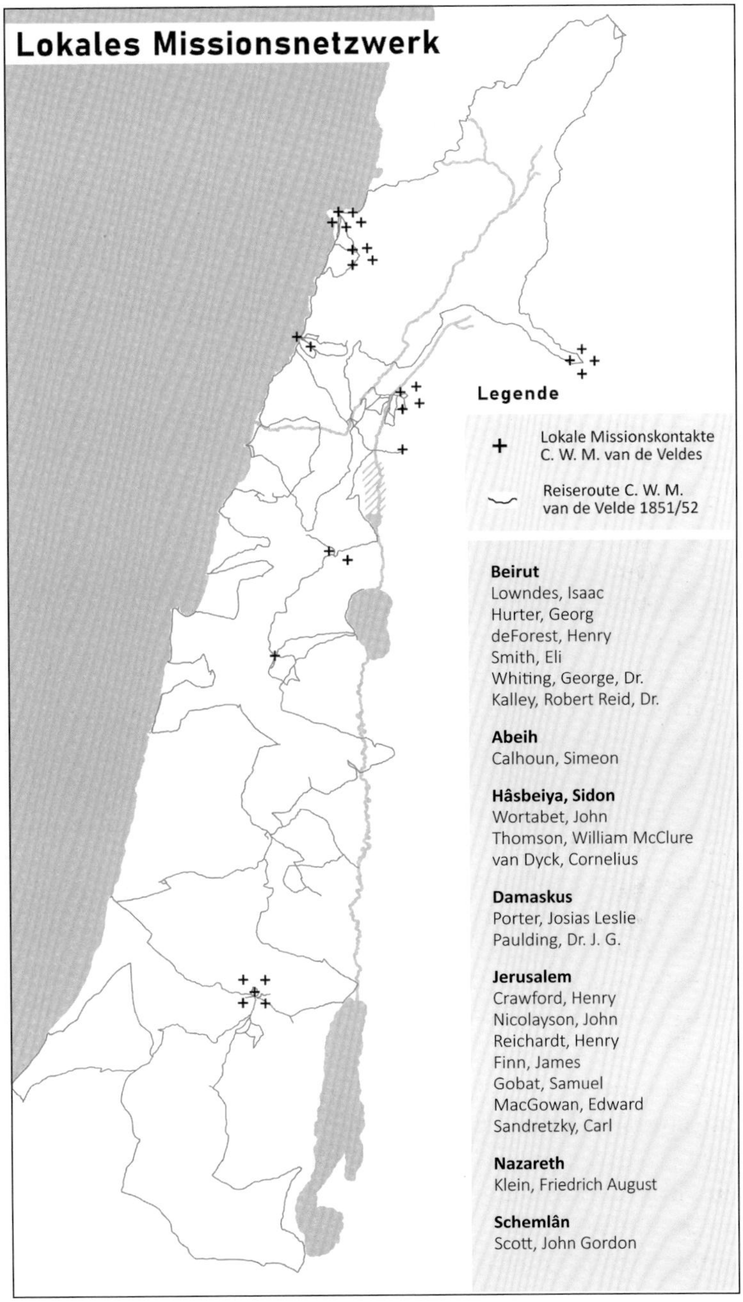

Abb. 4 Lokales Missionsnetzwerk.
Kartographie und Visualisierung Jan David Schmidt, Münster. Siehe auch die Liste lokaler Missionskontakte im Anhang

in Syrien, wie die Gesamtregion genannt wurde, mit sehr guter Ortskenntnis und hervorragenden Lokalkontakten. 1838 hatte er bereits Robinson und Smith durchs Land geführt. Sechs Jahre nach van de Veldes Besuch schrieb Thomson 1859 über seine Erfahrungen und Studien das populäre *The Land and the Book*. Thomson und sein 19-jähriger Sohn William Jr. waren des Arabischen mächtig und organisierten allerlei praktische Dinge für van de Velde, versorgten ihn mit Empfehlungsschreiben an lokale Würdenträger und Informanten. Gelegentlich half Thomson senior auch bei den Vermessungen.[111] Doch er konnte van de Velde nicht lange begleiten, und so behalf sich dieser mit einem einheimischen Diener und einem jungen Dolmetscher aus Shemlân.[112] Neben seiner Vermessungsarbeit reizte der Libanon den Künstler van de Velde sehr. Sein Reisebericht ist voll schwärmerischer Landschaftsschilderungen; im Palästina-Album finden sich zahlreiche libanesische Szenerien. Daneben sammelte er Geodaten aller Art wie Orts-, Berg- und Flussnamen, notierte Wegstrecken und Orte mutmaßlicher Altertümer wie Grabmale und Ruinen.

Die Bedeutung des protestantischen Missionsnetzwerks für van de Veldes Forschungsreise kann nicht hoch genug eingeschätzt werden. Wie der Abgleich mit dem Personenanhang in Christine Beth Lindners Studie über die protestantische Mission im Libanon zeigt, war fast sein gesamtes lokales Netzwerk im nördlichen Teil des Landes, aber auch weit darüber hinaus, mit der amerikanischen Mission (ABCFM) verbunden. Protestantische Missionare beherbergten ihn, begleiteten ihn teils auf seiner Reise, empfahlen ihn an lokale Akteure und statteten ihn auch sonst mit allerhand Lokalwissen aus.[113] Nach einiger Suche fand er einen 15-jährigen ehemaligen Missionsschüler, der ihm für die gesamte Reise als Dragoman (Führer und Übersetzer) diente.[114] Missionsschüler sind in der Kontaktgeschichte typische Mittlerfiguren zwischen den kulturellen Sphären, der westlichen und der indigenen. Sein junger Dolmetscher war für van de Velde nicht nur Übersetzer, sondern auch sein Kulturmittler, dem er anders als den anderen Einheimischen ganz und gar vertraute, und der für ihn die gesamte Kommunikation mit allen nicht-westlichen lokalen Akteuren übernahm. Durch seine Augen und Ohren gefiltert fand jeglicher Austausch statt. Obwohl er bei van de Velde nur mit Vornamen firmiert, kann man anhand von van de Veldes Briefwechsel mit dem Verlag rekonstruieren, dass es sich um Philip Jean Carabet (1837–1909) handelte.[115] Philip war nicht nur einheimisches Mitglied der protestantischen Missionsgemeinde, sondern Sohn eines zum Protestantismus konvertierten armenischen Bischofs, Dionysius Carabet.[116] Die Missionare hatten die Angewohnheit, einheimische Kinder zu adoptieren, die ihre Familienschulen besuchten.[117] So wurde vermutlich auch Philipp, dessen armenischer Vater 1850 starb, wie seine Schwestern Salome und Melita vom amerikanischen Missionars-Ehepaar George und Matilda Whiting adoptiert, die zu van de Veldes lokalen Kontakten gehörten. Salome Carabet (Whiting) heiratete später John Wortabet, der erste von den Amerikanern ordinierte arabische Pastor, Arzt und Mitbegründer des Syrian

Protestant Colleges, der späteren American University Beirut.[118] So wurde einer der zentralen Kontakte van de Veldes und wichtiger Akteur der ABCFM im Libanon und Syrien zu Philips Schwager. Der junge Dragoman war also keineswegs ein zufälliger Missionsschüler, sondern die Personifikation des kulturellen Einflusses der protestantischen Mission auf einheimische Akteurinnen und Akteure.

Vom Libanon nach Süden

Da das Netzwerk der amerikanischen Missionare außerhalb des Libanons dünner war, musste van de Velde auf seiner weiteren Reise immer öfter die Gastfreundschaft von Einheimischen in Anspruch nehmen. Auf William M. Thomsons Vermittlung hin logierte er im Südlibanon das erste Mal bei einem lokalen Würdenträger, der prompt nicht seinen kulturellen Erwartungen entsprach – denn dessen hoher Bildungsgrad erstaunte ihn. Ende Februar zog er weiter nach Süden, wohnte nochmals bei englischen und amerikanischen Konsularagenten und Missionaren, durchquerte Galiläa und das Karmelgebirge, vermaß im Bergland, in der Jesreel-Ebene und bis hinab zum Jordanfluss. Über Jaffa, wo er wieder bei einem Konsularagenten wohnte, ging es über Ramleh nach Jerusalem. Dort verbrachte er einen Monat – unter anderem, weil ihm erneut das Geld ausging – und machte Ausflüge ins Umland und die judäischen Berge. Hier waren der britische Konsul James Finn, ein zentraler Akteur der englischen Judenmission (LJS), und wiederum evangelikale Missionare seine Hauptkontakte. In Wadi Artas nahe Bethlehem lernte er John Meshullam kennen – einen englischen Juden, der zum Christentum konvertiert war, und dort eine Farm betrieb. Mit Hilfe von Meshullams jungem Sohn Peter heuerte van de Velde eine Beduinen-Eskorte ans Tote Meer an. Der Beduinenführer Abu Dahuk hatte auch den französischen Orientalisten Félicien de Saulcy begleitet, dessen Entdeckungen von Sodom und Gomorrha van de Velde prüfen wollte. Nebst einem Abstecher nach Hebron reiste er mit Beduinen-Eskorte in die Nähe von Tel Arad, wo die Beduinen ihr Lager hatten, und von dort über die Wüstenfestung Masada entlang der Westküste des Toten Meeres. Durch die Wüste ging es weiter nach Beerscheba, Gaza, Aschdod, Aschkelon und Ekron. Van de Velde wurde dort nur noch von einem einzigen Mitglied des Beduinenstamms geleitet, dessen Gebiet hier endete, und so musste er bei Bet Gibrin[119] (dem antiken Eleutheropolis) einen neuen Guide anheuern, den ihm der örtliche Scheich vermittelte.

Von den Strapazen der Reise erkrankt, rettete er sich schließlich nach Jerusalem, wo ihn der schottische Missionsarzt Dr. Edward MacGowan von der LJS behandelte. Wie so oft auf seiner Reise war es das ausgedehnte Netzwerk der evangelikalen Mission, auf das er sich in Notlagen verlassen konnte, und das ihm vielleicht hier das Leben rettete. Nach seiner Genesung blieb er eine Weile in Jerusalem und untersuchte eine weitere Entdeckung de Saulcys, die sogenannten ‚Gräber der Könige' im Norden der Stadt. Anfang Mai reiste er mit einer Reisegruppe in Begleitung des britischen Konsuls Finn erneut ans Tote Meer, trennte sich jedoch auf dem Rückweg von der Gruppe und logierte erneut bei einem lokalen Scheich. Mitte Mai 1852 führte ihn sein Weg wieder nach Norden und bis nach Nazareth, wo er bei dem deutschen Missionar Friedrich August Klein wohnte,[120] den See Genezareth umrundete und Tiberias, Safed sowie den heute trockengelegten Huleh-See besuchte, zeichnete und vermaß. Er traf Robinson und Smith, die sich auf ihrer zweiten Forschungsreise in der Region befanden, und begleitete sie auf einer Exkursion ins Ostjordanland. Danach reiste er weiter ins südlibanesische Bergland, besuchte Damaskus, Baalbek und die Zedern des Libanon. Von einem heftigen Fieber geschüttelt, langte er wieder bei Thomson in Sidon an, der ihm riet, zur Genesung das Land zu verlassen. So nahm van de Velde ein Boot nach Beirut und das Fieber klang tatsächlich ab, sobald er auf See war.[121] In Beirut verabreichte der Missionsarzt Dr. Henry de Forest ihm Medikamente, aber van de Velde führte seine ‚Rettung' auf das Verlassen des Festlands zurück. Schließlich bestieg er am 12. Juni 1852 in Beirut ein Dampfschiff nach Triest; damit endete sein Aufenthalt im Heiligen Land.

Forschungsreise und Praxis: Feldforschung, Techniken und Mittel

Um die Praxis der Vermessungen zu verstehen, die van de Velde vor Ort durchführte, muss man zunächst die Arbeitsweise der Landvermessung kennen. Die Grundlagen, mit denen auch heute noch gearbeitet wird, sind die Lage der Orte in einem geographisch festgelegten Koordinatensystem der Erde, die Entfernungen zwischen diesen Orten, und die Winkel der (gedachten) Verbindungslinien dazwischen. Zuvor sollte die Lage einzelner Orte astronomisch in Form von Längen- und Breitengraden bestimmt worden sein, was in Europa beispielsweise seit der Aufklärung in Sternwarten stattfand. Man arbeitete sich also schrittweise von Punkten, über Strecken zwischen diesen Punkten, zu Winkeln und einem ganzen Netz vor. Vor der satellitengestützten Vermessung maß man direkt vor Ort Winkel und Entfernungen in der Landschaft, um dann mit den schon vorhandenen, gesicherten Messwerten Abstände und Winkel zu den neuen Punkten berechnen zu können. Wenn zwei Seiten des Dreiecks und die Winkel bekannt sind – in der Landschaft die Strecken zwischen zwei Punkten und die entsprechenden Winkel – kann man mit Hilfe der Triangulation, der Dreiecksberechnung nach dem Satz des Pythagoras, die restlichen Streckenlängen berechnen, als trigonometrische Strecken- und Winkelmessung. Bei der generalstabsmäßigen Landesvermessung wird zunächst mit der größtmöglichen Präzision eine Basislinie von mehreren Kilometern Länge

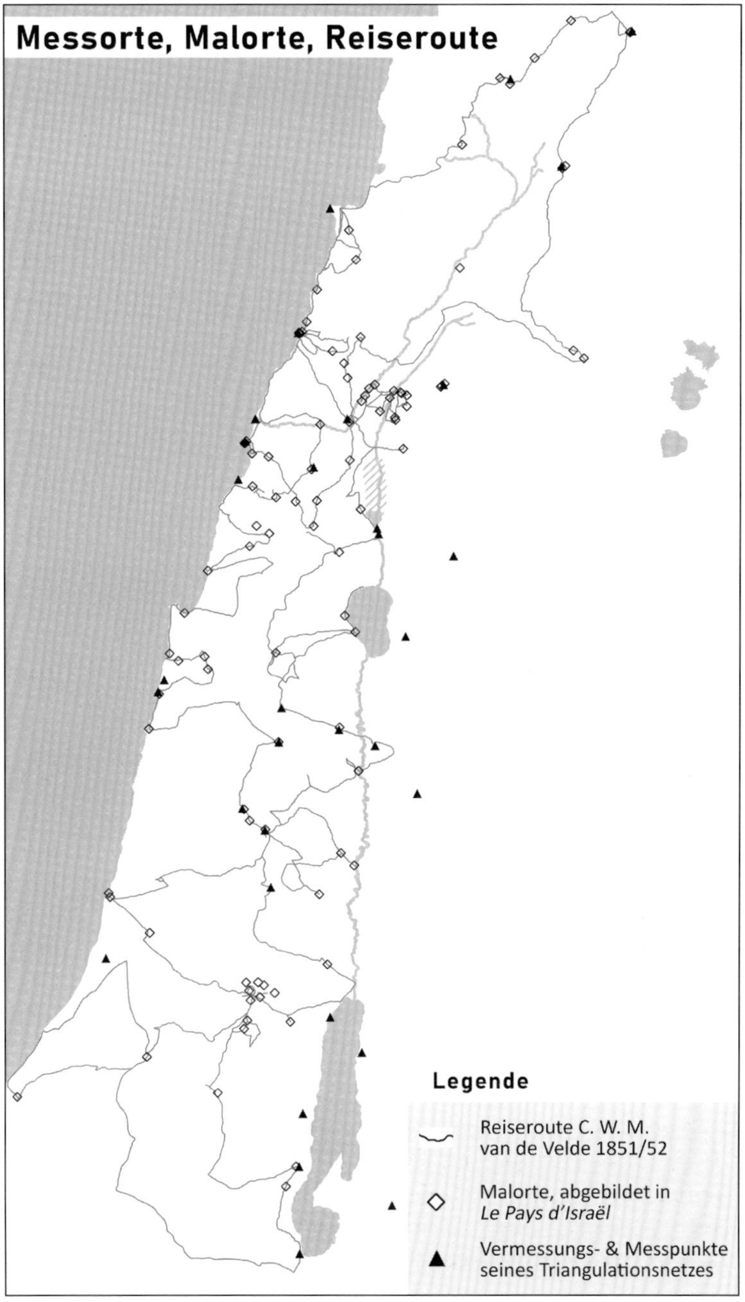

Abb. 5 Messorte, Malorte, Reiseroute.
Kartographie und Visualisierung Jan David Schmidt, Münster

gemessen. Diese ist Grundlage der weiteren Vermessung, der Triangulation, die von der Basislinie ausgehend ein Dreiecksnetz an Vermessungspunkten über das Land ausbreitet, bis auch der letzte Winkel erfasst ist. In Europa und seinen Kolonien, beispielsweise Indien, geschah die generalstabsmäßige Vermessung im Laufe des 19. Jahrhunderts. Im Osmanischen Reich interessierten sich die Autoritäten wenig für Vermessung als Herrschaftspraxis. Offenbar hatte man auch nichts dagegen, wenn einzelne europäische Reisende hier vermaßen, wie der Firman des Sultans belegt, der die Lokalbehörden sogar anwies, van de Velde bei seiner Arbeit zu unterstützen.

Praktisch ging van de Velde so vor, wie es sich für Forschungsreisen im 19. Jahrhundert etabliert hatte: Während des Tages schrieb er Beobachtungen aller Art in ein Notizbuch. Da er zu Pferd reiste, bedeutete dies oft rasches Notieren im Sattel. Am Abend wurden dann in der Unterkunft oder im Zelt die Notizen ins Reine geschrieben.[122] Bei Forschungsunternehmungen mit mehreren Teilnehmern war es sogar gebräuchlich, die Notizen erst nach Ende der Reise zu vergleichen, um jegliche gegenseitige Beeinflussung, auch unbewusste, auszuschließen.[123]

Van de Veldes künstlerische Arbeitsweise muss man sich ähnlich vorstellen. Wenn sich ein Motiv und die Gelegenheit zum Zeichnen ergaben, fertigte er Skizzen an, die erst später in Europa zu Aquarellen und im Atelier des Lithographen zu den Bildern seines Palästina-Albums ausgearbeitet wurden. Zwischen dem ersten Eindruck, der rasch festgehalten wurde, und der Ausarbeitung standen also mehrere Bearbeitungsschritte, die das Notat oder das Dargestellte auf ihre Art und Weise prägten und beeinflussten, sowie ein erheblicher räumlicher und zeitlicher Abstand. In der Wissenschaftsforschung hat sich gezeigt, dass nicht nur der kulturelle Hintergrund der Forschenden, deren Herkunft und Perspektive das Ergebnis der Forschung beeinflussten, sondern auch die Instrumente und Techniken, die zur Aufzeichnung dienten. Diese materielle Seite von Forschung ist in den letzten Jahren viel diskutiert worden; unter dem Schlagwort *inscription devices* interessieren uns auch die Gerätschaften und Materialien, mit denen Forschung vonstatten ging.[124] Van de Veldes *inscription devices* waren zum einen seine Messgeräte, zum anderen Kohle oder Zeichenstift und Papier. Diese materiellen Gegebenheiten und die damit verbundenen Praktiken hatten direkte Auswirkungen auf sein Ergebnis. Daher ist es aufschlussreich, den Prozess der Datenerhebung – konkret: Notieren der zurückgelegten Wegstrecken, Messen von Winkeln, Erfragen und Notieren von Toponymen – genauer anzuschauen.

Im 19. Jahrhundert bedeutete Vermessung Arbeit im freien Feld mit einem Gerät zum Messen von Winkeln und Entfernungen (wie einem Kompass und einer Mess-Kette oder -Schnur), und einem Fernrohr zum Anpeilen der Merkmale in der Landschaft, die als Zielpunkt der gemessenen Geraden dienten. In Europa waren das häufig Kirchtürme, von denen es in der Levante nicht gerade viele gab. Van de Velde hatte also das Problem, dass in den zu vermessenden Orten oft kein im besten Sinne des Wortes herausragendes Gebäude existierte, das sich zum Anpeilen eignete. Das

Memoir zur Karte listet die angepeilten Punkte auf: Minarett, Bergspitze, höchstes Haus. Häufig peilte er aber einfach die Mitte des Ortes an, da die örtliche Bauweise kubischer Häuser mit flachen Kuppeldächern sehr wenig optische Anhaltspunkte hergab. Seine Schwierigkeiten schildert der Kartograph im Reisebericht, garniert mit einer ironisch-abschätzigen Darstellung der Einheimischen und ihrer Reaktion auf den westlichen Vermesser:

> Willst Du nun eine Vorstellung davon haben, wie das Winkelmessen vor sich geht? Denke Dir, dass ich das höchste Dach des Dorfes bestiegen habe, eine gemächliche Aufgabe, da alle platt sind und neben einander liegen, so dass man von einem Hause auf das andere tritt; dass das Instrument auf seinen Dreifuss gestellt und das Fernglas auf irgend eine Bergspitze oder ein Dorf gerichtet ist. Nun warte ich auf den Moment, wo die zitternde Magnetnadel still steht; aber rund um mich her stehen einige Dutzend im höchsten Grad verwunderte Männer, die das Dach durch ihr Getrampel in fortwährender Bewegung halten [...]; endlich steht die Nadel unbeweglich still, die Klemmschraube wird festgedreht und die Zahl der Grade auf dem Winkelbogen abgelesen; aber ein Winkel – von welchem Dorf? Nun, das werden die neugierigen Umstehenden wohl die Freundlichkeit haben zu sagen. Ja, sagt der eine, es ist B'reika; nein, fällt ein anderer ihm in's Wort, es ist Neba-ek-Ksaibi, B'reika liegt dort rechts; ein dritter ruft, sie wissen beide nichts davon, B'reika können sie von hier nicht sehen, da es hinter jener niedrigen Bergspitze liegt, aber das Dorf, worauf sie zeigen, ist Furtadschil. Ein Scheich behauptet, dass alle diese Menschen dumme Schreier seien, aber dass er im Stand sei zu sagen, welcher Ort es ist, auf den das Instrument gerichtet steht, und dabei sah er erst selbst durch das Fernrohr, um gewiss zu sein, welches Dorf ich eigentlich meine. [...] Er schaut und schaut, aber er sieht nichts, wie er sagt; kein Wunder, denn er hat noch nie durch ein Fernrohr gesehen. Nach vielem Ein- und Ausschieben, um das Objectivglas dem Gesichtspunkt seines Auges anzupassen, sieht er zuletzt das bewusste Dorf und sagt nun mit entscheidender Stimme aus, dass es B'reika ist. Bedenke nun, wie viel Geduld und Zeit nöthig ist, um die Dörfer des ganzen Gesichtskreises rundum zu messen.[125]

Diese Passage enthält sein ganzes Dilemma: Er brauchte die Lokalbevölkerung wegen ihres Wissens unbedingt (hier: Ortsnamen), und doch zerrten die Menschen mit ihren kulturellen Eigenheiten an seinen westlich-verwöhnten Nerven. Zugleich karikierte er von seinem hohen kulturchauvinistischen Ross herab ihre Neugier, die ihn beim Vermessen störte, und verspottete ihre vermeintliche Unfähigkeit, ihre Umgebung zu benennen – die in Wirklichkeit nur mangelnde Erfahrung mit westlicher Kategorisierung und Technik war, wie sich in der Pointe seiner Anekdote zeigt. Van de Velde war kein Ethnograph, den die indigenen Toponyme als solche interessierten; er brauchte die Einheimischen lediglich als Mittel zum Zweck, als eine Art lebendiges Archiv, um die arabischen Namen potentieller biblischer Stätten zu erfahren. Darin unterschied er sich wenig von seinen forschungsreisenden Zeitgenossen. Auch den großen Edward Robinson interessierte die lokale arabische Überlieferung nur wenn sie für die Identifizierung biblischer Orte nützlich war.[126]

Wie muss man sich den Einfluss der verwendeten Techniken, Praktiken und Geräte konkret vorstellen? Bei dem grellen Sonnenlicht des syrischen Winters hatte van de Velde beispielsweise damit zu kämpfen, dass er keinen Sonnenschutz für die Augen hatte. Zeitgenössisch kannte man bereits getöntes oder rauchgeschwärztes Glas, das er aber offenbar nicht besaß. Der ungeschützte Blick durchs Fernglas beim Vermessen führte daher bei ihm zu Augenentzündungen, die der heiße Wüstenwind noch verschärfte.[127] Außerdem war es in der Wüste noch schwieriger als in besiedelten Gebieten, einen guten Punkt zum Anpeilen zu finden. Beides führte dazu, dass sein Netz an Messpunkten dort sehr dünn ausfiel, wie man an der fertigen Karte gut erkennen kann, die in der Wüste nicht nur wegen der Wüsten-Eigenschaft der Gegend reichlich leer aussieht. Seine visuelle Wahrnehmung, genauer gesagt Sehfähigkeit, war noch aus anderen Gründen ein zentrales Erkenntnismittel seiner Arbeit: Zum Winkelmessen brauchte es klare Sicht, da die Beziehungen zwischen den Vermessungspunkten rein im Auge des Betrachters hergestellt wurden – während man heute beispielsweise Laserstrahlen nutzt, die auch Wolken durchdringen. Wann immer das Wetter trüb, regnerisch oder diesig war, waren Vermessungen daher erschwert bis unmöglich. Aber auch zu helle und sonnige Verhältnisse machten die Arbeit wie erwähnt schwierig.[128] Van de Velde klagte in seiner Reisebeschreibung häufig über diese Hindernisse, die ihm auf seiner Reise begegneten.

Insgesamt beeinträchtigte es seine Messergebnisse erheblich, dass er die Vermessungen allein ausführte, zum Beispiel wenn er krank wurde, das Wetter nicht mitspielte, er aus anderen Gründen in Eile war oder gar lieber zeichnen wollte, weil die Landschaft so reizvoll war. Beim Zeichnen gab es ebenfalls Einschränkungen, die das Medium mit sich brachte. Auch zum Zeichnen musste das Wetter zumindest ruhig sein, denn die heftigen Regenstürme des Winters sabotierten alle längeren Aktivitäten im Freien. Zum Zeichnen braucht es außerdem Zeit, Gelegenheit und Muße. Wollte man näher an die Menschen und ihr alltägliches Leben heran, stand man vor dem kulturellen Problem, dass viele Menschen, insbesondere Frauen sich dem westlichen Blick nicht aussetzen wollten. Der Zeichnende musste außerdem damit rechnen, dass sich rasch Einheimische um ihn versammeln würden, genau wie es van de Velde mit seinen Vermessungen erging. Der Kunsthistoriker Michael Jacobs weiß zu berichten, dass sich daher viele orientreisende Künstler, die an Genreszenen interessiert waren, ein Haus an einem belebten Ort mieteten, von dessen Fenstern sie ungestört zeichnen und beobachten konnten.[129] Auf diesen Abstand des Künstlers zum Gezeichneten werden wir später noch zurückkommen.

Der Forscher und die Einheimischen: Kolonialer Blick

Van de Veldes missionarisches Netzwerk war in seinem Untersuchungsgebiet sehr ungleich verteilt und insbesondere im Libanon sehr dicht, während es nach Süden hin spärlicher wurde. Im Laufe der Reise musste er daher öfter bei Einheimischen logieren, die wenig westliche ‚Vorbildung' hatten und ihm besonders kulturell fremdartig erschienen. Doch lernte er bei intensiverem Kontakt ihr lokales Wissen zu schätzen, das er für seine Karte so dringend brauchte. Seine Interaktion mit Würdenträgern und Scheichs, die zu seinen hauptsächlichen Kontaktpersonen und Informanten gehörten, ist vielschichtig und aufschlussreich. Immer jedoch ist sie Ausweis seiner kolonialen Haltung, in deren Denkgebäude die Einheimischen ihm derb, ungebildet und nicht vertrauenswürdig schienen. Doch war er der Ansicht, dass ein spezifischer, aus heutiger Sicht klar kolonial-chauvinistischer Verhaltenskodex die Sicherheit und Überlegenheit des westlichen Reisenden vergrößere. Dementsprechend kreist der Reisebericht auch um die Frage des ‚richtigen' Umgangs mit der Lokalbevölkerung. In dieser Logik konnte ‚richtig' bedeuten, sich die Einheimischen zu Nutzen zu machen, wenn man ihr Wissen brauchte, oder sie fern zu halten, wenn sie ‚störten' oder Geld haben wollten. Immer aber verband van de Velde damit ein erzieherisches Moment, das keine pädagogischen Ambitionen, sondern eine Zurichtung meinte, so wie ein Dompteur ein Pferd dressiert. In dieser narrativen Logik, die von ihrem Autor bewusst so angelegt wurde, lernte er den Umgang mit Einheimischen im Laufe seiner Reise zunehmend besser zu steuern – um nicht zu sagen: zu beherrschen. Die im Land lebenden Europäer fungierten dabei als seine Vorbilder und Instruktoren. In seiner Erzählung war der Umgang mit der Lokalbevölkerung eine Technik, die es für den westlichen Reisenden zu erlernen galt wie eine handwerkliche Fähigkeit oder den Umgang mit dem Klima, ganz so als seien auch die Menschen Teil der natürlichen Umgebung, mit deren Eigenheiten der Reisende vertraut sein musste. Seine eigene Erfahrung versah der Erzähler dementsprechend mit Ratschlägen, wie man sich bei einer Reise ins Heilige Land den Einheimischen gegenüber zu verhalten habe.

Tatsächlich war seine Haltung der lokalen Bevölkerung, ihrer Lebensweise und Umwelt gegenüber von starken negativen Emotionen, von Abscheu und sogar Ekel geprägt. „Eine Welt so voll Betrug und Arglist wie der Orient war mir noch fremd" heißt es gleich zu Beginn.[130] Besonders die Gastfreundschaft derjenigen ‚ekelte' ihn, auf deren Unterstützung und Wissen er angewiesen war, wenn er beispielsweise Essen aus der Hand des Gastgebers gereicht bekam oder ihm dieser physisch zu nahe rückte.[131] Auch der hygienische Zustand der Städte und Dörfer erschien seinem europäischen Gemüt ‚abstoßend', unabhängig von der Herkunft der Einwohner.[132] Die Sitte, Fremde um Bakschisch zu ersuchen, war ihm fast körperlich unangenehm. So saß er am Jakobsbrunnen in die Bibel vertieft,

> [...] als ich plötzlich durch die polternde Stimme eines riesigen Arabers aufgeschreckt wurde, der mir unbemerkt nahe gekommen war, und mich mit all der abstossenden und widerwärtigen Rauheit seines Volkes also ansprach: — Marhhabah chawadscha! backschiesch, backschiesch? Die Störung war höchst unwillkommen. Denke Dir den Gegensatz. Verloren in himmlische Betrachtungen, wie ich war, und nun auf einmal solch einen raubgierigen Trinkgeldgruss. Es war ein Kerl mit einem Gesicht um bang zu werden, so schmutzig und abscheulich wie ein Araber nur immer sein kann.[133]

Das gesamte Land schien ihm in desolatem Zustand, den er auf die Vernachlässigung durch das Osmanische Reich, aber auch auf den Charakter der Einwohner zurückführte.[134] Dieser Topos spielte eine zentrale Rolle in seiner Weltanschauung, die wiederum in seinem evangelikalen Glaubensgebilde wurzelte, das noch zum Thema werden wird. Es war jedenfalls kein Wunder, dass er versuchte, sich so häufig wie möglich bei westlichen Kontakten aufzuhalten oder wenigstens bei Einheimischen mit westlicher kultureller Prägung.

Südlich von Bethlehem beispielsweise logierte er bei John Meshullam, dessen Farm ein Anziehungspunkt für amerikanische Evangelikale war.[135] Sein 16-jähriger Sohn Peter diente van de Velde als lokaler Guide und als Vorbild für den (kolonialen) Umgang mit den Arabern. Die hochinteressante Geschichte der Meshullams verdient einen näheren Blick. Der Vater John war ein englischer sephardischer Jude, der zur anglikanischen Kirche konvertiert war und sich 1842 in Palästina angesiedelt hatte, vier Jahre nach Gründung des englischen Konsulats. Nach Intermezzi als Hotelier und Kaufmann konnte er um 1850 Land im fruchtbaren und wasserreichen Artas-Tal nahe Bethlehem pachten und begann dort eine landwirtschaftliche Unternehmung. Trotz seiner offiziellen Landrechte brachte ihn dies in Konflikt mit den lokalen Beduinen, die seine Wassernutzung in Frage stellten. Seit der Judenmissionar James Finn 1845 britischer Konsul geworden war, arbeitete er eng mit Meshullam und dessen jungem Sohn Peter zusammen, der als Siebenjähriger ins Land gekommen war und perfekt Arabisch sprach. Peter Meshullam nahm für van de Velde eine ähnliche Mittlerrolle zwischen den Kulturen ein wie sein Dragoman, der Missionsschüler Philip Carabet. Es mag Zufall sein, dass beides sehr junge Männer waren.

Während van de Velde mit dem jungen Peter reiste, erlebte er dessen, wie van de Velde sagte, „kecken“, aus heutiger Sicht herabwürdigenden Umgang mit den einheimischen Arabern. Peter demütigte beispielsweise sesshafte und der lokalen Staatsgewalt in Jerusalem unterstehende Beduinen und zwang sie, sich seinem Willen zu unterwerfen – was van de Velde zutiefst beeindruckte. Dabei habe sich Peter „die Manieren der Beduinen so zu eigen gemacht“, dass er von ihnen respektiert werde und mit einigen sogar befreundet sei, so van de Velde.[136] Auch der britische Konsul Finn machte sich diese intime Kenntnis und koloniale Haltung zu eigen und nutzte

Peter Meshullam als Mittler zu den Arabern und Beduinen, ja machte ihn sogar zum *chancellor* des Konsulats. Als Peter Meshullam 1863 erschlagen in der Nähe von Artas aufgefunden wurde, war er 27 Jahre alt und Finn soeben wegen seiner problematischen Missionierung der Juden von seinem Posten abgelöst worden. Finn schickte seinem Nachfolger einen Brief Peters, in dem dieser von Feindseligkeiten arabischer Notablen und Beduinenscheichs berichtete, die seine Ermordung geplant hätten. Die von van de Velde so bewunderte aggressive Art hatte ihn womöglich das Leben gekostet.[137]

Van de Veldes Denk- und Verhaltensmuster gegenüber der Lokalbevölkerung stammen sichtlich aus seiner Zeit in der Kolonie Niederländisch-Ostindien. Doch nicht jeder europäische Reisende teilte zwangsläufig diese Haltung. Als van de Veldes künstlerischer Kollege David Roberts zehn Jahre vor ihm dieselbe Region bereiste und zeichnete, notierte er in seinem Tagebuch keine harschen kulturellen Aversionen wie der Niederländer nach ihm. Auch der zeitgleich reisende Edward Robinson äußerte sich zwar gelegentlich aus heutiger Sicht despektierlich über die einheimische Bevölkerung, jedoch nie in dieser herablassenden, kolonial-verächtlichen Art, geschweige denn so negativ emotional aufgeladen wie van de Velde.[138] Offenbar war van de Veldes Einstellung selbst für seine Zeitgenossen vergleichsweise extrem chauvinistisch.

In der Wertschätzung oder Abschätzung der einheimischen Bevölkerung kristallisiert sich in van de Veldes Narrativ eine Hierarchie der Bevölkerungsgruppen heraus. Nicht-muslimische Gruppen wie die Drusen erschienen ihm ‚angenehmer' als Muslime. Orthodoxe Christen schätzte er mehr als katholische, gegen die er eine grundsätzliche Abneigung hegte.[139] Sesshafte Einheimische rangierten für ihn kulturell ‚höher' als nomadische Beduinen. Letztere waren in seiner fiktiven Hierarchie gewissermaßen die unterste Stufe; wörtlich „Schurken" und „Räuber". Innerhalb aller Gruppen traf er gelegentlich auf Individuen, die er als Ausnahme von der Regel beschrieb, meist hervorgehoben durch vermeintlich mehr Sauberkeit, Ehrlichkeit oder Bildungs- und Reflexionsgrad. So logierte er in Tibnîn, dem südlibanesischen Tebnine und Ort der Kreuzfahrerburg Toron, bei dem Scheich Hamed Beg, der ihm außergewöhnlich gebildet und weltläufig erschien. Die Passage ist es wert, hier in Gänze zitiert zu werden, weil darin viele Aspekte seines Weltbilds stecken:

> Unser Gespräch an sich war vielleicht nicht besonders wichtig, denn dazu hat dies Volk nicht genug Bildung, oder Bildungstrieb. Ihr ganzes Leben ist eine Aneinanderreihung von augenblicklichen Eindrücken sowohl in individueller als socialer Beziehung. Und doch fand ich bei Hamed-el-Beg ein Maass von wissenschaftlicher Bildung, wie ich sie bisher noch nie unter den Eingeborenen [...] angetroffen habe. Wie schief sah sein misstrauisches Auge mich an, als Philip ihm verdolmetschte, dass geographische und topographische Untersu-

chungen mein Zweck seien. Der Firman wurde noch einmal hervorgeholt; ja, darin stand dasselbe geschrieben: Van de Velde-Beg (so lautete mein Titel in dem türkischen Actenstück) kam, um das Land zu bereisen und zu vermessen, und die verschiedenen Autoritäten hatten ihm dazu allen möglichen Beistand zu leisten [...]. Nun holte ich meine Karten hervor, zeigte ihm das Messinstrument, und wie ich damit zu Werk ginge, und er ergoss sich nun in eine Fluth von beistimmenden Worten, [...] während die argwöhnische Wolke von seinem Angesicht verschwand. Da er einmal von diesem Gegenstand in Anspruch genommen war, liess ich die günstige Gelegenheit nicht vorbeigehn, ohne eine Menge Fragen über *Belad-Bescharah*[140] zu thun, und siehe da! nicht nur der Beg gab mir alle möglichen geographischen und topographischen Aufklärungen, sondern auch die alten Scheichs [...] begannen zu wetteifern, wer von ihnen mir die meisten alten Dörfer, Ruinen u. s. w. nennen könne, so dass ich Mühe hatte, alles mit der Feder zu verzeichnen. Zuletzt nahm der alte Beg selbst Papier und Schreibzeug und zeichnete mir das ihm gehörige Gebiet mit dem *Litanî*fluss, und eine Menge alter Kastelle ab, damit ja keine Undeutlichkeit in dieser Hinsicht mir verbleiben solle. [...] [I]ch musste beständig in mich hineinlachen über das höfliche arabische Ceremoniel, womit die Wissenschaft behandelt wurde. Ich meinte manchmal, Philip wolle mich zum Narren halten, weil er so viele und mir völlig fremdartige Complimente unaufhörlich aus dem Munde des Beg's vorbrachte. [...] Und vielleicht denkst Du, dass all dieser Unsinn wie französisches Gelächter mit fadem Lärmen vorgebracht worden sei. Keineswegs, das eigenthümliche des arabischen Conversationstons ist, dass er auch bei den übertriebensten Complimenten und bei den gewähltesten Redensarten den ernsthaften Character behält, der den Orientalen in all seinem Thun und Lassen kenntlich macht. Gewiss, ich hatte an jenem Abend eine Studie morgenländischen Lebens vor mir. Welch ein Gemälde war besonders die Gruppe, in der wir sassen. Der dunkle gewölbte Saal, die 60 Scheichs mit ihren grossen weissen Turbanen und weiten schwarzen Mänteln; in ihrer Mitte der Teppich mit dem alten Beg, der in einen rothen, goldgestickten Mantel gehüllt war und einen Turban von einem prächtigen persischen Shawl auf hatte; an seiner linken Seite der einfache Reisende mit Karten und Papieren vor sich; und endlich der jugendliche Dolmetscher vor ihm niedergehockt [...].[141]

Die Passage beginnt mit dem Topos der vorgeblichen Bildungs- und Geschichtslosigkeit, den später Edward Said als integralen Bestandteil des westlichen Orientalismus identifizierte.[142] Angesichts der langen arabischen Wissenschaftstradition scheint diese Charakterisierung fast grotesk. Van de Velde, der eben kein akademisch ausgebildeter Orientalist war, hatte vermutlich wenig Kenntnis von dieser Tradition. Hamed Beg wird durch seinen behaupteten Bildungsgrad der europäisch-christlichen Kultur mit ihrem angeblichen Bildungsvorsprung näher gerückt und scheint dem Erzähler dadurch zugänglicher und kulturell *ähnlicher*. Ganz gemäß dieser Logik gelingt es dem Forscher, seinen Gastgeber mit den Insignien der Wissenschaft – seinen Vermessungsinstrumenten – von der Wichtigkeit seines Unterfangens zu überzeugen. Der nächste orientalistische Topos, der vermeintlich inhaltsleere Prunk und die dem Protestanten übertrieben scheinende Höflichkeit, dient vor allem zur Kontrastierung seiner eigenen Schlichtheit und Bescheidenheit. Dies passt allerdings wenig zur überall im Reisebericht hervortretenden Überzeugung von der eigenen Kompetenz und kulturellen Überlegenheit. Die Höflichkeit, mit der der fremde Gast empfangen wird, erscheint dem Europäer lachhaft, ja *lächerlich*. Unweigerlich denkt man an Immanuel Kants Kategorie des Läppischen, die er in seiner Ästhetik als Gegenentwurf zum Gefühl des Erhabenen und Schönen aufbaute und am Beispiel indigener Kulturen erläuterte. Kants Läppischkeit ist vor allem ein Gegensatzbegriff, der der Ordnung und Hierarchisierung dient.[143] Er charakterisiert „Läppischkeit" als Flachheit des Gefühls, Fehlen von Größe und Erhabenheit, Bindung an Niedriges und Wertloses, Mangel an Vernunft und echtem Gefühl. Für van de Velde hatten die orientalistischen Topoi ganz ähnliche Funktionen: Sie dienten dazu, seine Welt (wieder) zu ordnen, nachdem der Kontakt mit einer fremden Kultur seine Weltwahrnehmung temporär verunsichert hatte. Die Charakterisierung der muslimischen Lokalbevölkerung fungiert als Gegenbild des eigenen kulturellen Selbstbilds. Aufschlussreich ist auch das „französische Gelächter", mit dessen Hilfe er dem imaginären Briefpartner die ‚orientalische' Höflichkeit erklärte. Franzosen – von ihm meist ‚Lateiner', also Katholiken genannt – sind ein weiteres Beispiel jener Gruppen, die er immer wieder abschätzig erwähnte. Seine Abwertungen anderer kultureller Gruppen waren also nicht notwendig rassistisch motiviert, sondern religiös-kulturell. Zuletzt erschienen ihm die versammelten Scheichs „wie ein Gemälde", ein weiterer orientalistischer Topos. Pittoresk fand er nicht nur die Landschaft, sondern auch die dort lebenden Menschen. Sie waren für ihn weniger Individuen als Typen, dekorative Staffage. Bemerkenswert ist, dass van de Velde trotz der als so malerisch geschilderten Szene nicht zum Zeichenstift griff und dieses intime Bild voll orientalistischem Kolorit visuell festhielt. Wie schon Jan de Hond feststellte, präsentierte sein Palästina-Album eben nicht die typisch orientalistischen Genreszenen, die im 19. Jahrhundert so populär waren und das Bild des ‚Orients' nachhaltig prägten.

Mit ortskundigen Guides und anderen lokalen Informanten der indigenen Bevölkerung musste also van de Velde zufolge nach klaren Regeln verfahren werden, um diese nicht aus „Geldgier" und „Gefälligkeit" zu Fantasie-Auskünften zu verleiten.[144] Rund um das Tote Meer war er wie schon erwähnt aufgrund der Sicherheitslage, aber auch wegen seiner fehlenden Ortskenntnis in der Wüste auf Beduinen als Guides und Eskorte angewiesen. Für ihn waren Beduinen die ‚schlimmsten' unter den indigen Bevölkerungsgruppen, und er verwendete lange Passagen darauf, den richtigen Umgang mit dieser seinem Bekunden nach so gefährlichen Gruppe zu beschreiben. Dazu gehörte das Verbot von Geschenken, die Beschränkung jeglicher Bezahlung auf ein Minimum und keine zu große Freundlichkeit. Dies bezog sich nicht nur auf die Sicherheit des Reisenden, sondern auch auf die Qualität von Informationen, die die Einheimischen liefern sollten. Nur Auskünfte, die er trotz magerer Bezahlung bekam, erschienen ihm zuverlässig. Daher betonte er wiederholt, dass seine Informanten von ihm knapp gehalten wurden und Ortsnamen nicht aus Gefälligkeit nannten.[145] Lokale arabische oder beduinische Informanten, wiewohl zur Sammlung von Informationen wie Ortsnamen eine Quelle ersten Ranges, benannte van de Velde selten namentlich.[146] Sein junger Dragoman, der anders als die weißen, westlichen Missionare keinen Nachnamen hat, ist dafür nur das prägnanteste Beispiel. Anders als die Europäer, die in der Region lebten oder sie bereisten und die er stets als Quellenlieferanten zitierte, waren indigene Informanten für ihn wie für seine westlichen Kollegen keine relevante Gruppe von Gleichgestellten.

Hierarchie der Information, Methoden und Kontrollversuche

Hier kommt auch ein interessantes System der Einstufung von Informanten zum Tragen, das auf den ersten Blick der Geringschätzung der Einheimischen zu widersprechen scheint. Die lokale arabische Überlieferung war die für ihn glaubwürdigste Quelle, weil sie nach seinem Dafürhalten nicht von katholischer oder orthodoxer Tradition beeinflusst und keine Gefälligkeitsauskunft war.[147] Ähnliches findet sich bei Robinson und Smith und früheren Forschern. Edward Robinson begründete dies mit der Auswirkung von Jahrhunderten (katholischer und orthodoxer) Frömmigkeit, die Legenden fabriziert und perpetuiert habe, statt zu den Quellen zurückzugehen und diese kritisch zu prüfen. Biblische Geographie lag bis Anfang des 19. Jahrhunderts im Heiligen Land in der Hand der Mönche, die vor allem alte Traditionen bewahrten. Robinson bezeichnete diese Überlieferung als wissenschaftlich wertlos, sofern sie sich nicht auf die Bibel stütze. Im Gegensatz dazu beschrieb er die arabische Ortsnamenüberlieferung als etwas Reines, Unberührtes, frei von ‚fremden' Einflüssen. Wörtlich nannte Robinson sie „native" (eingeboren), als sei sie mit dem Land selbst auf seine (arabischen) Bewohner übergegangen: „drawn in by the peasant with his mother's milk, and deeply seated in the genius of the Semitic languages."[148] Dieses Verständnis der Bevölkerung als lebendes Fossil war in der gesamten Palästinaforschung des 19. Jahrhunderts weit verbreitet und fußte auf der naiven Annahme, dass das Land mehr oder weniger seit den Zeiten der Bibel unverändert geblieben sei. In dieser Argumentation erschien die arabische Bevölkerung als – nichts ahnender – Träger und Bewahrer von Toponymie, Bräuchen und Praktiken aus biblischen Zeiten. Deswegen war auch die Ethnographie des Landes in der Palästinaforschung von Anfang an essentiell (nicht allerdings bei van de Velde). Hier spielt die vermeintliche Geschichtslosigkeit des ‚Orients' – der sich eben in 2000 Jahren kaum gewandelt habe – genauso hinein wie die im 19. Jahrhundert virulente Theorie der Kulturstufen, derzufolge indigene Völker Vertreter einer ‚älteren Kulturstufe' der Menschheit seien und wegen derer Europäer wie der Kulturhistoriker Aby Warburg fasziniert über Stammesrituale schrieben, in denen sie frühere Phasen der eigenen, westlichen Kultur zu erkennen glaubten.[149]

Auch methodisch griff van de Veldes Informationssammlung wesentlich auf Praktiken zurück, die andere Forscher vor ihm etabliert hatten – ohne dass er dies explizit erwähnt hätte. Informanten müssten stets über Kreuz befragt werden, also zu unterschiedlichen Gelegenheiten, mit variierenden Fragen oder von mehreren Personen – eine Technik, die man heute eher mit Kriminalermittlungen in Verbindung bringt und die auf das grundsätzliche Misstrauen gegenüber der Quelle hinweist. Den Einheimischen dürften keine direkten Fragen gestellt werden, da sonst Fantasie- oder Gefälligkeits-Antworten zu erwarten seien. Aus demselben Grund seien Ja/Nein-Fragen zu vermeiden.[150] Tatsächlich sind dies Praktiken, die durch eine standardisierte Methodik die Wissenschaftlichkeit der biblischen Geographie untermauern sollten. Der Versuch, durch ausgefeilte Befragungstechniken die Unzuverlässigkeit der einheimischen Informanten zu neutralisieren, ist auch ein Versuch, das unbekannte (und unzuverlässige!) Fremde zu kontrollieren. So kategorisierte van de Velde die Menschen in ‚gute' (christliche oder westlich-kulturell sozialisierte) und ‚schlechte' Araber, zuverlässige (Philip) und unzuverlässige Einheimische (Scheichs) – wobei die unzuverlässigen wenigstens mithilfe fester Regeln zur tauglichen Informationsquelle werden konnten. Nicht weniger kolonial ist die dahinterstehende Absicht, den Einheimischen ihr lokales Wissen quasi gegen ihren Willen zu entlocken, indem man entsprechend geschickte Fragen stellte. Am Toten Meer machte van de Velde sich lustig über die behauptete Entdeckung der Städte Sodom und Gomorrha durch de Saulcy. Die Beduinen, die er nach den vermutlichen Ruinen fragte, hätten dem Franzosen Namen genannt, die übersetzt „ein Haufen Steine" und Ähnliches bedeuteten.[151] Ihm selbst, so spricht hieraus implizit, könne so etwas nicht passieren, da er ja wisse, wie man mit den Einheimischen umgehen müsse. Seinen kolonialen Erfahrungsschatz betrachtete er mithin als schlagenden Vorteil für seine Forschungsarbeit. Tatsächlich war van de Velde dadurch, dass er kein Arabisch sprach und auf einen Dolmetscher angewiesen war, wie gut und zuverlässig dieser auch sein mochte, erheblich im Nachteil gegenüber Forschenden, die die Sprache beherrschten oder gar schon lange im Land lebten, wie Eli Smith. Der selbstbewusste Niederländer thematisierte dies jedoch nie.

Van de Veldes Methode der Ortsidentifikation war bemerkenswert einfach. Alles stand schon in der Bibel, man musste die Orte nur wiederfinden, und so nahm er die Bibel als getreuen Führer durch die Geographie des Landes. Für gewöhnlich ging er nach folgendem Muster vor: Er gelangte an einen Ort und spekulierte, welche biblische Stätte dies sein könne. Von Einheimischen erfragte er den Ortsnamen und suchte Bibelstellen, die auf den Namen und die geographische Lage passten. Dem folgten eine Plausibilitätsprüfung und der Vergleich mit dem Vorgefundenen. Wenn möglich zog er einschlägige historische Werke hinzu. Falls die Identifikation nach diesen Kriterien erfolgreich war, überkam ihn ein Glücksgefühl, das aus seiner Anwesenheit an diesem nun identifizierten biblischen Ort resultierte:

> Hier ist Gethsemane! Hier schaut dein Auge den Ort wo Jesus, der Sohn Gottes, hinabging beladen mit deiner Schuld, hinabging um an deiner Statt Gottes gerechten Fluch für deine Schuld zu tragen.[152]

Diese Faszination des authentischen Ortes, die er immer wieder an biblischen Stätten fühlte, empfand er jedoch selbst als problematisch, da sie für sein protestantisches Verständnis den Weg zu Gott eher verstellte als ebnete.[153] War ein biblischer Ort in der Hand der griechisch-orthodoxen oder katholischen Kirche, so schauderte es ihn angesichts von Ritus und ‚Götzendienst'. Fand er dort einheimische Araber vor, die womöglich noch Bakschisch wollten, zerstörte ihre Gegenwart die Faszination des Ortes.[154] Anderen Forschern ging es nicht anders, und so finden wir ganz ähnliche Beschreibungen erhabener Momente selbst bei dem sonst bemerkenswert trockenen und wenig emotionalen Edward Robinson.[155]

Nach der Publikation, die nach der Rückkehr des Forschenden in Europa stattfand, wurde die Ortsidentifikation im Kreise der Fachgelehrten und Forschungsreisenden kritisch geprüft, für korrekt befunden oder verworfen. Sie wurde damit Teil des etablierten Bestands an Forschung zur biblischen Geographie. Die Sichtweise der im Entstehen begriffenen kritisch-historischen Bibelforschung, manche Passagen der Bibel eher metaphorisch zu verstehen, war allerdings für van de Velde undenkbar – ganz zu schweigen von der These Friedrich Schleiermachers, dass die Bibel wie jeder andere Text gelesen und interpretiert werden könne, die sich gegen Ende des 19. Jahrhunderts durchsetzen sollte.[156] Die Bibel nahm van de Velde wörtlich. In Ekron, dem zeitgenössischen Akir, wurde er von hunderten Fliegen belästigt und schloss daraus, dass der Gott der Philister *Baal sebub* (hebr. Herr der Fliegen; verballhornt zu *Beelzebub*) hiervon seinen Namen habe.[157] An einer Stelle des Sees Genezareth konstatierte er, dass Jesus dort nicht entlang gewandelt sein könne, weil zu viele Felsbrocken am Ufer lagen – als ob sich die lokale Geographie in knapp 2000 Jahren nicht wesentlich geändert haben könnte.[158] Als Illustration seiner Methode kann eine Passage über Orte am See Genezareth dienen, in der van de Velde Überlieferungen der Bibel, der Kirchenväter und zeitgenössischer Forscher mit arabischen Ortsnamen des 19. Jahrhunderts verglich:

> Magdala hat man in Medschdel, das stark 1¼ Stunde im N. von Tiberias am Ufer liegt, suchen zu müssen geglaubt. Der Name des arabischen Dorfes hat mit dem der jüdischen Stadt viel Aehnlichkeit. Aber nach Eusebius und Hieronymus muss Mageda oder Magedan, wie es ursprünglich heisst und nicht Magdala, an der Ostseite des Meeres gesucht werden. Wir haben hohe Achtung vor beiden Kirchenvätern aber die Erzählung des Matthäus c. 15,39 und des Markus c. 8,10 scheint die Grenzen von Magdala [...] ausdrücklich an die W.Seite des See Genezareth zu legen. Ich halte also Medschdel für identisch mit Magdala.[159] [...] Kapernaum, die Zollstadt ‚am Wege des Meeres' (via maris der Alten), dem Wege, der von Galiläa an der N.Seite des Meeres nach dem Ostjordanlande führt, zugleich die Grenzstadt von Naphthali und Sebulon können wir nirgends anders suchen als an der NW.Seite des galiläischen Meeres. Warum sollen wir nicht die Ruinen von Tel-Hum, die an dieser Stelle gefunden werden, für Kapernaum halten? Zumal da schon im arabischen Tel-Hum (der Hügel von Hum) das römische Caper- oder Caphar-Nahum sich erkennen lässt.[160] Die Pilgrime haben seit 800 und mehr Jahren allgemein Tel-Hum für Kapernaum genommen und die Einwürfe dagegen sind erst in unsern Tagen entstanden.[161]

Réveil, Judenmission und Protozionismus

Als evangelikaler Protestant reiste van de Velde mit einer Weltauffassung, in der das Schicksal der Region eine besondere Rolle spielte. Im Reisebericht heißt es wiederholt, das Heilige Land sei von Gott verflucht und im Niedergang begriffen. Nur die Besiedlung durch zum Christentum konvertierte Juden könne es aus diesem Zustand retten und die prophezeite Rückkehr des Gottessohns herbeiführen.[162] Wie kam ein ehemaliger Marinekapitän zu solchen heute merkwürdig anmutenden Ansichten? Van de Velde war Anhänger der niederländischen *Réveil*-Bewegung, einer konservativ-evangelikalen Erweckungsbewegung, die eine Reaktion auf den Rationalismus des 19. Jahrhunderts darstellte und in den protestantischen Kirchen enorm populär war. Diese Bewegung war international und vor allem in protestantisch geprägten Ländern aktiv, so in den USA und Großbritannien als *First Great Awakening* und *Evangelical Revival*. Auch in der französischen Schweiz und in Preußen war die Erweckungsbewegung stark. Der Düsseldorfer Pastor Theodor Fliedner, der Begründer der Diakonie, war einer ihrer deutschsprachigen Vertreter. Während seiner Militär- und Kolonialkarriere war van de Velde auch für die Mission des *Réveil* tätig, so auf der Insel Java und am südafrikanischen Kap. Seine zahlreichen internationalen Kontakte stammten aus diesem Umfeld, so zur evangelikalen Union, der Genfer Alliance Évangelique und der 1846 in Großbritannien gegründeten Evangelical Alliance sowie nicht zuletzt zur erwähnten Judenmission der London

Jews Society (LJS). Letztere war in protestantischen Zirkeln äußerst prominent und besonders einflussreich in Großbritannien. Das zugrundeliegende Konzept hielt die Bekehrung der Juden für die Voraussetzung einer Wiederkunft von Jesus Christus und dem sich daran anschließenden Millennium, dem Ende der Zeiten.[163] Die Idee einer jüdischen Massenbesiedlung Palästinas scheint hier als protestantisches Projekt vorweggenommen; dieser eigentümliche evangelikale Plan ist fast ein halbes Jahrhundert älter als die frühesten zionistischen Konzepte. Mitte des 19. Jahrhunderts strebten europäische Juden vor allem die bürgerliche Gleichberechtigung in ihren Heimatländern an. Die Idee einer nationalen Wiedergeburt im Lande der Väter entstand zwar vor dem modernen Antisemitismus, wie Gudrun Krämer bemerkt; sie fand jedoch kaum Widerhall.[164] Erst die blutigen Pogrome in Russland in den 1880er Jahren führten zu einer großen zionistischen Bewegung. Auch wenn dies heute verwunderlich klingt, so hatte dieses frühe evangelikale Konzept bis ins 20. Jahrhundert enorme Auswirkungen. Es beeinflusste als *Restoration of the Jews* insbesondere das britische Interesse an Palästina bis weit in die Mandatszeit hinein.[165] Der britische Konsul James Finn beispielsweise versuchte während seiner Amtszeit (1846–1863), die Missionierung von in Jerusalem lebenden Juden voranzutreiben, die meist Bürger des russischen Zarenreichs oder des Habsburgerreiches waren. Damit brachte er sich und das Konsulat in große Schwierigkeiten, die schließlich zu seiner Ablösung führten.[166]

Wie ist es erklärlich, dass eine protestantische Sekte die Idee des Zionismus um 30 bis 40 Jahre vorwegnahm? Zunächst muss man sich vergegenwärtigen, dass eine Rückkehr der Juden nach Palästina, von wo die Römer sie vertrieben hatten (und die Babylonier zuvor), fest im jüdischen Denken verankert war und ist. Jeder Pessach-Seder endet bis heute mit dem Ausruf „Nächstes Jahr in Jerusalem!". Der Zionismus konkretisierte diesen Gedanken lediglich zu einem Zeitpunkt, als die osteuropäische Judenheit sich der Hoffnung beraubt sah, in der Diaspora jemals volle Gleichberechtigung zu erlangen. Zudem war für evangelikale Sekten das Alte Testament wegen der Prophezeiungen zu Christi Wiederkunft ein wichtiger Referenzpunkt. Noch heute betreiben evangelikale Sekten die umstrittene Judenmission.[167] Zudem muss man feststellen, auch wenn dies in der israelischen Geschichtswissenschaft kein Konsens ist, dass der Zionismus vielfältige Parallelen zum europäischen Kolonialismus aufweist – wenig verwunderlich, da er zur Hochzeit europäischer National- und Kolonialbewegungen entstand. Der israelische Historiker Ilan Pappé hat anhand des Konzepts der Kolonialbewegung die evangelikale Basler Mission in Afrika und die pietistischen Templer aus Württemberg mit dem Zionismus verglichen, die sich ab den 1860er Jahren in Palästina ansiedelten, wo sie kulturell und infrastrukturell enorm einflussreich wurden. Pappé kommt zu dem Schluss, dass sowohl die protestantische Mission als auch der Zionismus Kolonialbewegungen waren, obwohl sie kein Mutterland hatten, was gemeinhin als definierende Bedingung gilt. Pappé sieht jedoch Großbritannien als Stief-Mutterland an, das beide Bewegungen zeitweilig politisch und wirtschaftlich unterstützte. Der evangelikalen Mission und dem Zionismus gemeinsam war das Konzept einer infrastrukturellen Modernisierung des Landes mit Landwirtschaft als Kern und Gegenentwurf zur aus ideologischen Gründen verschmähten Industrialisierung, wobei die evangelikale Mission zeitlich der zionistischen Siedlung vorausging. Die einheimische Bevölkerung ignorierten oder marginalisierten beide. Der vermeintlich rein religiöse Plan, wie ihn auch van de Velde vertrat, war nicht zuletzt ein Deckmantel für die wirtschaftlichen und strategischen Interessen der westlichen Mächte in der Region.[168] Für van de Velde war das Heilige Land ein künftiges Kolonialgebiet, die konvertierten oder noch zu konvertierenden Juden die ‚Schafe' oder ‚Hirten', die das fruchtbare Land bebauen und zu alter Größe führen sollten, wie in der Bibel prophezeit.[169]

Kunst macht Vermessung Konkurrenz

Van de Veldes Vorhaben als Vermessung Palästinas im Alleingang zu bezeichnen, ist nicht vollkommen zutreffend, da er sowohl einheimische Hilfe hatte als auch auf eine breite schon vorhandene Datengrundlage zurückgreifen konnte. Dennoch fußte der Erfolg des kartographischen Projektes im Wesentlichen auf seinen eigenen Anstrengungen. So hatte bei seinen Vermessungen jede kleine Störung, wie Krankheiten oder Wettereinflüsse, unmittelbare Lücken im Datenmaterial zur Folge. Oft musste er Prioritäten setzen, da er die von ihm nicht vermessenen Regionen nicht nochmals besuchen konnte. Im südlichen Libanon, den er nach einem gerade überstandenen Fieber bereiste, weswegen er sich beeilen musste, sein Schiff zu erreichen, rissen die ausgefallenen Messungen große Löcher in die Grundlage der späteren Karte. Nach seiner Rückkehr nach Europa versuchte er, als Ersatz Daten von Dritten zu erhalten, was das Erscheinen der Karte jedoch massiv verzögerte. Diese Art von Patchwork-Forschungsprozess war extrem anfällig. Darunter hatte letztlich auch seine Professionalität zu leiden. Mutmaßlich war sein ambitioniertes Projekt jedoch kaum anders zu bewältigen. Als in den 1870er Jahren der britische Palestine Exploration Fund eine generalstabsmäßige Vermessung der Region vornahm, mit professioneller Ausrüstung und einem ganzen Team militärisch ausgebildeter Experten, stellten externe Einflüsse wie Klimabedingungen und Krankheiten immer noch das größte Problem dar.[170] Doch das Vermessen war auch nicht immer van de Veldes dringlichstes Vorhaben. Bei mehreren Gelegenheiten gab er trotz des Zeitmangels der Kunst den Vorzug vor dem Kartenhandwerk, so bei der Überquerung einer Brücke über den von ihm als malerisch beschriebenen Fluss Barada, an dem er trotz großer Eile anhielt, um anderthalb Stunden zu zeichnen.[171]

Aus heutiger Perspektive mag uns Landschaftsmalerei als eine weniger wichtige Form der Erfassung von Welt erscheinen als Kartographie – zumindest eine weniger präzise Form, einen Ort zu erfassen und zu verstehen, als eine Karte. Dass van de Velde mitunter einer Landschaftsskizze den Vorrang einräumte, zeigt, dass beide Zugänge für ihn keineswegs in einer Hierarchie zueinander standen. Die malerischen Berge des Libanon – eine Region mit überdies weniger biblischen Stätten als Judäa und Samaria – inspirierten ihn eher zur Zeichnung, wohingegen er im biblischen Kernland vermessen wollte. Die Gegenüberstellung von Mess- und Malorten in Abb. 5 verdeutlicht dies. Paradoxerweise agierte er damit genauso wie seine Vorgänger und vermehrte die Präzision und Dichte bereits vorhandener Daten im besagten Kernland, wohingegen er die Schließung von Lücken im Norden ebenso zurückstellte wie offenbar seine Vorgänger. Kurzum, wo die Daten bereits vorher dicht und gut gewesen waren, wurden sie durch ihn noch dichter und besser. Im Libanon, der für die biblische Geschichte weniger relevant und daher weniger beforscht war, konnten dagegen die bestehenden Lücken auch durch ihn nicht geschlossen werden. In anderen biblischen Regionen jedoch stellte er sich explizit die Aufgabe, Defizite in der Vermessungsgrundlage zu beheben. Einmal schilderte er, wie er bei der Exkursion mit Robinson und Smith östlich des Jordans durch die Eile seiner Mitreisenden gezwungen war, auf die Zeichnung einer wunderschönen Landschaft zu verzichten.[172] Landschaftsskizzen waren für ihn also definitiv nicht nur ein Hilfsmittel der Wissenschaft, sondern eine künstlerische Form, um Schönheit, Charme oder Eigenart einer Landschaft zu erfassen. Ebenso bezeichnete van de Velde in seinem Reisebericht mehrfach seine Skizzen als exzellentes Mittel, um eine Landschaft, Szenerie oder dabei entstandene Eindrücke besser zu verstehen – sowohl ästhetisch als auch subjektiv.[173] Dies wiederum diente natürlich dem besseren Verständnis der Bibel.

Die Reise im Blick der Rezensenten

Die Karte, die van de Velde schließlich 1858 in Gotha veröffentlichte, stieß beim Publikum und bei Fachrezensenten gleichermaßen auf einhellige Zustimmung.[174] Beim Reisebericht waren die Reaktionen dagegen gemischt. Wenn man zeitgenössische Besprechungen liest, so beschleicht einen das Gefühl, dass der Niederländer es mit seinem Buch niemandem außer seinem evangelikalen Umfeld so wirklich recht machen konnte. Den Experten war er zu wenig wissenschaftlich, zu weitschweifig und fromm, zu gefühlsselig und banal.[175] In Fachzeitschriften wurde stets erwähnt, dass van de Velde kein Gelehrter vom Fach sei. Trotzdem sei sein Bericht nicht „nutzlos" wie viele andere, da er wegen seiner kartographischen Ausbildung und vorhergehenden Reiseerfahrung durchaus Sachverstand mitbringe. Allerdings seien eine Reihe vermeintlicher Entdeckungen schon zuvor bekannt gewesen. Klagen gab es auch darüber, dass die Karte dem Band nicht beigegeben sei[176] und er die neueste Literatur zum Thema nicht kenne.[177] Die literarische Zeitschrift *Athenaeum*, deren Herausgeber James Silk Buckingham 1821 selbst eine Reisebeschreibung Palästinas publiziert hatte, befand zwar die Forschungen im Detail als wertvoll, jedoch sei der Ton so trivial, dass dadurch das ganze Werk abgewertet werde. [178] Eine andere literarische Zeitschrift monierte, dass häufig auf die Bilder verwiesen werde, diese jedoch fehlten, wodurch dem Leser ein Teil der Erfahrung entgehe.[179] Zahlreiche Rezensenten verglichen van de Velde mit seinem Konkurrenten de Saulcy und verwiesen auf seine Intention, die Entdeckungen des Franzosen zu widerlegen.[180] Das Laienpublikum war klar entlang konfessioneller Grenzen gespalten. Viel Lob und Zustimmung kam von protestantischer, vor allem evangelikaler Seite.[181] Katholische Rezensenten fanden sein Werk schlicht „disgustful", weil protestantisch.[182] Offensichtlich saß der Niederländer außerhalb seines evangelikalen Milieus im wahrsten Sinne zwischen allen Stühlen.

3. Die Bilder der Ferne

Orientalismus und Zeichnen auf Reisen

Der ‚Orient' war im 19. Jahrhundert im westlichen Diskurs begrifflich gleichbedeutend mit dem Osmanischen Reich und den islamischen Ländern der Levante entlang der Mittelmeerküste. Wir haben es hier also, zumindest indirekt, auch immer mit einer Auseinandersetzung mit dem Islam zu tun. Die künstlerische ‚Orient'-Darstellung war darüber hinaus wie jede Darstellung fremder Länder verbunden mit Kolonialdenken und westlichen Expansionsplänen. Insbesondere Ägypten, gelegen an geographischer Schlüsselposition zwischen Nordafrika und dem Nahen Osten, rückte durch Napoleons Feldzug 1799 aus strategischen Gründen ins Zentrum des Interesses, wurde dann jedoch auch künstlerisch enorm populär. Nach dem griechischen Unabhängigkeitskrieg 1820 entstand in Europa zudem eine große Griechenlandbegeisterung, die auf ästhetischer Ebene die griechische Landschaft in ihrer zerklüfteten Kargheit als romantisches Ideal stilisierte – statt der heiter-üppigen Landschaft Italiens, dem Ideal früherer Epochen.[183] Zwischen diesen beiden Polen – Ägypten und Griechenland – spielte sich die westliche Neuentdeckung des Heiligen Landes mit ihren ganz eigenen Motivlagen ab.

An der Königlichen Marineanstalt zu Medemblik hatte Charles William Meredith nicht nur Vermessen und Kartieren gelernt, sondern auch das Zeichnen. Tatsächlich war es bereits im 16. Jahrhundert gängige Praxis, bei Forschungsreisen und Expeditionen Zeichner oder zumindest zeichenkundige Personen dabei zu haben.[184] Vor der Entwicklung der Fotokamera in der zweiten Hälfte des 19. Jahrhunderts und der seitdem stetig ansteigenden Bilderflut konnten Entdeckungen und Erfahrungen visuell nur auf diesem Weg festgehalten werden. Auch gehörte für bildende Künstler im 19. Jahrhundert eine Reise in ‚exotische' Länder fast zur Ausbildung dazu, viele zehrten ihr Leben lang von den Früchten einer einzigen Reise. Die Erfindung der Daguerreotypie im Jahre 1833 machte zwar den Zeichnerinnen und Zeichnern als bildlichen Kündern von fernen Welten Konkurrenz – doch erst mit Kodaks tragbarer Kamera 1888 wurde die

Fotografie wirklich praktisch einsetzbar. Bis dahin blieben Zeichner unverzichtbarer Bestandteil jeder Forschungsreise und war Fotografie ein kompliziertes, nur mit großem technischem Aufwand beherrschbares Spezialmedium.[185] In einigen Wissenschaften nimmt bis heute die Praxis des Zeichnens eine zentrale Rolle ein, beispielsweise in der Botanik.[186]

Es war also nicht ungewöhnlich, dass ein Forschungsreisender im Zeichnen ausgebildet war oder ein Maler zum Zeichnen in ‚exotische' Gefilde reiste. Ungewöhnlich war bei C. W. M. van de Velde die Gleichrangigkeit von kartographischer und künstlerischer Arbeit, die hohe Qualität beider sowie die Tatsache, dass seine Bilder separat publiziert wurden und offensichtlich kommerziell erfolgreicher waren als seine anderen Arbeiten.

1846 hatte er künstlerisch zunächst mit Ansichten aus Niederländisch-Ostindien auf sich aufmerksam gemacht, dem heutigen Indonesien. Als er sich 1851 nach Palästina einschiffte, hatte er daher neben Messinstrumenten, Karten und Literatur zur biblischen Geographie auch Zeichenutensilien im Gepäck. Während nach seiner Rückkehr die *Map of the Holy Land* beim Verlagshaus Perthes in Gotha gestochen wurde, arbeitete er parallel dazu an der Umsetzung der Skizzen in Lithographien und warb auf Vortragsreisen um Vorbestellungen.

Seine Skizzen sind, nach allem was wir wissen, nicht erhalten. Einige europäische Museen besitzen Aquarelle van de Veldes mit denselben Motiven wie die Lithographien. Doch sind diese nicht Vorlage gewesen, sondern wurden nach der Reise gemalt. Teils entstanden sie auch vor seiner zweiten Reise ins Heilige Land im Winter 1861/62. Von den Originalen im Teylersmuseum in Haarlem lässt sich dies anhand der Datierung mit Sicherheit sagen.[187] Wegen der Reiseumstände machten die meisten Künstler unterwegs nur schnelle Bleistiftskizzen und fertigten erst nach ihrer Rückkehr ein Werk nach westlichem Geschmack.[188] Die wertvollen und durchaus empfindlichen Werke wären womöglich in den klimatischen und auch sonst schwierigen Verhältnissen vor Ort beschädigt worden. Vielleicht sollten die späteren Aquarelle auch dazu dienen, Geld für die zweite Reise zu sammeln. 1883 bot van de Velde dem Rijksmuseum seine Originale zum Ankauf an. Der zuständige Kunsthistoriker Victor de Stuers mutmaßte jedoch, es handle sich lediglich um einen zweiten Aufguss, und das Museum lehnte ab.[189] Der Verbleib dieser Skizzen und der restlichen Originale ist heute bedauerlicherweise weitgehend unbekannt.[190]

Das Album im Detail

Die Frontispiz-Abbildungen des zweibändigen Reiseberichts hatten dem Publikum bereits einen Vorgeschmack in Form von Ansichten von Jerusalem und des Sees

Genezareth gegeben. Welch hohe Kunstfertigkeit diese Zeichnungen aufwiesen, offenbarte jedoch erst das großformatige Werk, das 1857 unter dem Titel *Le pays d'Israël* beim Verlag Jules Renouard in Paris erschien und 100 Veduten versammelte, darunter auch Ansichten aus dem heutigen Libanon und Syrien. Mehr noch als bei Reisebericht, Memoir und Karte behielt van de Velde beim Bildwerk alle Fäden selbst in der Hand, von der Anleitung der zahlreichen Lithographen bis zum Vertrieb. Er reiste durch ganz Europa, hielt Vorträge und sprach bei europäischen Herrscherhäusern vor, um Subskriptionen zu sammeln. Das Album im Voraus und über persönliche Bestellungen zu verkaufen, war ein sehr einträgliches Geschäftsmodell und im künstlerischen Bereich absolut üblich.[191] Viele Jahre später schrieb er seinem Verleger, dass er mit dem Album 30.000 Francs verdient und von insgesamt 300 noch 50 Exemplare übrig habe – und die Arbeit daran sei eine Kleinigkeit gewesen im Vergleich zur Karte, die ihm viel weniger einbringe.[192]

Es wurden zwei Varianten des Albums gedruckt, eine sogenannte Luxusausgabe und eine reguläre. Die reguläre Ausgabe war nicht weniger hochwertig und unterschied sich von der Luxusausgabe vor allem durch die Kolorierung. In der Luxusausgabe finden sich neben Gelb-, zarten Blau- und Rottönen auch handkolorierte Details, bei einigen Motiven auch mehr als zwei farbige Druckschichten. Zusätzlich gibt es einige Exemplare, die auf besonders großen und festen Bögen gedruckt wurden (620 x 440 mm statt 580 x 420 mm).[193] Der Katalog der berühmten Kunstsammlung von Henry Myron Blackmer II, die 1989 bei Sotheby's versteigert wurde, bezeichnet diese nach einem Brief van de Veldes, der dem Exemplar aus der Sammlung beigebunden war, als „proof copies".[194] Bereits beim Java-Werk hatte es solche *proof copies* in übergroßem Format gegeben.[195] Das reguläre Album kostete nach van de Veldes eigenen Angaben 250 Francs[196] – so viel wie 1857 die Jahresmiete für das Haus seines Zeitgenossen Honoré Daumier in Paris. Für das Luxusexemplar kennen wir nur einen Preis in englischen Pfund, nämlich 25 Pfund Sterling, was heute ungefähr 2800 GBP entspricht, also circa 3275 EUR – das Monatsgehalt eines mittleren Angestellten in Deutschland 2018.[197] Das reguläre Exemplar kostete 14 Pfund. Besprechungen des Albums in zeitgenössischen Zeitungen oder Zeitschriften gibt es kaum, da naturgemäß von dem kostspieligen Werk keine Rezensionsexemplare vergeben wurden.

Das Album ist auch in seiner Grundausführung mit einer Rückenhöhe von 58 cm von beeindruckender Größe. Möchte man es in einer der wenigen Bibliotheken konsultieren, die dieses Werk besitzen, muss man nicht nur in den Sonderlesesaal für besonders kostbare Bestände, sondern bekommt es meist auf einem Bibliothekswagen gebracht, da es anders kaum zu transportieren ist. Die schiere Größe bringt Schwierigkeiten mit sich, die wohl nicht beabsichtigt waren. Zum einen gab der Künstler den Bildern einen 70-seitigen französischen Text bei, der den Verlauf der Reise beschreibt und klassisch-landeskundliche Informationen bietet, Hinweise auf Orte der Bibel nebst Bibelstellen sowie Beschreibungen der Landschaften, die er gemalt hatte. Dieser Text ist stilistisch nüchterner als die Reisebeschreibung und begleitet den Leser eher wie ein Reiseführer durch die Landschaft. Wie die Landschaftsbilder ist dieser Text wegen der Seltenheit des Albums heute fast unbekannt.[198] Dazu ist er einspaltig auf demselben übergroßen Blattformat gesetzt wie die Albumblätter (42 x 58 cm). Dies macht ihn, sofern die Blätter des Albums wie üblich mit dem Text zusammengebunden wurden, praktisch unlesbar. Beim Versuch, den Text über den riesigen Band gebeugt zu lesen, stößt man an physische Grenzen. Doch auch das Begutachten des Bildteils gestaltet sich mitunter problematisch, da die einzeln ausgelieferten Blätter nach dem Erwerb meist in Buchform zusammengebunden wurden. Gab der Buchbinder nicht ein paar Zentimeter flexibles Material im Buchfalz dazu, so ist der Band wegen der Dicke des Papiers im Mittelteil nur schwer zu öffnen. Dies ist der Fall beim Exemplar aus der Sammlung Jacob Wahrman, das heute in der israelischen Nationalbibliothek in Jerusalem aufbewahrt wird und offenbar eines der auf Karton gedruckten *proof copy*-Exemplare ist.[199] Auf jedem Blatt findet sich unterhalb des Bildes ein Blindstempel mit dem Schriftzug ‚Le Pays d'Israël' im Halbkreis über den Initialen ‚WV'. Nur bei den *proof copy*-Exemplaren fehlt dieser offenbar, wohl wegen des stärkeren Papiers. Viele Exemplare des Albums in Bibliotheken haben heute leider Stockflecken, was womöglich mit Rückständen von Metall im verwendeten Papier zusammenhängt.[200]

Da das Album von vielen Fürsten- und Königshäusern erworben wurde, ist es heute vor allem in Bibliotheken überliefert, die aus deren Sammlungen hervorgegangen sind, wie die Staatsbibliothek Preußischer Kulturbesitz zu Berlin, die Österreichische Nationalbibliothek Wien oder die Königlichen Bibliotheken von Stockholm und Den Haag. Auch in großen Privatsammlungen ist das Album vertreten, so in der Sammlung des gebürtigen Palästinensers und ehemaligen jordanischen Energieministers Hisham Khatib[201] und der als Digitalisat verfügbaren

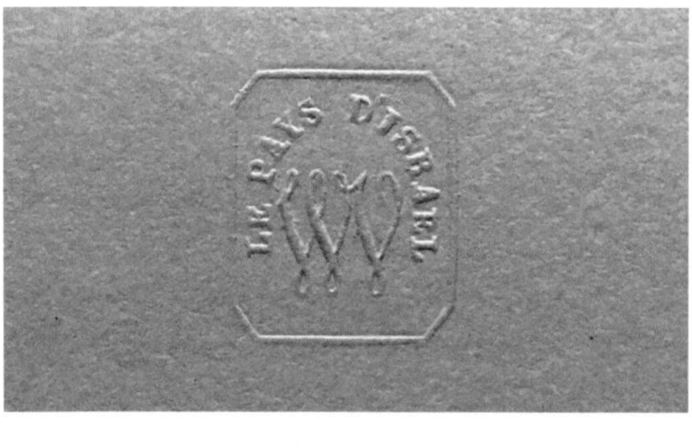

Abb. 6 Blindstempel mit Initialen ‚WV'

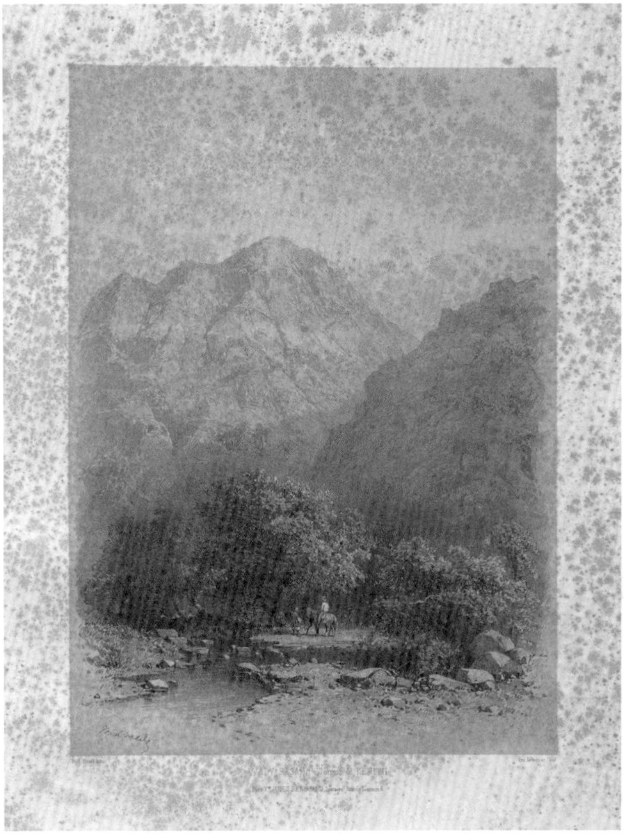

Abb. 7 Titelbild des Albums mit Schadensbild Stockflecken (Motiv wie Farbabb. 1)

Sammlung des indischen Milliardärs Sri Prakash Lohia. Gelegentlich taucht ein Exemplar bei Auktionen auf und erzielt dann, sofern vollständig und gut erhalten, Preise zwischen 8000 und 10.000 Euro. Die für die Benutzbarkeit problematische Bindung erweist sich hier als Segen, da nicht gebundene Exemplare oft auseinandergerissen und die Bildbögen einzeln auf dem Antiquariatsmarkt angeboten werden. Ein Exemplar zu zerlegen ist umso widersinniger, als vollständige Exemplare weitaus höhere Preise erzielen als alle einzelnen Blätter zusammen. Für viele Probleme, die mit Format und Seltenheit des Albums zusammenhängen, ist eine Digitalisierung die beste Abhilfe: Die Bilder sind einfacher zu betrachten als im unhandlichen Riesenalbum, von der Seltenheit des Werkes ganz zu schweigen. Der Text kann ohne Verrenkungen gelesen werden. Zwei Digitalisate gibt es online, eines der Privatsammlung Lohia und eines des Haarlemer Teylersmuseum in den Niederlanden.[202] Da beide Institutionen nicht an größere Verbundkataloge angeschlossen sind und ihre Daten nicht mit anderen Plattformen teilen, ist die

Existenz der Digitalisate kaum bekannt. Für diese Arbeit wurde das besonders schöne Luxus-Exemplar der Königlichen Bibliothek Stockholm abfotografiert und nebst dem Begleittext, der dem Album vorangestellt ist, als Text und Bild in Gänze digital verfügbar gemacht.[203]

Druckverfahren und Farben, Kolorierung

Die beeindruckende visuelle Qualität der Albumblätter ist nicht nur auf die Könnerschaft der künstlerischen Hand, sondern auch auf eine meisterhafte Handhabung des lithographischen Mehrfarbendrucks zurückzuführen. Während das ältere Java-Album noch einfarbig war, wurde ab Mitte des 19. Jahrhunderts ein lithographisches Druckverfahren genutzt und beständig weiterentwickelt, das mehrere Farbschichten ermöglichte. Dafür wurde ein Haupt-, Konturen- oder Zeichnungsstein bestimmt, der die wichtigsten Farbpartien festlegte und von welchem dann Abklatschdrucke auf die benötigte Anzahl von Steinen für die Farbschichten umgedruckt wurden.[204] Van de Velde verbrachte eigens mehrere Monate im Genfer Atelier des bekannten Lithographen Alexandre Calame, um diese ‚französische' Chromolithographietechnik zu erlernen.[205] Die Druckfarben werden dabei so zart und durchscheinend aufgetragen, dass der Farbeindruck eines Aquarells perfekt wiedergegeben wird. Dieser Effekt ist für die hohe künstlerische Qualität des Albums wesentlich.

Bei den meisten Albumblättern wurden zusätzlich zum Schwarz des Zeichensteins ein Ocker- und ein Blauton gedruckt. Einige Blätter sind einfarbig schwarz gedruckt, andere in Schwarz- und Brauntönen. Das Verhältnis zwischen einfarbigen und mehrfarbigen Drucken ist im Album ungefähr hälftig: „Approximately half the plates are chromolithographs, the rest are tinted lithographs in one, two, or three tints. Several of the chromolithographs were touched up by hand."[206] Nur bei den Luxusexemplaren wurden zusätzlich Teile von Hand koloriert, wie rote oder blaue Details an den kleinen Figuren, die sich oft im Vordergrund finden. Einige Blätter der Luxusausgabe haben als weitere Druckfarbe echtes Grün, nicht nur Mischungen aus Braun und Blau.[207] Ein Beispiel dafür ist Blatt 6, eine Ansicht der Küstenstadt Sidon im Libanon. In der normalen Fassung ist es ein Einfarbendruck mit einer zusätzlichen Farbschicht in einem Sepiaton. In der Luxusvariante dagegen ist eine zusätzliche grüne Farbschicht aufgetragen – so bei den Olivenbäumen rechts im Bild – und die Kleidung der Männer im Vordergrund ist in Gelb, Blau und Rot handkoloriert. Das Amsterdamer Rijksmuseum besitzt überdies eine aquarellierte Fassung, die van de Velde von diesem Motiv malte – wohlgemerkt nach seiner Reise, auf der er nach eigenen Angaben nur Skizzen fertigte. Im Aquarell ist die landschaftliche Rahmung des Motivs der Burg (*Chateau de Saint Louis à Sidon* betitelt) anders – im Vordergrund fließt zusätzlich ein Fluss, der im Druck nicht zu erkennen ist – und die mittig platzierten Staffage-Figuren sind gänzlich andere: Statt Hirten mit Kuh sehen wir zwei mit Turban, Fez und Kamelen ‚exotisch' ausstaffierte Männergrüppchen (Farbabb. 6 bis 9).

Im Bild: Dargestelltes, Motive und Varianten

Die 100 Bilder des Albums zeigen vor allem Landschaften, aber auch Ansichten von Orten und Dörfern, Ruinen und Burgen. Hisham Khatib, der eine der größten Privatsammlungen zum Osmanischen Reich besitzt, nennt sie „a major contribution to the record of Palestine, Lebanon, and to a lesser extent Syria, depicting the region as it existed in the middle of the nineteenth century." Genau wie die Karte, die die arabische Realität des 19. Jahrhunderts kartographisch festhielt, sind auch die Bilder ein bildliches Zeugnis der Region Mitte des 19. Jahrhunderts. Künstlerisch sieht Khatib van de Velde auf einer Höhe mit dem ungleich berühmteren David Roberts; seine geringere Bekanntheit sei allein der Seltenheit des Werkes geschuldet.[208]

Versucht man die dargestellten Motive zahlenmäßig zu erfassen, findet sich ein gutes Drittel Orte und Städte, ein weiteres Drittel Gebirge, einzelne Berge, Bergtäler und Schluchten. Ein letztes Drittel zeigt Gewässer, Meeresküsten, Seen, Flüsse, Bäche oder Brunnen. Bemerkenswerte 21 von 32 abgebildeten Gewässern sind Flüsse, in einer Region, die nicht unbedingt für ihren Wasserreichtum bekannt ist. Die meisten zeichnete van de Velde sogar mehrfach – ein Indiz dafür, wie sehr ihn Gewässer als Landschaftsformen faszinierten.[209] Übrigens sind auf zahlreichen Bildern teils sehr beeindruckende Wolkenformationen dargestellt, auch dies wohl eher der europäischen Herkunftslandschaft des Künstlers als der meteorologischen Realität der Levante geschuldet. Auf elf Bildern finden sich Ruinen, auf neun Burgruinen, was in dieser Region immer Kreuzfahrerburgen meinte (Farbabb. 6–9, 16, 17, 20). Überschneidungen sind möglich und sogar charakteristisch. Häufig zeigt eine Gebirgslandschaft auch einen Fluss, See oder Bach, noch öfter eine Ruine oder auch beides. Zu den mehrfach dargestellten Orten zählen Sidon (4) und Tyros (3) im Libanon, Jerusalem (5) und Jaffa (2) (Farbabb. 4, 6–9, 25–27, Buchtitel). Damaskus, eine der ältesten Städte der Welt und damals die größte Stadt der Region, zeichnete van de Velde dagegen nur einmal (Farbabb. 42).

Die mit Abstand am häufigsten auf den Ansichten festgehaltenen menschlichen Artefakte sind Ruinen (Farbabb. 6–9, 12–13, 16, 17, 20, 23, 24). Sie übertreffen zahlenmäßig die Abbildung von Orten und Städten bei weitem. Auch der Begleittext zum Album sowie der Reisebericht widmen Ruinen große Aufmerksamkeit, egal welcher Epoche. Nur muslimische Bauwerke interessierten van de Velde ausdrücklich nicht.[210] Auf der Karte sind Ruinen mit „r." oder dem Wort „ruin" markiert. Die Ruine hat in der europäischen Kunstgeschichte eine Bedeutung mit langer Historie, insbesondere aufgrund der Antikenbegeisterung seit der Aufklärung.[211] Im Kontext der biblischen Geographie, wie im Kontext jeglicher Archäologie und Geschichte, galten Ruinen lange Zeit als die wichtigsten Zeugnisse der Vergangenheit, deren Kulturen den europäischen Forschern im Palästina des 19. Jahrhunderts viel wertvoller und wichtiger erschienen als die zeitgenössische Gegenwart. Sie waren auch Spuren einer europäischen Präsenz, an die man anknüpfen wollte: Fast ein Zehntel aller Ansichten (9 von 100; Farbabb. 6–9, 16, 17, 40) zeigen Kreuzfahrerburgen – eine Tradition, in der van de Velde sich wie viele andere Palästinaforscher seiner Zeit als ‚friedlicher Kreuzfahrer' sah, bewaffnet nur mit den Mitteln der Wissenschaft.[212] Ruinen waren ein Überbleibsel und Indiz für die Existenz einer glorreichen Vergangenheit, der Ansatzpunkt für deren Erforschung und zugleich konkret erfahrbare, begehbare und nicht zuletzt ästhetisch faszinierende Spuren alter Kulturen in der Landschaft. Auch für van de Veldes zentrales Argument, dass dies ein Land sei, das Gott verflucht habe, waren Ruinen ein wichtiger Beleg. Sie zeugten von der Größe vergangener Zeiten, die ihm zufolge verfallen musste, weil die Menschen Gott vergessen hatten. Ihre übergroße Präsenz auf seinen Bildern verwundert daher nicht.

Personen sieht man auf den Bildern nur als kleine Figuren oder Grüppchen im Vorder- oder Mittelgrund, nicht als erkennbare Individuen. Solcherart Staffagefiguren sind typisch für die Landschaftsmalerei des 19. Jahrhunderts.[213] Sie sollten zum einen Lokalkolorit vermitteln, da sie oft in vermeintlich landestypischen Kostümen dargestellt wurden, zum anderen sorgten sie für die Perspektive und gaben dem Bild Tiefe und Proportion. Anders als beim Java-Album fehlen Porträts und Interieurs vollständig – eine Besonderheit, die später näher beleuchtet werden wird. Ein Element, das im Bild überaus häufig, in der Reisebeschreibung dagegen niemals vorkommt, sind Kamele als Lasttiere. Man kann davon ausgehen, dass van de Velde sie lediglich als dekoratives Element einfügte, da der europäische Geschmack den ‚Orient' mit diesem exotisch anmutenden Tier assoziierte. In Wirklichkeit wurde seine Ausrüstung auf Pferden und Maultieren transportiert.

Von zwei Motiven gibt es Varianten, die eine Nachtansicht desselben Ortes zeigen. Beides Mal dient dies dazu, eine biblische Szene zu illustrieren, die sich an diesem Ort zugetragen haben soll. Die Nachtansicht des Sees Genezareth – Nr. 80 (Farbabb. 39) – referiert auf die Geschichte von der Stillung des Sturms, die Nachtansicht des Jerusalemer Kidrontals – Nr. 63 – ruft die letzte Nacht Christi in Freiheit im Garten Gethsemane in Erinnerung, wie im Begleittext zum Album erläutert.[214] Interessanterweise ist die Nachtvariante des Sees Genezareth nicht in jedem Exemplar enthalten und blieb ohne Nummer (Nr. 80 wie die Tagvariante, Farbabb. 38), während die Ansicht des Kidrontals im Mondschein in jedem Album enthalten ist (Nr. 63, Tagansicht Nr.

62, Farbabb. 26/27). Vermutlich gefiel van de Velde die Tag- und Nachtvariante des Kidrontals so gut, dass er für die Luxusausgabe dasselbe Prinzip noch einmal an einem anderen Motiv anwendete. Die Nachtansichten bilden unter den 100 Lithographien eine Besonderheit, da sie vom selben Lithostein gedruckt und lediglich unterschiedlich farbig ausgearbeitet sind. Sie heben sich jedoch auch insofern von den anderen Blättern ab, als sie zwei verschiedene historische Zeiten darstellen. Damit illustrieren sie nicht nur die künstlerische Meisterschaft van de Veldes, sondern auch das Verfahren der biblischen Geographie im 19. Jahrhundert, das reale Land als Brücke zur Heiligen Schrift zu betrachten. Die doppelte Ansicht des Sees Genezareth zeigt gleichermaßen, wie van de Velde 1851 Palästina sah, und seine künstlerische Interpretation der „Stillung des Sturms" in der biblischen Überlieferung (Luk. 8, 22–25). Es gibt in van de Veldes Reisebericht immer wieder Passagen, in denen Begebenheiten der Bibel an der Geographie des 19. Jahrhunderts geprüft und so deren historischer Ort lokalisiert oder eine traditionelle Ortsbestimmung verworfen wird. Dieses Verfahren, wie es der Laie van de Velde anwandte, mag heute naiv erscheinen. Es wurden jedoch im 19. Jahrhundert nach Robinsons Methode der Identifikation biblischer Orte mittels der zeitgenössischen arabischen Ortsnamen tatsächlich viele biblische Stätten lokalisiert und später durch die Archäologie verifiziert. Am Beispiel des nächtlichen Kidrontals kann man diese Denkweise gut nachvollziehen:

> Le mont des Oliviers se dresse en face de nous. [...] Au fond de la vallée, entourés d'un mur blanchi à la chaux, se groupent encore huit antiques oliviers, que la tradition appelle le jardin de Gethsémané; mais [Titus] Tobler a démontré par l'histoire que ces arbres ne peuvent être ceux qui ombrageaient Gethsémané, il y a dix-huit siècles. Le jardin où Jésus aimait à se retirer avec ses disciples devait couvrir un espace de terrain bien plus considérable que ce carré de 160 pieds de long sur 150 de large. Néanmoins, si nous visitons ces lieux célèbres au moment de la pleine lune (Pl[anche]. LXIII), à l'heure où la vallée s'enveloppe d'une ombre mystérieuse, qui voile aux regards ces détails modernes qui pourraient distraire la pensée, nous n'aurons pas de peine à nous retracer cette nuit mémorable où le Fils de Dieu luttait ‚étant en agonie' pour le salut du monde.[215]

Hier zeigt sich seine Methode der Ortsidentifikation anhand des Zustands des 19. Jahrhunderts entlang der in der Bibel genannten Fakten. Doch dann schob er das wissenschaftliche Argument beiseite (‚Néanmoins...'), um durch einen Wahrnehmungstrick die Faszination des Ortes dennoch auf sich wirken zu lassen, nämlich bei Mondlicht alles Moderne zu vergessen. Auch merkt man deutlich, wie sehr er zwischen dem wissenschaftlich-nüchternen Forschungsprogramm und seinem schwärmerischen Wunsch hin- und hergerissen war, die Nähe Gottes im Heiligen Land verspüren zu können.

Im Detail lässt sich an den zwei Fassungen des Sees Genezareth (Farbabb. 38/39) und der dritten Version, die zum Frontispiz des Reiseberichts wurde, auch ablesen, wie der Künstler sein Motiv für verschiedene Zwecke prägnant zuspitzte. Mal ist der See näher herangerückt und stärker von Gräsern und Bäumen eingerahmt, mal fehlt der schneebedeckte Berg Hermon im Hintergrund, um den spektakulären Effekt des durch die Wolken brechenden Lichts zu betonen. Die dekorativ im Vordergrund platzierten Einheimischen gehören eindeutig dem orientalistischen Bildrepertoire des 19. Jahrhunderts und nicht der biblischen Zeitebene an.

Anders als bei heutigen seriellen Druckverfahren entsteht in der künstlerischen Lithographie bei jedem Abzug ein Unikat. Die Unterschiede sind zwar nicht gravierend, aber auch zwischen einzelnen Drucken des regulären Albums, ganz zu schweigen von der Luxusausgabe, kann man Varianten in den Farbfassungen feststellen. Einmal sind die Farben blasser, einmal kräftiger, einmal dominiert bei einzelnen Blättern das Blau, einmal das Braun. Ab und zu ist auch im regulären Album ein Detail handkoloriert oder ein Druck hat eine zusätzliche grüne Farbschicht. Van de Velde nahm zwischen den Drucken nachweislich mindestens *eine* motivische Veränderung vor: Auf Blatt Nr. 15 ist beim *proof copy*-Exemplar der englischen Privatsammlung SP Lohia rechts in den Ruinen ein springender Fuchs oder Schakal zu sehen (Farbabb. 12/13). Dies spielt wohl auf die Bibelstelle an, in der vom „Fuchs in den Ruinen“ die Rede ist, je nach Übersetzung auch „Schakal in den Trümmern“ – Hesekiel 13,4: „O Israel, deine Propheten sind wie die Füchse in den Trümmern!“, eine Warnung vor falschen Propheten und überaus passend für van de Veldes Gegenwart, in der diverse konfessionelle Strömungen miteinander um die Auslegung der Bibel rangen und das Heilige Land aus seiner Sicht ‚in Trümmern‘ lag. Auf späteren Drucken erkennt man bei genauem Hinsehen den Schatten des herausretuschierten Tieres. Nach ersten Abdrucken hatte sich der Künstler offenbar anders entschieden und entfernte den springenden Fuchs.

Im Vergleich zum zwölf Jahre älteren, einfarbig gedruckten Java-Album erkennt man sofort den Fortschritt in der Lithographietechnik. Ein sehr feiner Strich, großer Detailreichtum, plastische Schattierungen und ein effektvolles Spiel von Licht und Schatten zeichnen die Palästinabilder gegenüber dem älteren Werk aus. Die Landschaftsdarstellung zeigt sehr differenzierte Texturen von Baum- und Buschwerk, Felsen und Wasser. Architektonische Details sind ästhetisch ansprechend und dabei so präzise gestaltet, dass sie jeglichem dokumentarischen Anspruch genüge tun.[216] Auch an der Wolkendarstellung zeigt sich die überlegene künstlerische und lithographische Technik. Manche Blätter zeigen Landschaftselemente so detailgenau, dass sie aus einem geographischen Lehrbuch stammen könnten, so zum Beispiel auf Blatt 76 die *badlands*-Formationen am Ufer des Jordans (Farbabb. 35). Die Jordansenke ist geologisch Teil des Großen Afrikanischen Grabenbruchs zwischen der Arabischen und Afrikanischen tektonischen Platte. An ihren Rändern zeigen sich extreme Formen von Erosion, die sogenannte Rachellandschaft, fachgeographisch *badlands* genannt. Der Kartograph hatte ein gutes Auge für geographische Details. Insgesamt haben wir es zweifellos mit topographischer Landschaftsmalerei auf höchstem Niveau zu tun.[217]

Interessanterweise engagierte van de Velde für das Palästina-Album nicht weniger als dreizehn verschiedene Lithographen, soweit nachweisbar sämtlich in Paris ansässig.[218] Auch dies spricht dafür, dass er stärker als noch beim Java-Werk alle Fäden, auch die der lithographischen Umsetzung, selbst in der Hand behalten wollte.

Bilder als Verständnishilfe

Van de Veldes Texte bestechen durch ihre schwärmerischen, dabei präzisen und anschaulichen Landschaftsschilderungen. Mehrfach heißt es allerdings im Reisebericht, der in Briefform verfasst ist, dass seine Beschreibung im Verein mit den Bildern einen noch besseren Eindruck vermitteln könne: „was Dir aus der Beschreibung noch dunkel bleibt, werde ich später durch meine Zeichnungen aufzuhellen trachten."[219] – „Wie manchmal schon habe ich Dich zu mir gewünscht, hier umringt von den erhabensten Naturschauspielen, dort in lieblichen Thälern, weiterhin zwischen den alten Ueberbleibseln […]. Das einzige, womit ich deinen Mangel vermindern, nicht ersetzen kann, ist mein Zeichenbuch mit Karten und Skizzen."[220] – „auch die besten Berichte vermögen nicht den Eindruck wiederzugeben, den man auch von einem nur oberflächlichen Anblick empfängt."[221] Das Betrachten der Bilder und die Lektüre des Reiseberichts sollten so bei der Leserschaft ein besseres Verständnis der Bibel und ihrer Landschaften bewirken, die der Autor und Künstler für sie gesehen und festgehalten hatte. Dennoch wurde das Album nicht zusammen mit dem Reisebericht publiziert, den lediglich zwei Vignetten schmücken. Das große Format machte dies unmöglich. Auch preislich war das Album ungleich viel teurer als der Reisebericht. So gab van de Velde dem Album wie erwähnt einen längeren Text bei, der den Reisebericht zwar nicht ersetzt, doch die Lithographien ergänzen kann. Bemerkenswerterweise ist dieser weit weniger religiös gefärbt als die Reisebeschreibung – ein Hinweis darauf, dass er sich an ein breiteres Publikum als nur die millenaristischen Mit-Protestanten richtete.

Geographische Verteilung

Markiert man die Bildmotive auf einer Karte, so stellt man erstaunt fest, dass das so bezeichnete *Pays d'Israël* in weiten Teilen außerhalb des heutigen Israels liegt und mindestens zur Hälfte im heutigen Libanon. Wie erklärt sich diese ungewöhnliche geographische Verteilung in einem Bildband über das Heilige Land?

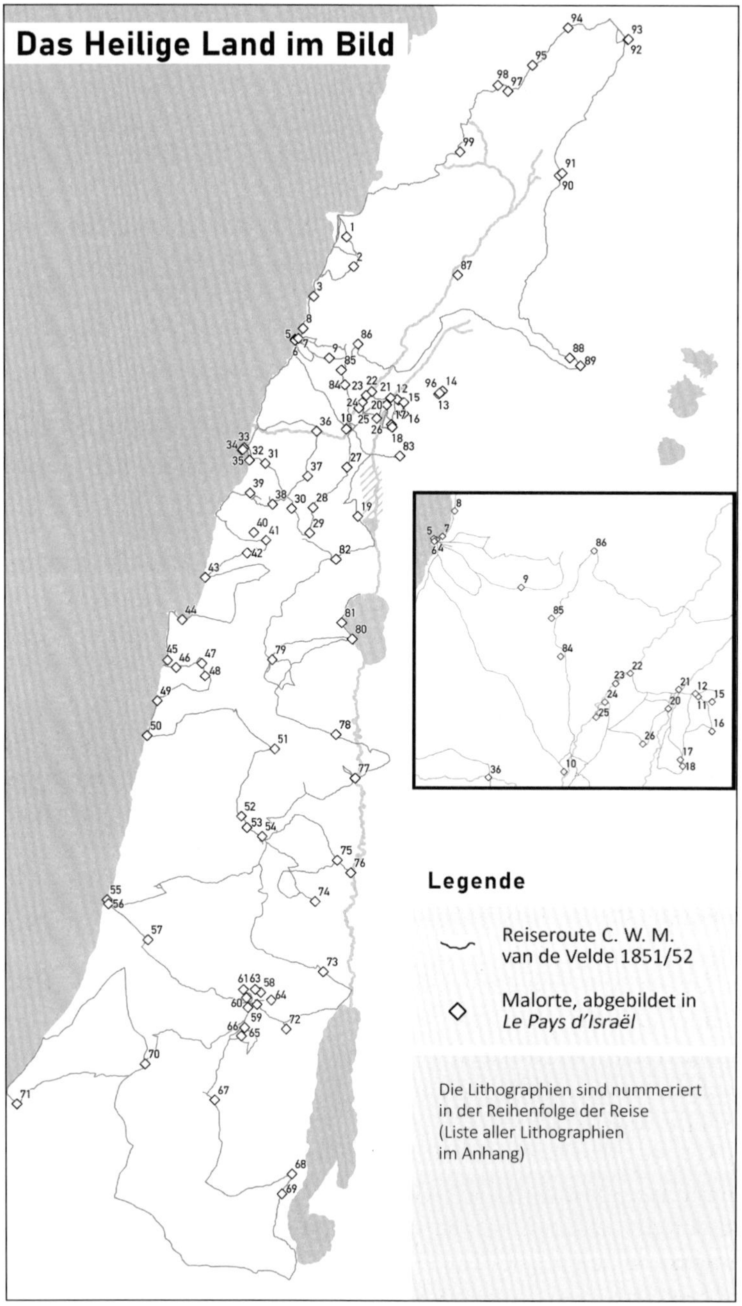

Abb. 8 Das Heilige Land im Bild.
Kartographie und Visualisierung Jan David Schmidt, Münster

Ein möglicher Schlüssel dazu liegt in der zeitgenössischen Ästhetik, denn van de Velde war nicht nur irgendwie nebenbei Künstler, sondern fest im künstlerischen Diskurs seiner Zeit verankert. Im Reisebericht bezeichnete er eine Berggegend im südlichen Libanon[222] als unvergleichlich schöne und herrliche Landschaft. Wie um seine ästhetische Urteilsfähigkeit zu untermauern, zählte er zum Vergleich die ‚exotischen' Länder auf, die er aus eigener Anschauung kannte:

> Weder das üppige Java, noch das waldreiche Borneo, noch das prächtige Sumatra oder Celebes, noch das paradiesische Ceylon, geschweige die steilen aber kahlen Berge Südafrikas, oder die undurchdringlichen Gehölze Westindiens halten eine Vergleichung mit den südlichen Vorbergen des Libanon aus.

Was war das Besondere an dieser idealschönen Landschaft? Wie van de Velde weiter ausführte, war es die große Vielfalt und das Nebeneinander von verschiedenen Landschaftselementen: „Hier gibt's Berge und Wälder, Flüsse und Dörfer; hier sind riesige Felsen und grüne Aecker, Land- und Seeansichten; hier ist alles vereinigt, was das Auge auf Erden zu sehen begehrt."[223] Van de Veldes Ideal einer schönen Landschaft vereint damit zwei Stränge einer ästhetischen Landschaftsdebatte, die tief in die westliche Kulturgeschichte hineinreicht und ihren Ursprung in der Antike hat. Ernst Robert Curtius hat in seiner epochalen Kulturgeschichte der westlichen Welt den Vorstellungen von der idealen Landschaft ein ganzes Kapitel gewidmet.[224] In ihrem Zentrum steht das seit Virgil fest verankerte Ideal der schönen Landschaft als Lustort, lateinisch *locus amoenus*. Dieser zeichnet sich durch eine Vielzahl von Landschaftselementen aus: Bäume, vielleicht ein lichter Hain; Wasser, also ein Quell oder plätschernder Bach; und grüne Vegetation, idealerweise Wiese. Dazu kommen womöglich Vogelsang und Blumen sowie ein leichter Wind als Stimulans für die Sinne. All dies zusammen schafft eine liebliche, anmutige Landschaft, die der Mensch genießen und zur Anregung nutzen kann. Die zeitgenössische Kunstdebatte des 18. Jahrhunderts fügte dem ein wichtiges Element hinzu, das über das Schöne und das Angenehme hinausging, nämlich das Erhabene. Erhaben waren Landschaftselemente, die schrecklich, schauderhaft und furchteinflößend waren. Hierzu zählten insbesondere Berge, schroffe Felsen, steile Wasserfälle und reißende Gewässer. Das Erhabene war seit dem 18. Jahrhundert ein Schlüsselkonzept im ästhetischen Diskurs und insbesondere der Landschaftsmalerei, pointiert formuliert von Edmund Burke und Immanuel Kant. Erhaben fühlt sich der Betrachter, wenn das Gemüt sich nach dem Schock negativer Empfindungen wie Angst oder Ehrfurcht beruhigt und der Mensch seine persönliche Sicherheit erkennt – so wie es van de Veldes Publikum tun würde, das weit weg von allen Gefahren von seiner entbehrungsreichen, riskanten Reise las.[225] Der Anblick eines grandiosen Wasserfalls, einer tiefen Bergschlucht oder eines dunklen Waldes lässt den Betrachter und die Betrachterin fühlen, wie klein und ehrfürchtig der Mensch der Natur gegenübersteht. Das charakteristische Gefühl dabei ist das Erschauern, dem ein wohliges Gefühl der Sicherheit folgt. So begreift das Subjekt, dass es dieser Natur nicht ausgeliefert ist – und fühlt sich erhaben, als Herr (Frau!) über die Natur. Der Künstler sucht den Weg zum Publikum hier übrigens über Emotionen statt über den Verstand – wie es noch das Konzept der schönen Landschaft in der Aufklärung versucht hatte.[226]

In der klassischen Ästhetik eines Immanuel Kant oder Friedrich Schiller ist das Erhabene der Gegenpol zum Schönen, das charakterisiert ist durch ‚interesseloses Wohlgefallen', wie Kant es nannte. Van de Velde nun kombinierte beides miteinander. Vereint wurden Schönes und Schauriges mitunter auch als *pittoresk* bezeichnet. Pittoresk war ein ästhetisches Ideal, das nicht mehr allein an der regelkonformen Schönheit von Landschaft interessiert war, sondern das Zufällige, Irreguläre und Unvollkommene suchte. Unebenheiten, Kontraste, Rauheit, Komplexität und insbesondere Ruinen charakterisierten pittoreske Landschaften.[227] Wie man dem Zitat oben entnehmen kann, war für van de Velde eine Landschaft schön, wenn möglichst viele verschiedene Elemente wie Wasser, Berge und Täler, aber auch Zeugnisse menschlichen Schaffens wie Dörfer und Felder als Kontrast zur Natur gleichzeitig vorhanden waren. Diese Kombination aus Wald, Wasser und furchteinflößenden Felsen zeichnete auch die seit dem Barock zur Mode gewordenen Landschaftsparks in der westlichen Welt aus. Sie stellten den Versuch dar, den Garten Eden als „Totalität der Schöpfung in ihren wesentlichen Elementen" nachzuahmen, die die Vielfalt der natürlichen Welt widerspiegelte – denn die Schöpfung Gottes war nicht nur schön.[228] Was könnte dem frommen protestantischen Landschaftsmaler van de Velde näher gelegen haben, als das Paradies auf Erden im Heiligen Land zu verorten?

Das Bilderalbum ist voll von erhabenen Landschaften, tiefen Schluchten, steilen Bergen und wilden Flüssen (zum Beispiel Farbabb. 10, 15, 20, 21, 30, 40). So erklärt sich, warum der Libanon so überrepräsentiert ist – seine Berge sind klassische erhabene Landschaften. Sie erinnerten van de Velde an die Alpen, ein Motiv, das er immer wieder malte.[229] Dies erklärt im übrigen auch die Dominanz von Gewässern, die in der nicht besonders wasserreichen Region als Ingredienzien der schönen und erhabenen Landschaft den Blick des Künstlers anzogen. Es erklärt auch, wieso van de Veldes Heiliges Land so viel grüner war als die klassischen orientalistischen Darstellungen.[230]

Darüber hinaus waren es ganz praktische Gründe, die van de Velde im Libanon verweilen ließen. Hier war sein Netzwerk lokaler Missionskontakte am dichtesten, und als sein Quartier in Hâsbeiya aufgebrochen worden war, musste er erst auf neue Mittel aus Europa warten, bevor er seine Reise fortsetzen konnte.[231] Er hatte also viel Zeit zum Zeichnen. Wir können damit feststellen, dass van de Velde nicht nur ein beiläufig zeichnender Gelegenheitsmaler war, sondern sich bestens auskannte im künstlerischen Geschehen seiner Zeit. Dies lässt sich noch an einem weiteren verblüffenden Fakt verifizieren, nämlich seiner Nähe zu einem anderen palästinareisenden Künstler.

Visiotype und Bildkanon: C. W. M. van de Velde und David Roberts

Der bekannteste orientalistische Zeitgenosse van de Veldes war der Schotte David Roberts, gelernter Kulissenmaler und gut 20 Jahre älter als sein niederländischer Kollege. Nach einer künstlerisch sehr erfolgreichen Spanienreise brach er 1838 in den ‚Orient' auf oder, wie man heute sagen würde, in den Nahen Osten. Von Ägypten aus reiste er über die Halbinsel Sinai weiter nach Palästina, bis nach Galiläa und an die Küste des Libanon. Sein mehrbändiges, aufwendig illustriertes lithographisches Album *The Holy Land, Syria, Idumea, Arabia, Egypt and Nubia*, das ab 1842 in London erschien, machte ihn auf einen Schlag weltberühmt. Roberts' Werk bestand aus fünf opulenten Bänden durchweg farbiger Lithographien – ein Novum seinerzeit – und war eine der teuersten Publikationen des gesamten 19. Jahrhunderts.[232] Das britische Publikum nahm die ‚orientalischen' Szenen begeistert auf, darunter heute noch verbreitete Abbildungen der Pyramiden und reich illustrierte Genrebilder, aber auch eindrucksvolle Porträts. Roberts wurde einer der prominentesten Vertreter des Orientalismus in der bildenden Kunst; bis heute werden seine Bilder immer wieder nachgedruckt. Die europäische Orientbegeisterung war auf ihrem Höhepunkt, und Roberts' Bilder wurden zum Kassenschlager, gerade bevor die Fotografie auf breiter Linie Einzug in die bildliche Darstellung ferner Länder hielt. Roberts' erste Subskribentin war Queen Victoria; bald wurde er Vollmitglied der Royal Academy, erhielt weitere Aufträge der Queen und starb 1864 in London als hochgeachteter, wohlhabender Mann.

Van de Velde war das Album von David Roberts gut bekannt; er verweist im Begleittext zu seinem eigenen Album mehrfach auf das Werk des Schotten.[233] Man kann davon ausgehen, dass der schon zu van de Veldes Zeit berühmte und finanziell sehr erfolgreiche Roberts für den Niederländer eine Art künstlerischer Fixstern war. Vergleicht man die Albumbilder der beiden Künstler, stellt man verblüfft fest, dass van de Velde in vielen Fällen denselben Standpunkt wählte, den Roberts zehn Jahre zuvor beim Zeichnen eingenommen hatte, oder jedenfalls einen sehr ähnlichen – beispielsweise spiegelverkehrt oder mit mehr oder weniger Abstand als der Schotte. Insgesamt zeigen ca. 30 seiner 100 Lithographien Motive, die auch Roberts gemalt hatte. Über ein Dutzend davon zeichnete er vom exakt selben Standpunkt, darunter Sidon, Akkon, Jenin, Sebastiyeh, Jaffa, Jerusalem von Norden, Bethlehem,

Hebron, Beit Jibrin (das antike Eleutheropolis), Gaza, das Kloster Mar Saba und Baalbek.[234]

Dies macht van de Velde nicht zum Kopisten, im Gegenteil. Es zeigt schlicht, dass Mitte des 19. Jahrhunderts bereits ein gut etablierter Kanon bildlicher Darstellungen von Orten im Heiligen Land existierte. Linda Wheatly-Irving konnte feststellen, dass auch Fotografen in den 1860er Jahren immer wieder dieselben Motive von denselben Standpunkten fotografierten.[235] Insbesondere die Bilder von Roberts schufen durch ihre Bekanntheit und ihren künstlerischen Stellenwert visuelle Prototypen für die Darstellung einer ganzen Reihe von Orten und Landschaften, die auch van de Velde bereiste und zeichnete, und wurden zum visuellen Inbegriff dieser Orte, zu Visiotypen.[236] Die Nähe des Niederländers zu seinem schottischen Kollegen zeigt sich auch in anderen Details, so in der kuriosen Tatsache, dass sowohl David Roberts als auch van de Velde gegen Ende ihrer Reise in der Nähe von Beirut von einem Fieber ergriffen wurden. Auch David Roberts verfasste ein Reisetagebuch, jedoch knapper als das von van de Velde. Dennoch ist auffallend, dass es fast völlig frei bleibt von negativen Kommentaren über die lokale Bevölkerung, den Kulturkontakt und seine Reiseerfahrung an sich. Roberts beschwerte sich über nichts, dabei hatte er vergleichbare Schwierigkeiten mit der arabischen Bevölkerung und Beduinen-Eskorten, Klima-Extremen oder Diebstahl wie später van de Velde. Wie van de Velde war er fasziniert von schönen Landschaften, malerischen Szenerien, atemberaubenden Aussichten und einem reizvollen Land. Nur Jerusalem fand er ‚düster und trostlos'. Am Ende seiner Reise, kurz vor der Ankunft in Baalbek, litt er wie erwähnt an Fieber. Doch gab er dafür, anders als später van de Velde, keine theologische Erklärung. Er war im Gegenteil so erpicht darauf, Baalbek zu sehen, dass er vom Krankenlager aufstand, um die Stadt zu erkunden. Beirut war für ihn eine der schönsten Städte Syriens. Für van de Velde war dieselbe Stadt ‚nur von Ferne' schön. Das einzige Urteil, das einem ähnlichen Muster folgt wie später die kulturellen Wertungen van de Veldes, ist Roberts' Kommentar zur Arbeitshaltung der Bevölkerung: ‚Fleißige' Menschen schienen ihm die glücklichsten, in diesem Fall die lokale drusische Bevölkerung.[237] Der Kunsthistoriker Michael Jacobs weiß jedoch zu berichten, dass Roberts in Ägypten ähnliche Klagen äußerte wie van de Velde in Palästina, über Schmutz und Verfall, für die er den Islam verantwortlich machte, für ihn eine „religion of barbarism".[238] Beide Künstler waren sichtlich Teil desselben westlichen Diskurses über den ‚Orient' und den Islam. Roberts' Werk war im Vergleich ungleich teurer, aufwendiger, größer, farbiger und prächtiger. Anders als van de Veldes Palästina-Album enthielt es auch zahlreiche Interieurs und Porträts einheimischer Bevölkerung. Vor allem bot es jene ‚orientalischen' Szenerien, die das westliche Publikum so schätzte: leichtbekleidete Damen, bunte Farben, verwegene Reiter, nackte Haut und viele dorische Säulen.

Erhabene Landschaften und der Blick aus der Höhe

Im Text zum Album empfiehlt van de Velde seiner Leserschaft immer wieder bestimmte Aussichtspunkte über die Landschaft, auf Französisch *vues* – Blicke.[239] Ein Drittel seiner Bilder zeigt einen Blick von erhöhter Position (wie Farbabb. 2, 3, 11, 21, 29, 35, 42), ein weiteres Drittel mindestens von einer Anhöhe (Farbabb. 14, 17, 19, 25, 34, 38, 40). Dementsprechend sind fast alle Lithographien Ansichten, die eine weite Landschaft zeigen. Oft wird der Blick durch visuelle Mittel optisch gestaffelt und so die Illusion besonderer Tiefe erzeugt: durch Bergketten im Hintergrund, Gewässer im Vorder-, Mittel- oder Hintergrund, Wolken am Himmel, Figuren im Vorder- oder Mittelgrund und ähnliche künstlerische Mittel (Farbabb. 11, 12, 14, 16, 31, 34). Nur bei einigen Gebirgslandschaften begrenzen schroffe Berge das Bild, als erhabene Elemente (so Farbabb. 10, 15, 20, 30, 33, 40).

Die Vorliebe für weite Blicke übers Land erinnert an die Panoramen, die in der westlichen Welt im 19. Jahrhundert überaus populär waren. In eigens dafür gebauten, meist runden Gebäuden wurden Stadtansichten, Landschaften, Schlachtenszenen oder andere bedeutende Ereignisse von Spezialisten auf riesige Leinwände gemalt, die das Sichtfeld der Besucher komplett abdeckten. Durch einen dunklen Gang wurde das Publikum meist von unten in den durch nicht sichtbare Fenster mit Tageslicht beleuchteten Schauraum geführt, genau wie es das Theater oder heute das Kino machen und damit die Trennung des Erlebens von der Außenwelt erreichen. Mit ihrer raffiniert gemachten Illusion waren Panoramen wie später die Kinos ein Raum und Zeit überwindendes Massenphänomen, das kommerziell erfolgreich war und ein breites Publikum erreichte. Das Erlebnis war so überzeugend, dass das Publikum sich oft wirklich an die Orte versetzt fühlte. Dies reichte bis hin zu Schwindelanfällen beim Besuch der häufig als Blick von erhöhten Punkten wie Kirchtürmen gestalteten Illusionsbilder. Das Panorama zog die Anwesenden auch im Wortsinne ins Bild hinein, indem es sie beispielsweise auf einer Aussichtsplattform mitten im dreidimensionalen Bildraum platzierte. Manche gingen so weit, bewegte Elemente, Geräusche oder Gerüche hinzuzufügen. Panoramen ermöglichten auch den wenig begüterten gesellschaftlichen Schichten, ohne die Mühsal und Gefahren der Reise ferne Länder zu sehen, und stillten so den Hunger auf ‚Exotisches' und das Fernweh des 19. Jahrhunderts. Van de Velde nahm als Künstler und Berichterstatter die Strapazen der Reise stellvertretend auf sich und wurde nicht müde, dieses Opfer zu beschreiben. Er zog auch seine Leser und Leserinnen durch direkte Ansprache ins Bild hinein, wie die Panoramen: In der Reisebeschreibung verwendet er immer wieder das narrative Stilmittel des geführten Blicks, ähnlich den Erklärern, die Panoramenbesucherinnen und -besuchern des 19. Jahrhunderts vor Ort erklärten, was sie da sahen.[240] Ein prägnantes Beispiel stellt der Blick vom Berg Roum im Libanon dar, den van de Velde so schilderte:

> Von Norden bis zum Süden links ein unabsehbares Panorama mit hunderten von Dörfern, Klöstern, Hügeln, Thälern, Ackerfeldern und Flüsschen; an der rechten Seite die hoch aufsteigenden Felswände des königlichen Libanon, von denen der Berg von Rum durch schauerliche Thäler geschieden ist. Aber ich muss mehr ins Einzelne eingehn. Stelle Dich also in Gedanken neben mich und wende Dein Angesicht Nordwärts; lass das Auge dann von dem hohen Vordergrund eine halbe Stunde fortrücken; dort siehst Du zuerst eine tiefe Kluft mit beinah senkrechten Felswänden, an denen tief unten, dem Auge unsichtbar der *Auwly* vorbeirauscht; nachdem er sich viele hundert Fuss von den hohen Bergen, auf denen er entspringt, hinabgestürzt hat. Sieh doch, wie das Wasser, das wie schäumender Schnee angerollt kommt, in dünnen Dampf verstäubt, ehe es noch den Abgrund erreicht hat. Lass deinen Blick nun weiter streifen über die Unzahl von Bergrücken, die sich vom Libanon nach dem Strand hin erstrecken, und deren Höhen mit Dörfern und Klöstern besät sind. Bemerke den herrlichen Effect, den die Morgensonne auf den viereckigen Gebäuden hervorbringt. […] Nimm nun das Fernglas zur Hand und sieh, wie deutlich Du die Befestigungen, Häuser, Schiffe und Steine von Sidon unterscheiden kannst, und wie das Grün der sidonischen Gärten gegen die gelblichen Tinten der umliegenden Hügel absticht. […] Noch weiter südwestwärts siehst Du eine niedrige Landzunge sich in's Meer erstrecken mit einigen Häusern und einem Minaret, das sich über ihnen erhebt: das ist Tyrus, und das hohe Vorgebirge, welches jenseits Tyrus die weitere Aussicht unterbricht, ist die sogenannte Leiter von Tyrus, hinter welcher das Weisse Vorgebirge mit der Ebene von 'Akka [d.i. Akkon] und dem Karmel sich verbirgt. In dem Masse, wie Du Dich südostwärts wendest, verändert sich das Schauspiel. Die mit dichtem Strauchwerk bewachsenen Abhänge des *Dschebel-Rihân*, noch in purpurne Schatten gehüllt, treten hier in den Vordergrund und verdecken die Fernsicht. […] Hast Du je solche entsetzliche Thäler gesehen, als die dort im Gebirge an jener Seite des Dorfs? Schau die Abgründe, die Bergmauern, die sich dort etliche tausend Fuss aufthürmen; schau die grauen Felsmassen, den dunkel grünen Fichtenwald auf jenem gelbbraunen Sandsteinabhang; die schwarzen Wetterwolken, welche so drohend über den Libanon herankommen; und endlich die prächtigen, schneebedeckten, höchsten Spitzen, die von durchsichtigem Silber zu sein scheinen, das sich mit keinem Pinsel nachmalen lässt. Was würde ich drum geben, um Dich die Aussicht vom Rummiet-Rum geniessen zu lassen![241]

Was sich dort vor dem Auge des Künstlers für das innere Auge des Lesers entfaltet, ist zweifelsohne eine höchst erhabene Landschaft, deren schauerliche Täler und Abgründe, dunkelgrüne Fichtenwälder und schwarze Wetterwolken beim Autor wie beim Leser einen nachhaltigen Eindruck hinterlassen. Vergleicht man allerdings diese über die Landschaft schweifende Beschreibung eines klassischen 360°-Gipfelblicks, die sich narrativ vom Berg Rum aus bis nach Sidon ans Mittelmeer erstreckt, so wird man Schwierigkeiten haben, dem beeindruckenden Text eine bestimmte Landschaftszeichnung im Palästina-Album zuzuordnen. Die geographisch passenden Albumblätter 7, 8 und 9[242] sind definitiv nicht Teil eines Panoramas, da sie von ganz verschiedenen Standpunkten und Höhen aus auf die Landschaft blicken. Das Panorama existiert also nur in Textform, wird narrativ hergestellt statt künstlerisch visualisiert. Diese Erzähltechnik nahm die Leserin und den Leser mit, ganz so als stünden sie leibhaftig neben dem Erzähler und erlebten das Geschehene gemeinsam mit ihm. Keith Whitelam hat dieses Stilmittel „Palestine as performed space" genannt. Schon im 19. Jahrhundert galt das Sich-Hineinversetzen in eine Zeitepoche als Mittel zum besseren Verständnis, was insbesondere auf das Heilige Land und die Bibel angewendet wurde.[243] Der Autor erschuf narrativ das Heilige Land als einen performativen Raum, den die Leserschaft als solchen nachvollziehend erleben, aber auch wieder verlassen konnte, wenn sie das Buch schloss.[244] Anders als bei den von Whitelam geschilderten Beispielen ist dies bei van de Velde jedoch vor allem bei den aus seiner Sicht ‚angenehmen' und ‚schönen' Aspekten des Landes der Fall, nämlich der Landschaft, deren Panorama er gleichermaßen mit Worten malte. Van de Velde war kein Panoramenmaler, er war Panoramenschilderer. Tatsächlich war er als Vermesser dem Panoramenmaler um einiges näher als ein Landschaftsmaler, wie sich zeigen wird. Vielleicht hat auch der praktische Grund, dass er für seine Vermessungsarbeit erhöhte Punkte in der Landschaft aufsuchen musste, zu dieser Vorliebe beigetragen.

Vom höchsten Punkt: Maler, Landvermesser, Panoramen

Das Panorama Mesdag in Den Haag ist eines der wenigen am Originalort erhaltenen Panoramen des 19. Jahrhunderts in Europa. Es zeigt eine 360°-Rundumsicht auf Strand und Badeort Scheveningen, 1881 gemalt vom niederländischen Landschaftsmaler Hendrik Willem Mesdag, einem Mitglied der impressionistischen Haager Schule. Die Illusion des unverändert erhaltenen Panoramas hat seit 1881 nichts von ihrer Kraft verloren. Auch heute noch fühlt sich die Besucherin, mitten im 360°-Gemälde auf einer illusorisch perfekt gestalteten Düne aus echtem Sand stehend, in das Fischerdorf Scheveningen Ende des 19. Jahrhunderts zurückversetzt. Man meint die Möwen schreien zu hören, die Fischer rufen und das Meer rauschen. Eine Sonderausstellung im Gebäude des Panoramas brachte 2019 die Arbeit der Landvermesser und Kartographen des 19. Jahrhunderts und die des Panoramenmalers in eine faszinierende Verbindung. Studierende der Geowissenschaften der TU Delft verglichen die Arbeitsweise von Malern und Vermessern und stellten verblüffende Gemeinsamkeiten fest.[245] Sowohl der Landvermesser als auch der Künstler – in diesem Fall der Maler des Panoramas – suchen bei ihrer Arbeit den höchsten Punkt in der Landschaft auf. Beiden geht es um den Überblick über die Landschaft: Der Landvermesser möchte anhand von markanten Gebäuden wie Kirchtürmen oder anderen im Wortsinne hervorragenden Merkmalen Abstände in der Landschaft messen; der Maler will einen weiten Blick zur künstlerischen Erfassung der Landschaft.

Mitte des 19. Jahrhunderts war der einzige Weg, die Welt von oben zu sehen, auf Türme oder Berge zu steigen. Der Blick von oben übte daher die Faszination des Seltenen aus, die nur wenigen zugänglich war. Schon im Mittelalter waren sogenannte Vogelperspektiven in der Malerei ein verbreitetes Sujet. Bevor die technischen Möglichkeiten des Höhenblicks existierten, wurden Vogelschau-Ansichten durch sorgfältige Berechnungen konstruiert. Erst gegen Ende des 18. Jahrhunderts kamen breitere Bevölkerungsschichten selbst in den Genuss des Überblicks, nämlich mit der touristischen Erschließung der Berge, der Errichtung von Aussichtsplattformen, der Erfindung des Fesselballons oder eben des Panoramas. Die Schöpfer solcher Überblicke, egal ob nun imaginär und berechnet oder von realer Beobachtung unterfüttert, gestalteten diese stets nach eigenen Gesichtspunkten, verfremdeten und überhöhten, steigerten oder vernachlässigten Aspekte, je nach künstlerischer Intention und Sehweise. Immer aber ist mit dem Blick von oben die metaphorisch höher gestellte Position verbunden, ob nun als eine Befreiung des Individuums oder eine Steigerung der Macht über andere durch den Vorteil des Mehr-Sehens und Mehr-Wissens.[246] Bernard Comment erklärt die Anziehungskraft dieses Phänomens mit der sich rasant verändernden Welt der Moderne, in der den Menschen der Wunsch nach Übersicht überkam.[247] Wiewohl die eigene Umwelt immer komplexer zu werden schien und die Städte so rasch wuchsen wie nie zuvor, so konnte man doch von oben das Ganze überblicken und mindestens zeitweilig das Gefühl von Übersicht und Ordnung wiederherstellen.

Der genussvolle Blick von der Anhöhe kann also über eine rein ästhetische Aussicht hinaus als visueller Eckpfeiler des westlichen Blicks auf fremde Welten gedeutet werden. Denn der Kern des Wunsches, einen Blick von oben auf die Welt zu richten, ist unübersehbar militärischer Natur. Von der jüdischen Festung Masada hoch über dem Toten Meer zu den von van de Velde oft gemalten Kreuzfahrerburgen: Vom sprichwörtlichen Feldherrenhügel aus war die erhöhte Sichtposition in Frieden und Krieg für das Militär schlachtentscheidend. Nicht nur weil C. W. M. van de Velde in einer langen militärischen Tradition stand – wenn auch bei der Marine –, sondern auch wegen des gesteigerten strategischen und politischen Interesses am Heiligen Land war der Überblick über das Land eine definitive Beherrschungsgeste, die unmittelbar der Herstellung von Herrschaftswissen über das Land diente. Ganz konkret waren Karten immer eines der wichtigsten militärischen und geheimdienstlichen Instrumente, und die Entstehung einer professionellen Kartographie fand nicht von ungefähr beim Militär statt. Im nächsten Kapitel soll es vor allem um van de Veldes Palästinakarte gehen, deren Geschichte sich von ihren ersten Anfängen bis zu ihrem Verkauf fast lückenlos nachvollziehen lässt und den bisher kaum erforschten Prozess der Produktion von kartographischem Wissen im 19. Jahrhundert erhellen hilft.

4. Die Karte

Seit den 1970er Jahren hat sich die Wissenssoziologie eingehend mit Forschungspraktiken und der sozialen Konstruktion (natur)wissenschaftlicher Fakten beschäftigt.[248] Neben dem Labor galt dabei das Augenmerk dem ‚Feld' der Feldforschung als Ort von Wissensproduktion, im Falle der Geographie besonders der Rolle von Karten bei der Herstellung geographischer Imaginationen.[249] Dementsprechend haben Historikerinnen und Historiker den Prozess der Wissensproduktion in seinen verschiedenen Stadien und Lokalitäten der Beobachtung, Kommunikation und Transformation von Wissen untersucht. Dabei ist klargeworden, dass ein prozedurales Verständnis von Kartographie unerlässlich ist.[250] Bis heute existieren jedoch nur wenige Arbeiten, die sich mit dem realen Prozess des Kartenmachens als einem sozio-technologischen Konstruktionsprozess von Wissen beschäftigen. Noch weniger Studien gibt es am Beispiel von historischer Kartographie.[251] Dies liegt unter anderem daran, dass es kaum Ansatzpunkte gibt, anhand derer man den Entstehungsprozess einer Karte von der ersten Datensammlung bis zum fertigen Produkt rückwirkend nachvollziehen könnte. So musste die Herstellung einer Karte als Prozess der Wissenskonstruktion weitgehend im Dunkeln bleiben.

Die *Map of the Holy Land* war nach einer Karte von Java von 1845 van de Veldes zweite zivile Karte. Sie verband seine eigene mehrmonatige Vermessungsarbeit gekonnt mit zahlreichen Vermessungsdaten von Dritten. Im Maßstab 1:315.000 wurde sie auf Kupferplatte gestochen und handkoloriert: Seen und Küstenlinien blau, die Grenzen der osmanischen Verwaltungsbezirke (*Pashaliks*) hellgrün und rosa, zuletzt seine Reiseroute rot. Sie zeigt eine Region von 380 km Länge und 200 km Breite, von E 034°30' bis E 037°00' und N 034°30' bis N 030°55' (Meridian von Greenwich), von der Küstenstadt Tripolis im Libanon zur Küstenstadt Rafah im Sinai und vom Mittelmeer zur Negev-Wüste und dem Gebiet östlich des Jordans.[252] Kartographisch bietet die Karte eine optisch ansprechende Terraindarstellung mit Schraffuren, den sogenannten *hachures*. Der niederländische Kartographiehistoriker Dirk de Vries fand heraus, dass van de Velde der erste Niederländer war, der nach dem berühmten Schweizer Guillaume-Henri Dufour Bergrelief auf diese Weise darstellte.[253] Zumindest die erste Auflage wurde nur auf Englisch publiziert.

Die Karte kam beim Fachpublikum viel besser an als die Reisebeschreibung. Offenbar war van de Velde hier in seinem Metier als Experte und angesehener Kartograph. Unisono lobten Rezensenten verschiedener Nationalitäten die Schönheit, Klarheit und Detailfülle der Karte und priesen sie als die bisher beste der Region.[254] Kritik äußerte man höchstens an Details, so an der Darstellung des Haurangebirges östlich des Jordans, das van de Velde nicht selbst bereist hatte und deswegen dort seine Darstellung auf Dritte stützen musste.[255] Deutsche Kritiken bemerkten, dass sie vergleichbaren englischen Produkten in nichts nachstehe; nur für Lehrer sei sie noch zu teuer.[256] An diesem Urteil merkt man, dass englische Karten noch das Maß der Dinge waren und der wichtigste Nutzungszweck von Karten die Schule. Die Schule war in den deutschen Ländern der erste Ort der Beschäftigung mit Palästina; Schulatlanten zeigten oft als erste Karte das Heilige Land, und die Praxis des Kartenlesens wurde zuerst an Palästinakarten eingeübt.[257]

Da sich der komplette Schriftwechsel mit seinem Gothaer Verleger erhalten hat, lässt sich der Entstehungsprozess der Karte ungewöhnlich gut nachverfolgen, in den wir im Folgenden einen Einblick geben wollen.

Von London nach Gotha

Einer der wichtigsten Akteure der Geographie und Kartographie des 19. Jahrhunderts war der gebürtige Eichsfelder August Petermann (1822–1878). Aus einfachen Verhältnissen stammend, hatte er mit einer Begabtenförderung die höhere Schule und dann die Potsdamer Geographische Kunstschule von Heinrich Berghaus besucht, der sein väterlicher Mentor wurde. Berghaus war der preußische Doyen der Kartographie; seine leider recht kurzlebige Potsdamer Kartographenschule (1839–1848) war eine der wenigen Institutionen außerhalb des Militärs, wo Vermessungswesen, Kartographie und Geodäsie professionell gelehrt wurden. Berghaus und die Potsdamer Schule wurden unter anderem für die Karten zum Physikalischen Atlas bekannt, der die Illustration zu Alexander von Humboldts *Cosmos* war und beim Verlag Justus Perthes in Gotha erschien.[258] Nach seiner Ausbildung in Potsdam ging Petermann 1845 nach Edinburgh zum Verlag A.K. Johnston, der eine englische Version des Physikalischen Atlas machte. Britische Kartenverlage waren zu diesem Zeitpunkt die Marktführer; im expandierenden Empire war Kartographie von essentieller Wichtigkeit. 1847 zog Petermann nach London, dem Welt-Zentrum geographischen Wissens und Sitz der einflussreichen Royal Geographical Society (RGS), und gründete dort 1850 ein eigenes kartographisches Unternehmen. Rasch machte sich der begabte Kartograph und umtriebige Netzwerker einen Namen, wurde Fellow der RGS und *physical-geographer royal* der Queen. Dort begegnete ihm auch van de Velde nach der Rückkehr von seiner Palästinareise. 1854 nahm Petermann das Angebot des Verlags Justus Perthes an, als fester Mitarbeiter nach Gotha zu kommen. Er begründete die Zeitschrift *Petermann's Geographische Mittheilungen* (PGM), die in kürzester Zeit zum einflussreichen Kommunikationsmedium neuer geographischer Erkenntnisse und Forschungen aufstieg. Petermann, Perthes und die Zeitschrift wurden wichtige Vermittler und zentrale Schaltstelle geographischen Wissens im Zeitalter massiver Expansion der westlichen Welt.[259]

Als Petermann im August 1854 in Gotha anfing, aktivierte er umgehend sein Netzwerk und schrieb unter anderem dem Niederländer, den er in London getroffen hatte. Er erwähnte auch, dass Perthes eine zweite Ausgabe von Edward Robinsons Palästinakarte plane. Sei van de Velde geneigt, seine Karte in Gotha zu verlegen? Der zögerte, da er Edinburgh den Vorzug geben wolle. Doch wenig später gab es dort (ungenannte) Schwierigkeiten, und er fragte zurück, ob Perthes die Urheberrechte auch in Großbritannien sichern könne. Petermann bejahte und verwies ihn an Bernhardt Perthes, Chef von Justus Perthes Geographischer Anstalt und Verleger in der dritten Generation. Obwohl der Niederländer seine Karte auf Englisch konzipiert hatte, um sie in Großbritannien zu veröffentlichen, versicherte er Perthes, dass sie für das kontinentale Publikum bestens geeignet sei. Stolz verwies er auf seine eigenen Vermessungen und die unveröffentlichten Triangulationen britischer Royal Engineers von 1840/41, auf denen seine Karte fußte.[260] Diese britischen Triangulationen waren der zweite moderne Versuch, die Region zu vermessen. Der erste ging zurück auf Napoleon, dessen Feldzug in Ägypten den Weg für die wissenschaftliche Aneignung der Levante durch den Westen geebnet hatte. Kartographie, als zentrales Instrument jeder Kolonialmacht, war ein integraler Teil der Ägyptenexpedition. Allerdings endete Napoleons Feldzug, bevor die Vermessung fertig war. Die Karte, als Teil der *Déscription de l'Égypte* erschienen, wurde zwar für ihre Schönheit gepriesen, hatte jedoch große Lücken in der Vermessungsgrundlage, die auf der Karte frei ergänzt wurden. Trotz ihrer Schwächen war sie der erste Versuch einer modernen, auf Triangulation basierenden Karte.

Die Orientkrise – ein bewaffneter Konflikt zwischen Ägypten und dem Osmanischen Reich – brachte 1840 die europäischen Mächte erneut an Palästinas Küste. Der osmanische Generalgouverneur von Ägypten, Muhammad Ali Pascha, hatte so viel Macht an sich gebracht, dass er das lokale Regime der Osmanen zu stürzen drohte. England, Preußen, Russland und Österreich wollten den jungen türkischen Sultan Abdülmecid I stützen, während Frankreich auf Seiten Mohammed Alis stand. Als die britische Marine im November 1840 Akkon belagerte, nutzte eine Gruppe Royal Engineers die Gelegenheit, die Küste und das Hinterland zu vermessen. In mehreren Exkursionen kamen sie bis nach Jerusalem. Jedoch wurden die dabei entstandenen Karten und Triangulationen nie zur Gänze veröffentlicht. Vermutlich aufgrund seiner Militärverbindungen gelang es van de Velde, diese wertvollen Informationen im Londoner Board of Ordnance zu erhalten, allerdings erst nach seiner Reise.

Obwohl er beteuerte, seine Messungen seien durch die der britischen Offiziere nur verifiziert worden, konnte er seine Positionen nun mit einem Triangulationsnetz verbinden, das mit den überlegenen Theodoliten der Royal Engineers gemessen worden war.[261] Wie ein Puzzleteil konnte er seine Messdaten in das damals beste Vermessungsnetz der Welt einfügen und dessen Präzision zu seiner eigenen machen.

Petermann schrieb seinem Verlagschef nach Gotha:

> Ich habe so eben eine Zusammenkunft mit Lieut[enant]. Van de Velde gehabt, der mir die Zeichnung seiner Karte von Palästina im ersten Entwurf gezeigt hat. Dieselbe wird im Süden von Gaza im Norden von Tripoli begrenzt, und ist 53 Zoll eng[lisch]. hoch und etwa 38 Zoll breit (äußere Randlinien). Lieut[enant]. Van de Velde wünscht die Karte in 8 Sectionen zu theilen, Maaßstab 1/450,000. In Bezug auf den Werth und die Richtigkeit dieser Karte kann ich nur meine Meinung als Wunsch dahin aussprechen, sie in unserer Anstalt ausgeführt und publizirt zu sehen. Die Stichkosten schätze ich auf ohngefähr 2000 bis 3000 r[eichs]th[aler]. Es scheint mir als ob die 8 Blätter in die Handatlas=Größe hineingehen. […]
> NB. Lieut[enant]. Van de Velde's Karte wird eine Erneuerung von Prof. Robinson's Karte werden, die bei Dietrich Reimer herauskommen wird, – à la ‚Mittheilungen' und ‚Zeitschrift'.[262]

Perthes nahm „mit großem Vergnügen" an. Im Verlagsvertrag, am 23. Juli 1855 bei einem längeren Aufenthalt van de Veldes in Gotha unterzeichnet, verpflichtete sich der Kartograph, die fertig gezeichnete Vorlage für den Kupferstich und den druckreifen Text des Kartenmemoirs zu liefern, das die Datenbasis und Methodik der Kartenkonstruktion offenlegte und die Qualität der Karte belegte.[263] Die Karte sollte auf Englisch und Deutsch exklusiv bei Perthes erscheinen. Der Verlag würde Stich, Druck und Kolorierung, Papier, Verkauf und Vertrieb übernehmen. Beide Parteien einigten sich, keine weitere Karte aus dieser herzustellen. Jedoch erhielt der Verlag das Recht, die kartographischen Daten für eigene Zwecke weiterzuverwenden. Zwei Drittel der Nettoeinnahmen nach Deckung der Produktionskosten würde van de Velde bekommen.

Van de Velde hatte noch eine weitere Karte anzubieten: Zusammen mit dem Schweizer Palästinaforscher, Arzt und Jerusalemkenner Titus Tobler hatte er einen Jerusalem-Plan gemacht. Der jüngst publizierte Plan der Royal Engineers Edward Aldrich und John Frederick Anthony Symonds von 1840/41 irrte nämlich in einem wichtigen Detail, der Mauer des Haram El-Sharif, des Tempelbergs. Durch diesen Fehler war die Stadt zu weit westlich positioniert. Toblers und van de Veldes Karte würde dies korrigieren und um Toblers vor Ort gesammelte Daten ergänzen. Bernhardt Perthes nahm auch hier sofort an.[264]

Kartographie als Prozess

Im Herbst 1855 begann die Kartenproduktion in Gotha. Den Winter über war van de Velde in Genf, um im Atelier des Malers Alexandre Calame seine Aquarelle und Skizzen in Lithographien umzuarbeiten. Dort erreichten ihn die ersten Andrucke des Kupferstichs. Es folgte ein Korrekturprozess, der so langwierig und mühsam war, dass er das Verhältnis zwischen Kartograph und Verleger auf eine harte Probe stellte. Insbesondere die Tatsache, dass man immer wieder auf Informationen von Dritten warten musste, weil es Lücken in der Vermessung zu schließen galt, verzögerte das Projekt enorm. Im September 1855 wartete van de Velde beispielsweise auf Nachricht von Josias Leslie Porter. Der irische Geistliche war 1849 als Missionar für die Juden nach Damaskus geschickt worden und hatte die Region umfassend bereist. Sein angekündigtes Buch sollte eine Karte enthalten, die van de Velde brauchte.[265] Ende 1855 war Porters Buch noch immer nicht erschienen und van de Velde steckte wegen der Lithographien in Genf fest. Weil die örtlichen Bibliotheken nicht die nötige Literatur hatten, bat er Perthes um Bücher, die ihm prompt geschickt wurden. Es war nicht das letzte Mal, dass sich die Arbeit an drei Medien zugleich – Karte nebst Memoir, Reisebericht und Album – zeitlich nur schwer vereinbaren ließ.

Werbeprospekte für die Karte waren längst in die ganze Welt ausgesendet worden, aber nicht einmal der Stich war fertig. Bernhardt Perthes drängte auf Ergebnisse. Van de Veldes Antwort vom Januar 1856 ist typisch für ihn und den gesamten Prozess: Er tue, was er könne, aber ohne Porters Karte könne er nicht fortfahren. Seine Gesundheit sei angegriffen und er arbeite viel; mehr Druck würde alles nur weiter verzögern. Dann lehnte van de Velde ein Angebot ab, das nicht überliefert ist: Offenbar hatte Perthes ihm eine Stelle als Kartograph in Gotha offeriert. Zu seinem Bedauern, schrieb der Niederländer, könne er dieses schmeichelhafte Angebot nicht annehmen. Denn welch Enttäuschung, wenn er nach Gotha zöge und seine Gesundheit versage! Sein Gesundheitszustand zwinge ihn daher, sich mehr der Kunst als der Geographie zuzuwenden – ein Weg, den Gott ihm auf diese Weise zeige.[266]

Im Februar kamen neue Probedrucke, nun mit Linien, Namen und Terrain im skalierten Kartenrahmen. Van de Velde war schockiert: Proportionen und Terrain waren verzerrt; Breiten- und Längengrade stimmten nicht mit den fertigen Positionstabellen des Memoirs überein. Glaubte man in Gotha, seine Karte sei ein elastisches Gewebe, das nach Belieben deformiert werden könne? Bernhardt Perthes Antwort ist nur in einem schwer leserlichen Entwurf erhalten. Doch sie ist wichtig, um die technischen Aspekte der Kartenproduktion zu verstehen. Die Umsetzung des auf Transparentpapier gezeichneten Entwurfs durch die Kupferstecher war ein heikler Schritt auf dem Weg zur fertigen Karte. Wie anhand von Perthes' Antwort rekonstruiert werden kann, hatte van de Velde bei seinem Aufenthalt in Gotha den Stich einer von acht

Sektionen auf Kupferplatte beaufsichtigt und die restlichen sieben als Kartenskizzen an die Kupferstecher übergeben. Dabei war offenbar einiges schiefgegangen. Es ging jedoch um mehr als technische Fragen. Für van de Velde stand seine Reputation auf dem Spiel: Er hatte die Winkel gemessen und stand für ihre Richtigkeit ein. So konnte die Karte nicht gedruckt werden. Van de Velde appellierte an Bernhardt Perthes' „christliches Gewissen", in weit über die Seite flatternder, bewegter Handschrift.[267]

Die Anschuldigungen verletzten Perthes' Verlegerstolz: Die im Verhältnis zur Skizze geringere Größe des Drucks sei auf Papierschrumpfung zurückzuführen. Karten wurden auf nasses Papier gedruckt, und da Papier aus Naturmaterialien bestand, nämlich Zellulose und Lumpenfasern, konnte es im Trocknungsprozess schrumpfen. Dass dies allein der Grund für eine Verzerrung des Rasters gewesen war, scheint jedoch unwahrscheinlich. Schließlich war Kartendruck eine Kernaufgabe des Verlags. Perthes fügte die Antwort des Kupferstechers bei. Seine Rechtfertigung zeigt die Probleme bei der Umsetzung von der Skizze zur Kupferplatte:

> die Eintheilung meines Netzes ist vollständig correct u[nd]. genau nach derjenigen der nordöstl. Pl[atte]. entworfen[;] allerdings ist es ein bedauerlicher Uebelstand[,] daß die Dimensionen des Netzes nicht ganz mit der Projection übereinstimmen[,] da aber das nord-östl. Bl[att]. zuerst u[nd]. allein gestochen worden war[,] so mußte bei Construction des Netzes auf den anderen Pl[atten]. die dort fixirten Maaße eingehalten werden u[nd]. die Abweichung zeigte sich erst als die Pausen in das fertige Netz der Platten aufgetragen wurden u[nd]. es konnte die Sache auch nicht mehr geändert werden. Uebrigens es stim[m]en die Abmessungen auf den Originalzeichnungen auch nicht ganz genau[,] was darin seinen Grund haben dürfte[,] daß die Linien für Längen u[nd]. Breitengrade erst nach Vollendung der Zeichnungen eingetragen sind.[268]

Laut Perthes stimmte die in Gotha verbliebene Skizze bis auf kleine Details mit dem Kupferstich überein. Doch bat er van de Velde, die nötigen Korrekturen zu machen und zu erläutern, wie das Gitternetz verändert werden müsse, damit die Karte alle wissenschaftlichen Ansprüche erfülle.

Bei aller Kritik lobte van de Velde, dass der Stich der Schrift und die Geländeschraffur sehr schön geworden seien. Er habe in Genf bereits Bestellungen für die Karte erhalten, seine Palästinavorträge seien dort auf viel Beifall gestoßen. Offensichtlich verbrachte van de Velde viel Zeit damit, selbst Vorbestellungen der Karte und des Albums zu akquirieren. Im Sommer 1856 fuhr er für sechs Wochen nach London, um sein Werk bei geographischen, religiösen und missionarischen Gesellschaften zu bewerben, wie Autoren es heute noch tun. Williams & Norgate, der britische Vertriebspartner von Perthes, habe schon 80 Vormerkungen erhalten, schrieb der Niederländer stolz nach Gotha.

Im November 1856 musste van de Velde nach Paris, um den Druck der Lithographien zu beaufsichtigen, und konnte nicht selbst nach Gotha kommen. Perthes schickte Probeabzüge nach Paris und van de Velde versprach, die Korrekturen so schnell wie möglich vorzunehmen. Doch Edward Robinsons und Eli Smiths neues Buch war gerade erschienen und musste eingearbeitet werden.[269] Außerdem hatte van de Velde noch eine wertvolle Karte zu fassen bekommen: Der britische Außenminister Lord Clarendon hatte ihm Zugang zu der Karte vermittelt, die Rochfort Scott von den Royal Engineers nach den Messungen von 1840/41 für das Außenministerium gemacht hatte.[270] Im März 1857 hatte van de Velde die Informationen von Robinson eingearbeitet und die Karte auf den neuesten Stand gebracht. Zwar verteuerte diese Korrektur den Stich, doch brauchten sie nun keine Konkurrenz durch den Berliner Kartographen Heinrich Kiepert mehr zu fürchten, der für Robinson und Smith die Karten machte.[271]

Endlich schrieb van de Velde Ende April 1857 aus Paris, fast zwei Jahre nach dem ersten Kontakt, dass er im Mai zur Klärung der Probleme nach Gotha käme. Eine weitere Nachricht verschob dies auf Juni, da ihn ein Fieber niedergestreckt hatte. Er würde zudem die nächste Lieferung seines Albums *Pays d'Israël* mitbringen, um Perthes zu dessen Absatzchancen zu konsultieren. Bernhardt Perthes fand den deutschen Markt für ein so teures Album (250 Francs sollte es kosten) wenig vielversprechend, wohingegen van de Velde in den Niederlanden eine respektable Anzahl an Vorbestellungen erhalten hatte. Zudem hatte der niederländische König zugestimmt, dass ihm das Album gewidmet werde. Obwohl van de Velde die Ehre gehabt hatte, es Queen Victoria und Prinz Albert zu zeigen, waren auch in Großbritannien Bestellungen schwer zu kriegen gewesen.[272]

An diesem Punkt kommt historische Forschung, die sich auf Archivmaterial stützt, an ihre Grenzen. Da keine Berichte aus erster Hand vorliegen, wissen wir nicht, was besprochen wurde, als van de Velde persönlich nach Gotha reiste, und wie die Probleme mit dem verzerrten Gradnetz, die zuvor in Dutzenden Briefen heiß diskutiert worden waren, schließlich gelöst wurden. Doch sie wurden gelöst und wurden nie wieder Thema. Soweit rekonstruierbar, scheint es, als habe van de Velde nachgegeben und als sei das Problem erst in der zweiten Auflage behoben worden.[273]

Nach Gotha verbrachte der Niederländer den Sommer in den Alpen – wo er am Memoir arbeitete, statt die Natur zu genießen, wie er schrieb –, dann kehrte er für das Album nach Paris zurück. Die Arbeit am Memoir war zeitintensiver als erwartet, die Karte dagegen war nahezu druckreif. Ab diesem Zeitpunkt enthalten van de Veldes Briefe im heutigen Archiv der Sammlung Perthes Randnotizen zur Antwort des Verlags, meist in der oberen rechten Ecke. In diesem Fall besagte die Notiz: „4/11 Soll das Memoir bis Ende diesen Jahres schicken oder die Karte wird ohne dasselbe publiciert". Sie stammt von der Hand Adolf Müllers, einem der Geschäftsführer des Verlags. Müller und sein Kollege Rudolf Besser übernahmen die Führung, als plötzlich und unerwartet der Verlagsleiter Bernhardt Perthes am 27. Oktober 1857 im Alter von 36 Jahren an Typhus starb. Von nun an korrespondierte van de Velde mit Müller, der von seinem verstorbenen Chef in diesem Fall auch die kartographische Verantwortung übernahm. Wie alle Chefs der Firma unterschrieb Adolf Müller seine Briefe als Repräsentant des Unternehmens nur mit „Justus Perthes".[274]

Der Tod seines Geschäftspartners, eines gleichgesinnten und fast gleichaltrigen Protestanten, war für van de Velde ein Schock. So kurz vor der Druckfreigabe wolle er im Geiste des Verstorbenen weitermachen, schrieb er erschüttert nach Gotha. Das Memoir werde Ende des Jahres fertig, doch er sei erschöpft und komme nur langsam voran. Aber da er noch die neuesten Informationen hinzufügte, wäre die Karte nicht überholt, wenn sie erschiene. Habe der Verlag sich entschieden, ob Karte und Memoir auf Englisch und Deutsch erscheinen sollten? Wie aus der Randnotiz hervorgeht, hatte sich Gotha für eine rein englische Karte entschieden und wollte nur das Memoir zweisprachig. Ende November 1857 bekam van de Velde einen kompletten Satz der korrigierten Karte. Im Gegenzug sollte er so viele Seiten des Memoirs wie möglich Korrektur lesen, damit sie rasch gesetzt werden konnten.

Das Tempo zog an, Druckfahnen wurden durch Boten „à grande vitesse" geschickt. Ende Januar 1858 schickte van de Velde die finalen Korrekturen und seine Druckfreigabe für die Karte. Man solle nur zart kolorieren, fügte er hinzu; kräftigeres Kolorit würde der Karte einen zu „gewöhnlichen" Eindruck verleihen. Unter Stress begann er wieder zu klagen: Das Memoir beschere ihm schlaflose Nächte und lasse ihn seine andere Arbeit vernachlässigen. Seine Gesundheit habe er für diese Karte ruiniert und verstehe nicht, warum Müller ihn so unter Druck setze.[275] Er könne das Memoir nicht zum Druck freigeben, weil die englische Version völlig verunstaltet sei. Satz und Druck besorgten Breitkopf & Härtel, eine große Leipziger Druck- und Verlagsanstalt. Anscheinend gehörte Englisch nicht zu ihren Kernkompetenzen. Van de Velde hatte in Paris einen Engländer engagiert, der die Fahnen redigierte und unzählige Fehler fand. Hinzu kamen technische Probleme. Das Memoir hatte 360 Seiten, je sechzehn wurden auf einen Bogen gesetzt, acht vorne und acht hinten. Dieses heute noch gängige Verfahren optimiert beim Druck Papierverbrauch und Druckzeit. Hier erwies es sich als Stolperstein: Seite für Seite wurde in Leipzig gesetzt, gedruckt und an van de Velde geschickt, der die Bögen korrigiert nach Gotha schickte, von wo sie nach Leipzig expediert wurden. Obwohl Breitkopf & Härtel drei Bögen pro Woche setzte, waren es wegen der drucktechnischen Anordnung keine fortlaufenden Seiten. Bei vielen Korrekturen musste der erste Schwung von bereits redigierten Seiten nochmals angepasst und erneut zur Durchsicht nach Paris geschickt werden.

Kartenmemoirs waren nicht einfach Nebenprodukte, sondern unverzichtbarer Teil des neuen wissenschaftlichen Standards der Kartographie. Sie lieferten Informationen über die Konstruktion der Karte und ermöglichten es auch, die Arbeit des Kartographen zu prüfen, indem Daten in Zahlenform bereitgestellt wurden, die in der Karte visualisiert wurden. Für die geographischen Positionen allein auf Sektion 5 der Karte listete van de Velde nicht weniger als achtzehn Hauptquellen auf, seine eigenen Messungen nicht eingerechnet. Memoirs untermauerten den wissenschaftlichen Wert der Karte, indem sie deren Herstellungsprozess transparent machten, ähnlich wie heute Forschungsdaten zusammen mit Forschungsergebnissen veröffentlicht werden. Während Perthes als Verlag der neuesten geographischen Kenntnisse international gut aufgestellt war, war der mehrsprachige Satz in Leipzig offenbar ein Problem.

Fast drei Jahre waren seit dem ersten Kontakt vergangen. Die Karte war druckfertig; jede Verzögerung gefährdete ihre Aktualität. Müller und van de Velde debattierten hitzig über Prioritäten: Karte oder Memoir, Schnelligkeit oder Qualität. Müller wollte auf die letzte Autorenkorrektur verzichten; man könne dies in Gotha machen. Nun erlebte Müller das gleiche wie der verstorbene Bernhardt Perthes vor ihm: In einer langen emotionalen Wutrede machte van de Velde klar, wie wichtig und wertvoll das Memoir war und wie sehr er auf Qualität und Perfektion bestand. Darin steckten sieben Jahre harter Arbeit, für die er seine Gesundheit und sein Geld geopfert habe. Die häufigen Erwähnungen seiner Gesundheit werfen die Frage auf, ob van de Velde wirklich bleibende Schäden davongetragen hatte. Sein Reisebericht spricht von Fieber gegen Ende der Reise, das bezeichnenderweise abebbte, als er auf einem Boot das Land verließ, so die Erzählung. Möglicherweise war es daher eher ein symbolisches Fieber, ausgelöst durch den in seinen Augen desaströsen Zustand des Heiligen Landes. In seinen Briefen an Perthes erwähnt er gelegentlich ein paar Tage Fieber. Auch der Schweizer Palästinaforscher Titus Tobler spricht in Briefen nach Gotha mehrfach von der angeschlagenen Gesundheit des Niederländers.[276] Es ist daher denkbar, dass van de Velde sich mit einer milden Form von Malaria (*Malaria tertiana* oder *quartana*) infiziert hatte und unter den typischen wiederkehrenden Fiebern litt. Genauso gut konnte dies auf früheren Reisen passiert sein. Das Heilige Land zu vermessen blieb, wenn es auch nicht mehr das Leben kostete, jedenfalls ein körperlich forderndes, nicht ungefährliches Unterfangen.

Ende des Monats wollte van de Velde in die Berge und lud Müller und dessen Frau ein. Im Juli reiste Müller tatsächlich zu van de Velde in die Schweiz. Sicherlich genossen sie nicht nur die Berge, sondern arbeiteten auch. Nach Müllers Abreise begann van de Velde erneut, Druckfahnen zu korrigieren. Die Karte sollte im Oktober fertig sein, wenn Reisende nach Palästina aufbrachen. Angesichts der korrigierten Fahnen sah Müller, dass van de Veldes Klagen berechtigt waren, und intervenierte in Leipzig. Breitkopf & Härtel versprach eine gründlichere Arbeit und ein internationales Lektorat. Im Laufe des Sommers wechselte van de Velde seinen

Aufenthaltsort und so wurde ein Brief ins falsche Dorf geschickt, während Leipzig wartete. Das Veröffentlichungsdatum 1. Oktober konnte nicht eingehalten werden, während der Kartograph Wanderungen in den Alpen genoss.

Im September 1858 sandte van de Velde letzte Bögen ab und fügte eine Liste von Personen und Institutionen hinzu, denen er die Karte verehren wollte, darunter der Verlag A. K. Johnston in Edinburgh, Wissenschaftler und Geographen, denen er Dank schuldete (Reverend Francis Thrupp, Carl Ritter und Heinrich Berghaus), Militär- und Regierungsinstitutionen, die ihn mit Material versorgt hatten (die U.S. Marine, das Britische Board of Ordinance und Foreign Office), und europäische Diplomaten und Monarchen (der niederländische Botschafter an der Hohen Pforte, der osmanische Sultan, Queen Victoria und der niederländische König). Van de Veldes Erklärung des Berghaus-Exemplars offenbart eine interessante Informationsquelle: Heinrich Berghaus habe ihm die Ergebnisse von Robinsons Reise von 1838 weitergegeben, wofür er sich revanchieren wolle.[277]

Ende Oktober 1858 war es geschafft. Die Perthes-Korrespondenz beinhaltet einen kleinen Zettel, den Einlieferungsbeleg der letzten Fahnenkorrektur des Memoirs bei Breitkopf & Härtel. Die ersten Exemplare wurden im November verschickt. Von der Vertragsunterzeichnung bis zur Lieferung des fertigen Produkts hatte die Produktion der Karte samt Memoir drei Jahre und vier Monate gedauert. Da van de Velde seine Vermessungen vor Ort 1851/52 durchgeführt hatte, dauerte die Publikation des geographischen Wissens, das er damit zur Palästinaforschung beitrug, insgesamt über sechs Jahre. Die lange Produktionszeit versuchte er auszugleichen, indem er bis zum Schluss neue Forschungsergebnisse in die Karte einfügte. Obwohl die Karte erst Mitte November 1858 vorlag, entschied man sich für 1858 als Druckjahr, da die Karte schon lange angekündigt war. Dies sagt viel über das Aktualitätsparadigma, das im geographischen Diskurs des 19. Jahrhunderts Fuß gefasst hatte. Geographische Informationen sollten nicht nur wissenschaftlich erhoben und validiert werden; in Zeiten rasch wachsenden Wissens mussten sie außerdem so aktuell wie möglich sein.

Zur Erholung fuhr van de Velde an die Côte d'Azur. Seine Gesundheit zwang ihn, den Winter über auf Forschungsarbeit zu verzichten, schrieb er. Müller antwortete, wie leid ihm dies tue – er hätte ihn gern sein Wissen zu weiteren Karten beisteuern lassen. Bald kreiste die Debatte zwischen Kartograph und Verlag um die Auslegung des Vertrags und Fragen geistigen Eigentums. Selbstverständlich werde er sich an den Vertrag halten, der es ihm verbot, eine eigenständige neue Karte aus van de Veldes Original zu machen, schrieb Müller. Doch würde er sie für andere Produkte des Verlags nutzen, wie Schulatlanten, oder um die Schulwandkarten ihres Haus-Kartographen Emil von Sydow auf den neuesten Stand zu bringen. Scharfzüngig fügte er hinzu, dass die Produktionskosten der Karte seiner Erfahrung nach durch die Verkäufe der ersten Jahre nicht gedeckt werden würden. Darüber zeigte sich van de Velde erstaunt – durch sein Bilderalbum habe er Erfahrung mit Druckkosten und bedaure es, seine Gesundheit für die Karte ruiniert zu haben, wenn diese sich nicht rentiere. Vielmehr schien ihm, als decke Perthes die Kosten über andere Kanäle, indem man die Karte für andere Atlanten verwende. So habe der Kartograph Jahre an Arbeit, beträchtliche Summen Geldes und seine Gesundheit für den Profit eines Verlagshauses geopfert, schrieb er. Müllers Antwort war knapp: Die Produktionskosten für Karte und Memoir hätten rund 4000 Thaler betragen. Er wäre hocherfreut, wenn dies in den nächsten zwei Jahren über Verkäufe gedeckt werde. Weiter bat er van de Velde, von nun an bezüglich seiner Karte an die „Firma Justus Perthes" zu schreiben. Diese Trennung von persönlicher und geschäftlicher Beziehung machte es möglich, Auseinandersetzungen zu führen und ein persönliches Verhältnis beizubehalten. Der nächste Brief des Kartographen war an „Messieurs Justus Perthes" gerichtet, mit gesondertem „freundliche Grüße an Herrn Muller" [!].

Kritiker und Urheberrechte

Anfang 1859 gingen erste Rezensionen ein. Privat habe es positive Äußerungen der Palästina- und ‚Orient'-Experten Jakob Fallmerayer, Karl von Raumer und Titus Tobler gegeben, schrieb Müller – Tobler „nicht ohne kleine kritische Bemerkungen". Kritisch äußerte sich auch der französische Geograph Emmanuel Guillaume Rey, der die Darstellung der Hauranberge fehlerhaft nannte.[278] Müller berichtete auch, dass Alexander von Humboldt ihm geschrieben habe, dass „[u]nter den vielen großen Unternehmungen [zur Geographie des Heiligen Landes] der Atlas des gelobten Landes von Van de Velde einen der wichtigsten Plätze" einnehme – höchstes Lob vom großen alten Mann der Geographie.

Die Karte traf auch international auf positive Resonanz. Die Besprechungen, die bald in den USA, England, Schottland, Frankreich, Deutschland und den Niederlanden erschienen, priesen neben Quantität und Qualität des Datenmaterials, die alle früheren Publikationen dieser Art übertreffe, auch die ästhetisch ansprechende Darstellung. So schrieb der *London Quarterly Review*:

> Other good maps of Palestine have indeed been compiled during the last half century: among which we may particularly mention that of Berghaus, published in 1835, with an explanatory memoir; that of Zimmermann in 1850, which accompanied Ritter's volumes; and that of Kiepert in 1852. But the map of Van de Velde far surpasses them all in fullness and accuracy, in clear delineation, and (no slight recommendation) in the cheerful and pleasing character of its colouring and shading. The author had great advantages for the task from his previous experience in the hydrographical surveys of the Dutch navy. But the construction

> of this map was almost the settled purpose of a life; and, undertaken as a labour of love, it was prosecuted and completed with a serious sense of religious duty.[279]

Ende 1859 kam die erste Abrechnung: Die Produktion hatte 4112 Thaler 20 Groschen 3 Pfennig gekostet; die Einnahmen beliefen sich auf 1463 Thaler 12 Groschen 5 Pfennig – ein Minus von 2646 Thaler 8 Groschen. Immerhin hatten Karte und Memoir in einem Jahr über ein Drittel der Kosten gedeckt. Laut Vertrag erhielte van de Velde erst nach Deckung der Produktionskosten eine Vergütung. Müller glaubte, dass die Karte sich im nächsten Jahr ebenso gut verkaufen werde. Als Verleger sei er gewöhnt, dass selbst seine besten Produkte erst nach Jahren Profit brächten, schrieb er. Sollte dies jedoch van de Veldes Erwartungen widersprechen, so sei er bereit, ihm nun auch die gesamten Rechte abzukaufen.

Der Niederländer war über den ausbleibenden Erfolg nicht überrascht, da die Karte in der protestantischen Welt noch nicht bekannt genug sei. Nach einigen Monaten Ruhe, schrieb er, fühle er sich kräftig genug, um erneut nach Palästina zu reisen. Da er sich nun als Autorität zu Palästina etabliert habe, würde sich eine zweite Reise anbieten, um die Karte zu korrigieren und die als „not examined" markierten Stellen aufzulösen. Er zähle auf die Unterstützung verschiedenster religiöser Gesellschaften aus England, der Schweiz und den Niederlanden sowie der deutschen Gelehrtenschaft.[280] Falls Perthes wolle, würde er die Zusammenarbeit mit dem Verlag gern fortsetzen. An einem Verkauf der Urheberrechte war er interessiert. Müller schilderte ihm die Konditionen folgendermaßen:

> unter ‚mir Ihre Karte zum unbeschränkten Eigentum geben' [verstehe ich] nichts anderes, als daß Sie mir die Karte, wie sie jetzt ist, für eine bestimmte Summe verkaufen. Ich verstehe aber nicht darunter, daß ich die gekaufte Karte […] unverändert lasse, vielmehr will ich grade das Recht mit erwerben, sie immer au courant zu halten, sie also, gleichviel ob in- oder außerhalb meiner Anstalt, corrigiren lassen zu dürfen. Ich will dann auch über die ganze Karte und über Theile draus unbehindert disponiren, beispielsweise, obgleich kein Anlaß dazu vorliegt, eine Section zur Darstellung eines bestimmten Gegenstandes, oder andere Sectionen zu einem anderen Zwecke benutzen, die ganze Karte, oder einzelne Sectionen in dieser oder jener Form geben dürfen – kurz ich will, Unehrenhaftes ausgenommen, mit der Karte anfangen können, was ich will.[281]

Müller bot 1200 Preußische Thaler. Das Memoir werde nicht neu gedruckt, dafür könne er nichts zahlen. Es werde Jahre dauern, bis die Produktionskosten gedeckt seien; mit jeder neuen Auflage stiegen sie. Die Idee einer zweiten Reise unterstütze er voll und ganz. Sie könnten alles besprechen, wenn van de Velde nach Gotha käme.

Ihre Abmachung zum Urheberrecht ist ein weiteres Beispiel, wie man Geschäftsbeziehungen und Privates trennte. Beide fügten dem offiziellen Brief an den Geschäftspartner eine private Notiz bei. Ein Konflikt ließ sich dennoch nicht vermeiden. Wieder war van de Velde unzufrieden, wie er Müller privat wissen ließ. Für ihn war das Memoir das wertvollste Resultat seiner Forschung. Mit seinem Album habe er 30.000 Francs verdient, dabei seien noch 50 Exemplare übrig. Falls Müller die „bescheidene Summe" von 300 Thalern für das Memoir akzeptiere, so könne man ins Geschäft kommen. Müllers Antwort als Geschäftsführer von Justus Perthes berührt einen wichtigen Aspekt des Urheberrechts im 19. Jahrhundert: Anders als die Karte, schrieb er, könne jeder das Memoir nach Belieben weiternutzen. Unter kommerziellen Gesichtspunkten sei es daher weniger wertvoll, obwohl er dessen wissenschaftlichen Wert durchaus sehe. Um die Diskussion zu beenden, stimmte er den 300 Thalern zu, zog aber das Angebot der kostenfreien Exemplare zurück. Seine persönliche Antwort war deutlich: „Ich füge diesen Zeilen von Justus Perthes [...] noch hinzu, daß ich jetzt alles mögliche gethan zu haben glaube, um Ihnen gerecht zu werden. Es muß jeder wissen was er thun oder lassen kann. Ich bin nun gleich viel ob Sie mit Ja oder Nein antworten, fertig mit der Sache und grüße Sie freundlich [...]."[282]

Ende Januar 1860 willigte van de Velde ein. Wie und in welcher Währung das Geld von Gotha nach Lausanne wandern sollte, stellte sich als komplizierteste Frage an der ganzen Sache heraus – als „billet pour Paris", „traité sur Genève" oder als „Wechsel auf Frankfurt", in Florin (Gulden) ausgestellt, wie sie letztlich beschlossen.

Im Mai besprachen sie weitere Palästinakarten: Van de Velde dachte über eine Faltkarte für Reisende nach, während Müller eine Schulwandkarte im Stil ihres Haus-Kartographen Emil von Sydow wollte: das Gelände groß, klare Höhenschichten, mehr gemalt denn gezeichnet und in Farblithographie. Perthes wollte eine Schulwandkarten über das moderne Palästina und eine biblische machen; beides in einem habe sich als unpraktisch erwiesen. Hier erkennt man wieder die zwei wichtigsten Verwendungszusammenhänge von Palästinakarten, die sich nun neben der Studierstube herauskristallisierten, nämlich die Schule und Reisen. Wieder lehnte van de Velde Perthes' Angebot ab, da er fürchtete, mit dessen Hausgeographen Karl von Raumer – einer der von ihm so bezeichneten ‚Gelehrten' – nicht zurecht zu kommen.[283] Der Niederländer war offenkundig kein Freund von Teamarbeit.

Politische Unruhen verzögerten die zweite Palästina-Reise. Van de Velde beschrieb die Lage – gewalttätige Konflikte zwischen Drusen und maronitischen Christen – in einer bezeichnenden Mischung aus Endzeit-Millenarismus und merkantilen Interessen: Das Land sei in die Phase des letzten Kampfes eingetreten. Nun bekämpften sich Muslime und Christen, bald würden Katholiken, Griechisch-Orthodoxe und europäische Protestanten sich darüber den Krieg erklären, wem das Land gehöre,

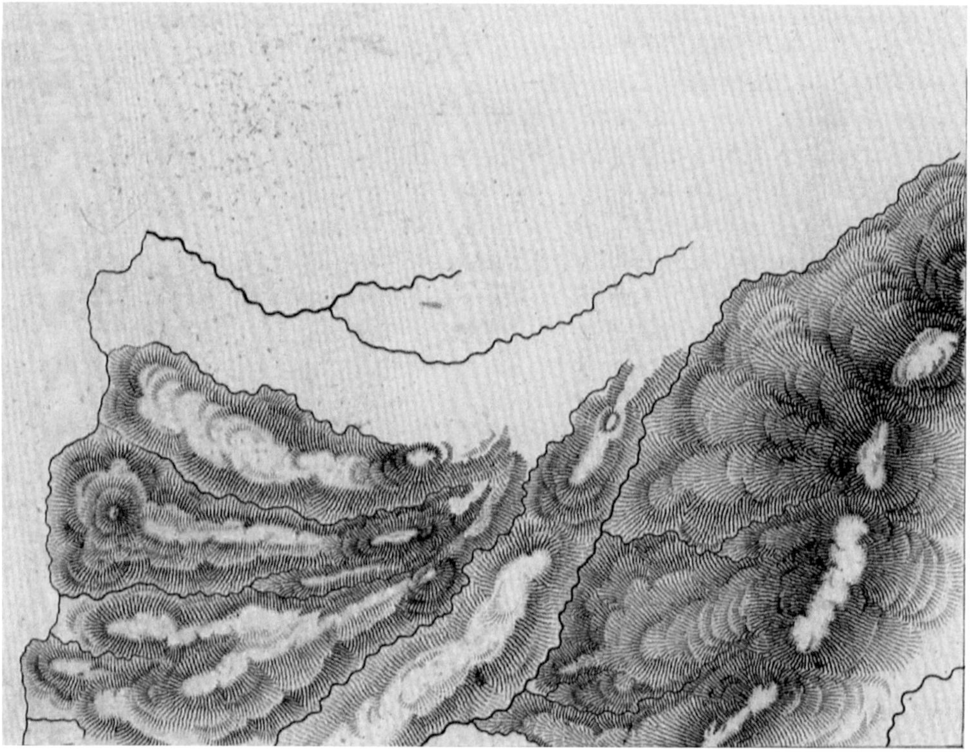

Abb. 9 Andruck Bergrelief.
Map of the Holy Land, Gotha 1858, Sektion 1 (Ausschnitt)

das Gott nur einem Volk versprochen habe, nämlich den Juden. Wie auch immer es ausgehe, die Karte werde sicher sehr gefragt sein.[284]

Aktualisierung der Karte: Neue Reise, neue Auflage

Ein Eckpfeiler des Erfolgs von Justus Perthes war die fortlaufende Aktualisierung ihrer kartographischen Produkte. Befördert durch den wachsenden europäischen Einfluss und die Forschungs- und Reiseunternehmungen in der Region, sollte die *Map of the Holy Land* sorgfältig überarbeitet werden. Van de Velde verband dies mit humanitärer Arbeit, die ihm immer wichtiger wurde. Er reiste nicht nur als Kartograph, sondern auch als Gesandter des British and Foreign Syrian Asylum Committee, um die Lage der christlichen Bevölkerung im Libanon und in Syrien nach einem Massaker von 1860 zu untersuchen. Wie aus der Korrespondenz hervorgeht, war die nachfolgende Aktualisierung der Karte ein Kinderspiel im Vergleich mit den turbulenten Jahren vor dem ersten Erscheinen. Im Oktober 1861 beschloss van de Velde kurzfristig, im November ins Heilige Land zu reisen. Wenn Perthes sein Eisenbahnbillet übernehme, würde er zuvor nach Gotha kommen, um die neuesten Publikationen zu konsultieren, schrieb er.

In nur sechs Wochen reiste van de Velde nach Paris und London, Haarlem und Gotha, Erlangen und Genf, dann nach Marseille, von wo er sich einschiffte. Er erreichte Beirut am 16. Dezember 1861. Erst saß er wegen des Wetters fest, schließlich zog er kreuz und quer das Land vermessend durch Galiläa, dann über Nablus und Ramallah nach Jerusalem. Er schrieb sogar aus Jerusalem nach Gotha, dass man dem dortigen Handelshaus der Spittler-Mission Karten zum Verkauf schicken solle. Die Leichtigkeit, mit der er nun umher reiste und Briefe vom 1859 eröffneten österreichischen Postamt in Jerusalem nach Gotha schrieb, ist bezeichnend für den infrastrukturellen Quantensprung, den die Region seit seiner ersten Reise 1851/52 gemacht hatte. Auch von notwendigen Eskorten war nun keine Rede mehr. Von Jerusalem aus machte van de Velde einen Abstecher nach Hebron, dann weiter nach Jaffa, von wo aus er am 6. April 1862 per Schiff nach Beirut zurückkehrte. Am 13. April bestieg er in Beirut wieder das Dampfschiff nach Marseille, wo er am 2. Mai eintraf. Ohne Umwege fuhr er nach Paris, um die neue französische Generalstabskarte von Syrien zu konsultieren, dann nach London, um die neusten Admiralitätskarten zu sehen. Im Juni 1862 war er nach acht Monaten zurück in Genf, wo er zu dieser Zeit wohnte. Schon von London aus schickte er seine Ergebnisse an Perthes. Müller fragte, wieviel an der Karte geändert werden müsse, um die Kosten zu kalkulieren. Man müsse bedenken, dass die Produktionskosten noch immer nicht gedeckt seien und die Karte in letzter Zeit nicht sehr gefragt gewesen sei. Erneut entflammte eine Auseinandersetzung über Kosten und Wert kartographischer Arbeit. Van de Velde insistierte auf dem nicht-kommerziellen Wert seiner Arbeit, wohingegen Müller ökonomische Entscheidungen treffen musste. Für Müller war klar, dass mindestens zwei von acht Kupferplatten neu gestochen werden müssten. Für jedes neue Blatt könne er 150 Thaler anbieten, kleinere Korrekturen würde er entsprechend bezahlen. Selbstverständlich verblieben alle Urheberrechte bei ihm.

Der Niederländer willigte ein und erbat die benötigten Karten und Literatur aus Gotha. Als er 1861 in Gotha war hatte ihm Hermann Berghaus, der Neffe von Heinrich Berghaus und Hauskartograph des Verlags, eine Liste der neusten Publikationen zusammengestellt; nun wünschte er eine Aktualisierung. Er brauchte auch eine Kopie seiner alten Karte, in die er die Korrekturen einzeichnen könne, und einen Druck „ohne Berge". Damit wissen wir, dass die Karte von je zwei Kupferplatten pro Blatt gedruckt wurde: eine für die Gravur von Linien, wie Grenzen, Flüsse oder Städte, und eine für die Schraffur des Bergreliefs (wie Abb. 9).

Justus Perthes war nicht nur geographischer Verlag, sondern für seine Autoren auch wissenschaftlicher Dienstleister mit Bibliotheksservice und Forschungsberichten. Alle gewünschten Neuerscheinungen, Karten und weiteres Material wurden van de Velde postwendend geschickt. Der Prozess der Kompilation und Verifikation geographischen Wissens für die zweite Auflage ähnelte dem Produktionsprozess der ersten Auflage. Es tauchten auch dieselben Probleme auf, die die Erstausgabe so verzögert hatten. Beispielsweise war man immer noch auf Daten von Dritten angewiesen, die oft nur angekündigt, aber noch nicht verfügbar waren. Dennoch dauerte die Aktualisierung der Karte, inklusive der zweiten Forschungsreise, nur gerade halb so lang wie die anfängliche Herstellung.

Während van de Velde im Winter 1862 die Karte überarbeitete, schrieb ihm John Washington von der Londoner Admiralty, dass die laufende Marine-Vermessung der Mittelmeerküste unter Commander Arthur Lukis Mansell erst im Frühjahr beendet werde. Diese Messungen verbanden Syrien mit dem nach höchsten wissenschaftlichen Standards gemessenen europäischen Koordinatennetz und erhoben es damit gewissermaßen auf dessen Qualitätsstufe von Geodaten.[285] Jedoch musste van de Velde auf diese wertvollen Informationen über ein Jahr lang warten, was die Fertigstellung entsprechend verzögerte. Als er sie im März 1864 endlich erhielt, war er hochzufrieden. Dass Mansell ihm seine halbfertige Karte vor der Publikation schickte, sei ein immens großzügiger Akt, schrieb er.[286] Nur ein paar Tage später schickte er die fertige Karte mit Korrekturen auf Transparentpapier nach Gotha. Um die Karte, die bereits voller Informationen war, nicht weiter zu überladen, sollte die alte Reiseroute nicht wieder farbig hervorgehoben werden. Er schickte überdies den Text für das neue Memoir, das kurz vor der Karte erscheinen sollte. Wieder fügte er eine persönliche Notiz bei, in der er sich in eigenwilligem Deutsch mit warmen Worten bedankte, aber wie so oft über die Mühen seiner Aufgabe klagte:

> Es scheint als wolle meine Gesundheit durchaus solche Kartenarbeit nicht mehr dulden. – Nein, es ist vorbei! und sogar mit die ausserste Genauigkeit und eiserne Fleiss. Sie haben hiermit nun wieder das allerbeste und neueste was im eigentliche Palestine (West Jordanische) besteht.[287]

Bald würde es in der Region Krieg geben, fügte er hinzu, die Kupferstecher sollten sich beeilen. Er selbst mache sich gerade als Delegierter des neugegründeten Genfer Komitees an den niederländisch-dänischen Kriegsschauplatz auf. Erst nach seiner Rückkehr und einem Sommerurlaub in den Alpen könne er mit der Arbeit fortfahren.

Im Herbst und Winter 1864 wurden überarbeitete Kartenblätter, Probedrucke und Korrekturen zwischen Genf und Gotha hin- und hergeschickt. Die Arbeit ging zügig voran, und van de Velde plante, 100 Exemplare der Karte auf eigene Rechnung zu verkaufen, wofür ihm Perthes den Buchhandelsrabatt gewährte.

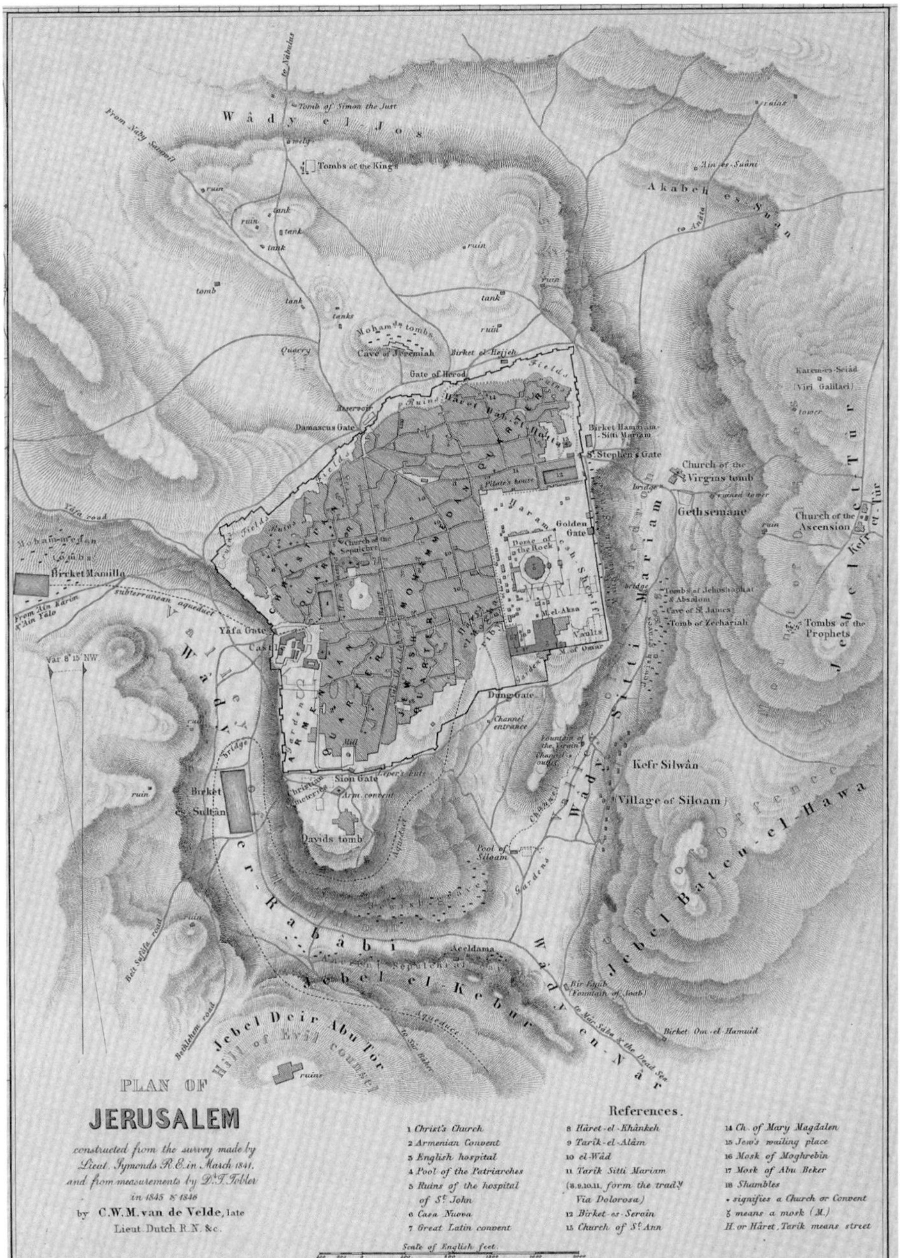

Abb. 10 Veränderungen von der ersten zur zweiten Auflage am Beispiel von Jerusalem: Van de Velde, Map of the Holy Land, Gotha 1858, Sektion 8 (Ausschnitt)

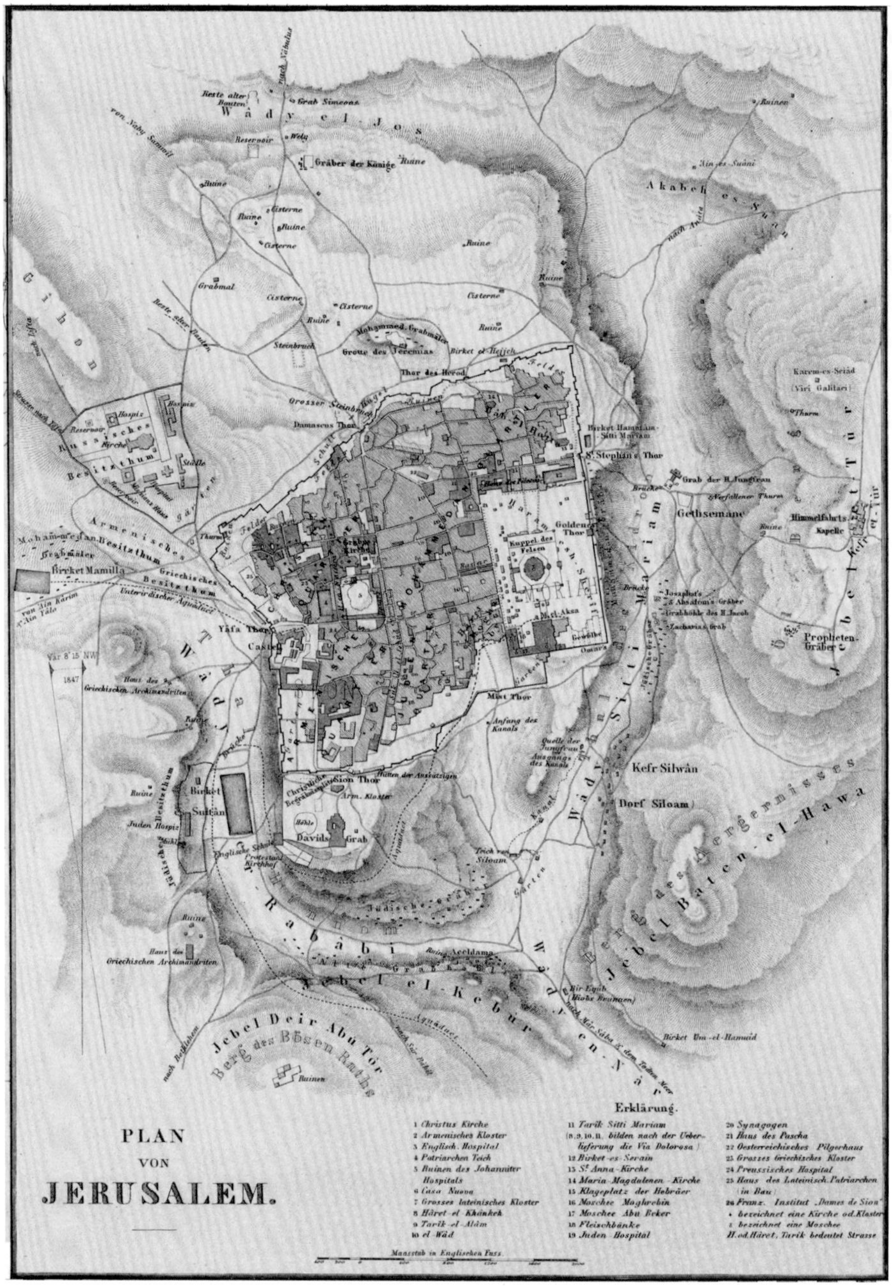

Abb. 11 Van de Velde, Karte von Palästina, Gotha 1866, Sektion 8 (Ausschnitt): Auffällig vor allem die zahlreichen Neubauten

Beim Bilderalbum hatte der Niederländer gelernt, dass es einträglicher war, über persönliche Verbindungen zu verkaufen als über den Handel, wie er schrieb. Er hatte ein gutes Verhältnis zum russischen Großfürsten Konstantin aufgebaut,[288] hatte gute Verbindungen zur RGS und zur britischen Marine und war überzeugt, die Karte über seine Netzwerke bestmöglich zu verkaufen.

In Gotha hatten die Kupferstecher derweil Schwierigkeiten, das Libanon-Bergrelief der neuen Kartenblätter mit dem der ersten Karte zu verbinden. Erst nachdem Drucke und Skizzen aller acht Teile hin und her geschickt worden waren und van de Velde selbst den Übergang des Reliefs eingezeichnet hatte sowie nach weiteren vier bis fünf Wochen Verzögerung beim Stich, gab der Kartograph im April 1865 aus Paris das ‚bon à tirer'. Am 1. Mai schrieb Müller:

> Die deutsche Ausgabe […] veranstalte ich so, daß ich die Sectionen von Kupfer auf Stein umdrucken und alles Englische in Kartentext auf dem Stein in's Deutsche umändern lasse. Vielleicht lasse ich diese Umänderung auch schon auf den Kupferplatten machen. Das politische Colorit lasse ich fort – dafür werde ich etwa 9 Höhenstufen in vollen Farbentönen geben, das Wasser blau – Druck durch die lithographische Presse. Den Preis dieser deutschen Ausgabe stelle ich auf 4 Th[a]l[e]r. Den Lesern der ‚Mittheilungen' […] biete ich sie sogar zu 2 2/3 Th[a]l[e]r an […]. Vielleicht kann ich der Karte Eingang in Deutschland verschaffen durch billigen Preis, was sehr zu wünschen ist.[289]

Die 20 Luxusexemplare, die van de Velde an europäische Herrscherhäuser senden wollte, waren schon im Druck. Der Preis der englischen Karte werde derselbe bleiben, schrieb Müller: sechs Thaler im gewöhnlichen blauen Kartonumschlag und sieben Thaler für dasselbe in Kaliko, einem festen Baumwolleinband. Er würde van de Velde 33,3 Prozent Buchhandelsrabatt gewähren und hundert Exemplare des Memoirs kostenlos überlassen. Am 8. Mai 1865 erhielt van de Velde sein Honorar von 718 Thalern (inklusive 68 für das Memoir) oder 2638,90 Franken. Die Summe lässt darauf schließen, dass mehr als die geplanten zwei Kartenblätter geändert werden mussten.

Aus London kamen derweil irritierende Nachrichten: Der Sekretär der Religious Tract Society, einer evangelikalen Missionsgesellschaft, schrieb van de Velde, dass ein „Ordnance Survey" von Palästina geplant sei und die RGS die daraus resultierende Karte verlegen solle. Dies werde selbstverständlich die neue Standardkarte werden, und van de Velde fürchtete schon um den Erfolg seiner Karte.[290] Wie wir heute wissen, war seine Angst unbegründet, denn tatsächlich dauerte es noch viele Jahre, bis eine generalstabsmäßige Vermessung von Palästina Wirklichkeit wurde. Die früheste Initiative dieser Art war die Vermessung Jerusalems durch Royal Engineers unter Kapitän Charles Wilson, die von September 1864 bis Juli 1865 im Auftrag des karitativen britischen Jerusalem Water Relief Funds vorgenommen wurde. Vermutlich meinte van de Veldes Londoner Freund genau diese; möglicherweise sollte sie ursprünglich ein größeres Gebiet abdecken. Doch beruhigte der zweite Sekretär der RGS, Henry Walter Bates, ihn bezüglich einer möglichen Karte und bot die Unterstützung der Gesellschaft an – doch sprach er wirklich von einem „Ordnance Survey of Palestine", was dessen früheste Erwähnung wäre:

> They [the RGS] look forward to [the map's] approaching completion [...] & if you send an early proof copy – will forward their order for the number they require in time for you to use the name of the Society as favouring your work. The ‚Ordnance Survey of Palestine' to which you allude is undertaken by Sir Henry James; this Society [lending] one half of the expense. I do not yet know whether the Map resulting from the Survey will be published in our ‚Journal'.[291]

Obwohl die zweite Auflage fertig war und auf dem Weg nach St. Petersburg, London, Den Haag und Konstantinopel, war der Niederländer wieder unzufrieden: Da Perthes die deutsche Karte so günstig anbot, werde niemand die englische kaufen. Als die RGS nur sechs Exemplare bestellte, führte van de Velde dies darauf zurück und stornierte in Gotha die 100 Exemplare, die er auf eigene Rechnung hatte verkaufen wollen. Müller akzeptierte das, glaubte aber nicht, dass englische Kunden eine deutsche Karte kaufen wollten. In der Tat neigte sich die internationale Phase der biblischen Geographie ihrem Ende entgegen; an ihre Stelle traten nationale Forschungsperspektiven und Diskurse. Im Jahre 1854, als Bernhardt Perthes und Charles William Meredith van de Velde über die Palästinakarte zu verhandeln begannen, konnte man noch problemlos eine englischsprachige Karte für den deutschen Markt produzieren. Zehn Jahre später schien undenkbar, einem englischsprachigen Publikum eine deutsche Karte zu verkaufen. Auch die deutsche Leserschaft würde keine andere Sprache mehr akzeptieren als die eigene.

Im April 1866 zahlte van de Velde für sechs Exemplare der Karte, die er von Den Haag aus bestellt hatte. Es war sein letzter dokumentierter Kontakt mit Justus Perthes. Anhand der Kontobücher des Verlags lässt sich nachvollziehen, dass die Karte durchaus ein kommerzieller Erfolg war, allerdings erst langfristig, genau wie Müller prognostiziert hatte. Im Erscheinungsjahr wurden 570 Exemplare der Karte und 454 des Memoirs verkauft; weitere 337 Karten und 191 Memoirs in den folgenden zwei Jahren. Danach wurden jährlich im Schnitt 50 Karten und 20 Memoirs verkauft, bis 1865 die zweite Auflage erschien. Insgesamt wurden 1200 Exemplare der ersten Auflage abgesetzt. 1855 waren ursprünglich 1000 Stück geplant gewesen, der Absatz lag also 20 Prozent höher als gedacht. Van de Velde hatte seinerseits recht mit der günstigeren deutschen Version – fast 3.000 Exemplare wurden davon bis 1877 verkauft, doch nur 327 der zweiten englischen Ausgabe. In Summe verkaufte Perthes insgesamt 4409 Exemplare beider Ausgaben, bis die Karte 20 Jahre nach Ersterscheinen schrittweise aus dem Programm genommen wurde. Im selben Zeitraum verkaufte sich die Jerusalemkarte von van de Velde und Titus Tobler 612 Mal.[292] Als van de Veldes ehemaliger Mit-Autor Tobler im Dezember 1865 aus Palästina zurückkehrte, schrieb er in der ihm eigentümlichen Kleinschreibung an Perthes: „Im Spittlerschen laden zu Jerusalem ist die neuste ausgabe der [van de Velde'schen] karte käuflich zu haben."[293] Die Karte war dort angekommen, wo van de Velde sie haben wollte.

Das Nachleben der Karte im Verlagshaus

Für die zweite Auflage wurden Rufe nach einer Übersetzung laut. August Petermann, der bei der ersten Auflage nur den Kontakt vermittelt hatte, bat Friedrich August Arnold um Rat. Arnold war außerordentlicher Professor für Orientalische Sprachen und Literatur an der Universität Halle/Saale und hatte die erste Auflage positiv rezensiert. Petermanns Briefwechsel mit Arnold beleuchtet fundamentale Interessenkonflikte in der Kartographie nicht nur des Heiligen Landes. Der Orientalist Arnold war auf die wissenschaftlich korrekte Schreibweise der arabischen Ortsnamen bedacht, die hier auf der englischen Transkription beruhte und der deutschen Leserschaft somit eine ‚falsche' Aussprache suggeriere. Petermann wollte die Kosten niedrig halten und möglichst wenig umstechen lassen. Man könne schlecht warten, bis sich die Experten auf philologisch korrekte Schreibweisen geeinigt hätten. Genau genommen, schrieb er Arnold, sei die Schrift doch „nur ein Index für die Karten, die Abbildungen der Erdoberfläche, und da sie die Karte in vielen Fällen so sehr belasten und beschweren und das eigentliche geographische Element derselben verdecken und in den Hintergrund drängen, geradezu ein Übel, wenn auch ein nothwendiges."[294] Um die kostspielige vollständige Umarbeitung zu vermeiden, ließ man daher im Verlag die Ortsnamen nur wo unbedingt nötig umstechen. Die deutsche Ausgabe stattete Perthes mit Petermanns neuem Höhenschichtenkolorit aus und passte sie so dem hauseigenen Kartenstil an. Sie reihte sich als Grundlage für die nächste Ausgabe von *Stielers Hand-Atlas* nahtlos in die weitere Kartenproduktion des Verlages ein, wurde aber ebenso in das Wissensverarbeitungs- und Verbreitungsprogramm integriert, dessen Knotenpunkt die eigene Zeitschrift war. Die *Mittheilungen* gaben ihren Lesern Rabatt auf die Karte; das Memoir zur zweiten Auflage wurde dort publiziert. Ganz offenkundig waren Zeitschriften zum neuen Medium für Karten-Memoirs geworden. Die zweite Auflage 1865/66 erhielt noch mehr Lob in internationalen Fachkreisen als die erste, ein „ausgezeichnetes", „epochemachendes" Werk, „sehr vollständig", „unverzichtbar" und „die beste ihrer Art" – so die Kritiker. Deutsche Rezensenten würdigten die Übersetzung, fanden jedoch nach wie vor die Übernahme des englischen Transkriptionssystems für die arabischen Ortsnamen problematisch. Auch die farbigen Höhenschichten wurden höchst positiv bewertet.[295]

Die Palästinakartographie des Perthes-Verlags erhielt durch van de Veldes Karte ein ganz neues Fundament. Schon zu Beginn der Zusammenarbeit hatte Bernhardt Perthes ihm eine Stelle angeboten, die van de Velde mit Rücksicht auf seine Gesundheit ablehnte. Nach dem Tod des Verlagschefs erneuerte der Geschäftsführer Adolf Müller dieses Angebot, diesmal für die Palästinakarte in *Stielers Hand-Atlas*. Als der Niederländer wieder ablehnte, ließ ihn der enttäuschte Müller wissen, dass er selbstverständlich „wie jeder andere Verleger auch" die Karte für weitere Produkte im Haus nutzen würde, Karl von Raumer sie für den ‚Stieler' und Emil von Sydow für Wand- und Schulkarten weiterverarbeiten würden. Von Raumer, der die Palästinakarten für den ‚Stieler' nach 1854 erstellt hatte, starb jedoch 1865 hochbetagt. Die Palästinakartographie bei Perthes übernahm fortan August Petermann selbst, gemeinsam mit Theodor Menke und Friedrich von Stülpnagel, der die Karten zeichnete. Menke gestaltete in den 1860er Jahren auch einen eigenen Bibel-Atlas.[296]

Die Karte unter dem Mikroskop: Genauigkeitsanalyse und Kartenproduktionsprozess

Mit Hilfe des Verlagsbriefwechsels ließ sich der langwierige Vorgang der Kartenherstellung rekonstruieren und Licht in den Prozess des Kartenmachens bringen. Nun soll es um eine ganz andere Betrachtung der Karte gehen, nämlich eine quantitative Analyse mit Hilfe moderner Computertechnik. Das dazu genutzte Programm MapAnalyst ist eine Open-Source-Anwendung zur Visualisierung geometrischer Eigenschaften historischer Karten.[297] Vereinfacht gesagt verbindet es Punkte auf einer historischen Karte mit Punkten auf einer aktuellen Karte und referenziert beide im selben System, um eine Reihe von Unterschieden zwischen ihnen zu berechnen. Bisher wurde das Programm vor allem genutzt, um die Genauigkeit historischer Karten zu berechnen und diese miteinander zu vergleichen. Wir konnten damit jedoch auch Rückschlüsse auf die Entstehungsgeschichte der Karte und ihren Produktionsprozess ziehen, um die es im Folgenden gehen wird.[298]

Unsere Analyse der Sektionen 2 und 5 verglich mit Hilfe von MapAnalyst die Genauigkeit der Ortslagen auf der Karte von 1858 mit heutigem Kartenmaterial. Sektion 5 zeigt das Gebiet der heutigen Westbank, den Jordangraben sowie heute meistenteils israelisches Territorium, wogegen Sektion 2 im Norden überwiegend den Libanon darstellt. Schon beim Setzen der Referenzpunkte zum Vergleich zwischen historischer Karte und heutigen Orten wurde deutlich, wie heterogen die Datengrundlage der Karte war. Im biblischen Kerngebiet von Judäa und Samaria konnte van de

Velde offenbar auf gute Vorarbeit zurückgreifen; Ortsnamen und deren ungefähre geographische Lage waren bereits bekannt und mussten nur kartiert oder korrigiert werden. Hier musste van de Velde nur die letzten 20 Prozent hinzufügen, um den kartographischen und wissenschaftlichen Qualitätsstandard seiner Zeit zu erreichen. Dagegen hatte er in Regionen mit einer dünneren Datengrundlage eine größere Hürde zu überwinden, um zum geforderten Maß von Genauigkeit und wissenschaftlicher Präzision aufzuschließen. Dies überstieg dann oftmals das, was ihm als einzelner Person im Rahmen seiner Vermessungsreise möglich war. Wiewohl wir beispielsweise auf Sektion 5 nicht nachweisen konnten, dass jene Ortslagen genauer waren, die er selbst gemessen hatte, so konnten wir umgekehrt feststellen, dass dort, wo er nicht vermessen hatte, die relative Ungenauigkeit größer war. Es lässt sich also belegen, dass seine eigenen Messungen die Genauigkeit der Ortslagen entscheidend verbesserten.

Mit der Markierung von durch ihn nicht vermessenen Regionen als *not examined* wies die Karte auf Aufgaben für zukünftige Forscher hin und machte zugleich Lücken in der eigenen Datengrundlage transparent (wie in Abb. 12). Beim Vergleich zeigte sich allerdings, dass dieses Verfahren nicht konsequent durchgehalten wurde. Die nördliche der beiden untersuchten Sektionen weist viel weniger solcher Markierung auf, bei genauem Hinsehen stellt man jedoch fest, dass van de Veldes Datengrundlage hier besonders dünn war, da er im Libanon bei Zeitmangel gelegentlich dem Zeichnen den Vorzug gab und überdies wegen Krankheit weniger vermaß. Um die Illusion einer einheitlichen Kartengrundlage aufrechtzuerhalten, entschied er sich offenbar, nicht alle Unzulänglichkeiten gleichermaßen offenzulegen. Stattdessen griff er auf Geodaten von Dritten zurück, die er für ausreichend gesichert hielt, und akzeptierte stillschweigend, dass die entsprechende Region womöglich weniger präzise vermessen worden war als seine eigenen Ergebnisse. Doch nach welchen Kriterien nahm er Daten fremder Herkunft auf, wie bewertete und verarbeitete er sie? Im Kartenmemoir wie auch im Briefwechsel mit dem Verlag finden sich wichtige Hinweise auf seine professionelle Praxis als Kartograph: Nicht ohne Seitenhiebe auf seine Konkurrenten überprüfte van de Velde deren Messmethoden, Methoden der Datengewinnung, technische Instrumente und Rechenwege. Dabei konnte er feststellen, dass des einen Kompass offenbar eine fehlerhafte Gradeinteilung hatte und ein anderer sich bei der Korrektur der Kompassabweichung verrechnet hatte. Ihre Daten nutzte er nichtsdestotrotz, nachdem er diese Fehler korrigiert hatte. Hier ermöglichte ihm seine Expertise, Fehler nicht nur zu finden, sondern auch zu berichtigen, und statt mit den mängelbehafteten Endergebnissen mit Rohdaten zu arbeiten.[299] Wie ein guter Architekt prüfte er erst die Tragfähigkeit dieses Fundaments, das andere vor ihm geschaffen hatten, bevor er seinen eigenen Beitrag darauf aufbaute. Dass van de Veldes Vermessungswerk auf den Schultern zahlreicher anderer Forscher vor ihm ruhte, legte er im Memoir offen, auf der Karte selbst bleibt es unsichtbar. Nur der Kartentitel mit seiner langen Aufzählung von Quellen legt Zeugnis ab von der Pionierarbeit zahlreicher Palästinaforscher und Kartographen vor ihm.

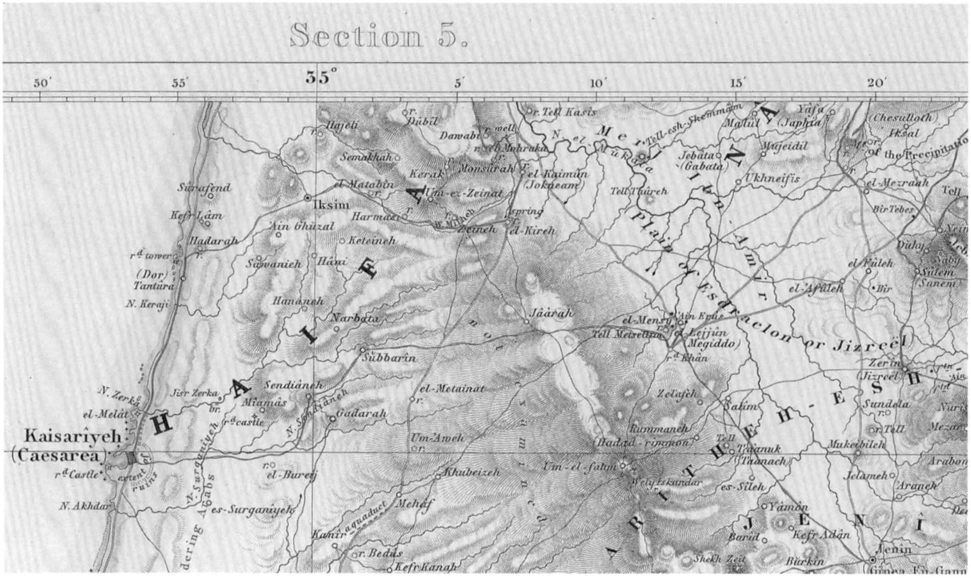

Abb. 12 Kartendetail „not examined" (Bildmitte unten)

Neue Daten, neue Auflage

Drei Jahre nach deren Erscheinen machte sich van de Velde daran, seine Karte zu aktualisieren, die schließlich in zweiter Auflage 1865 bzw. 1866 erschien, nun auch in deutscher Übersetzung und mit Höhenschichtenkolorit, was auch eine stilistische Aktualisierung darstellte. Wie man feststellen kann, verbesserte sich in der zweiten Auflage die Genauigkeit wesentlich. Auf der zentralen Sektion 5 kamen bei einer hohen Dichte an Ortslagen allerdings nur acht neue Orte hinzu, wohl weil in Judäa und Samaria seine Datengrundlage bereits vorher sehr gut gewesen war. Von zuvor fünf als nicht vermessen markierten Arealen blieb in der zweiten Auflage nur noch eines übrig. Betrachtet man die Datengrundlage dieser Veränderungen, die auch in der zweiten Auflage in einem Kartenmemoir dokumentiert wurde, so kann man feststellen, dass in der Zwischenzeit publizierte Informationen von Dritten ungefähr den gleichen Anteil hatten wie van de Veldes eigene Vermessungen auf seiner zweiten Reise 1861. Die Ortslagen, die in der zweiten Auflage neu hinzukamen, bestechen dabei durch ihre relative Genauigkeit.

Vergleicht man dagegen die Sektion, die den Libanon abbildet, so stellt man überraschend eine leichte Verschlechterung der Genauigkeit fest. Während unser bestehendes Netz an Kontrollpunkten ungefähr gleich blieb, kamen in der zweiten Auflage eine Menge neuer Orte hinzu, da die Karte nun weiter nach Nordwesten reichte. Die neu hinzugefügten Teile zeigen jedoch ebenso erstaunlicherweise eine größere Präzision als die alten Teile; die Verschlechterung der Gesamt-Genauigkeit liegt also nicht an ihnen. Wie ist dies erklärlich? In der südlichen Bekaa-Ebene sprach das Kartenmemoir 1858 noch von „unvollständiger" Kenntnis des Terrains.[300] In der zweiten Auflage wurde hier die Genauigkeit im Vergleich nachweislich schlechter. Neben ein paar kleinen Korrekturen stammten die einzigen neuen Daten, die das Memoir für dieses Areal erwähnt, von Commander Arthur Lukis Mansell, der zwischen 1860 und 1863 Vermessungsfahrten in der Region unternommen hatte.[301] Diese Vermessungen wurden nach höchsten zeitgenössischen Standards durchgeführt, um die Längengrade der syrischen Küste bzw. des östlichen Mittelmeers mit dem europäischen Netz verbinden zu können.[302] Während van de Velde an der zweiten Auflage arbeitete, schrieb ihm Mansell, dass sich seine bei der Vermessungsfahrt mitgeführte Karte als so genau erwiesen habe wie keine andere und er ihm ihre Ergebnisse noch vor Veröffentlichung mitteilen wolle.[303] Stolz über das Lob dieser britischen Marine-Autorität schrieb van de Velde seinem Verleger, dass er mit diesen neuen Daten seine Karte „nie mehr" aktualisieren müsse – eine bemerkenswerte Formulierung.[304] Außerdem habe Mr. Hull, ein Mitglied des Vermessungsteams, einen Brief beigelegt mit „dem größten Lob, das meine Karte und das Memoir erhalten konnten".[305] Eine soeben erschienene französische Karte fand van de Velde dagegen „voller Fehler", als er sie mit den Ergebnissen Mansells verglich, und korrigierte die von ihr übernommenen Details auf Grundlage der trigonometrischen Vermessungen des englischen Kommandeurs.[306]

In der Tat konnten wir auf Sektion 2 feststellen, dass die Genauigkeit der Ortslagen in kleinen, zusammenhängenden Arealen besonders hoch ist. Diese Cluster weichen auch in jeweils derselben Richtung von der tatsächlichen Ortslage ab.[307] Dies zeigt, dass van de Velde hier seine Daten patchworkartig aus mehreren Quellen zusammenstellte, insbesondere aus der französischen Karte und den englischen Vermessungen. Wie jedoch lässt sich erklären, dass die Genauigkeit in diesem Teil der Karte in der zweiten Auflage mit neuen Daten, die eigentlich eine höhere Genauigkeit aufweisen sollten, sogar schlechter wurde?

Glaubwürdigkeit und symbolisches Kapital

Bruno Latour und Steve Woolgar untersuchten 1979 in ihrer Studie über wissenschaftliche Arbeitsweisen, wie Forschende Reputation herstellen und einander wechselseitig zuschreiben.[308] Für eine Wissenschaftlerin oder einen Wissenschaftler ist von essentieller Bedeutung, ob die Positionen, auf die man seine eigenen Arbeiten aufbauen möchte, auch tragfähig sind – oder ob sie das eigene Gebäude möglicherweise zum Einsturz bringen. Bei der Entscheidung über die Glaubwürdigkeit einer bestimmten Quelle waren van de Veldes praktische Kontrollmechanismen wie der Nachvollzug der Messungen und Berechnungen Dritter daher ein wichtiger Aspekt. Ebenso wichtig aber war die Reputation der Quelle, die sich nicht allein auf fachliches, sondern auch auf symbolisches Renommee stützte. Schließlich zog er die britische Vermessung einer zeitgenössischen französischen Militärkarte vor, ohne zu erklären, warum die französische Karte „voller Fehler" war, außer dass sie von der Mansells abwich. Im Reisebericht machte er aus seinem Misstrauen gegenüber der französischen Wissenschaft keinen Hehl.[309] ‚Lateinische' Tradition und katholische Wissenschaft hatten für ihn merklich kein symbolisches Kapital.

Van de Veldes Bemerkung, die Karte werde mit diesen Daten nie wieder überarbeitet werden müssen, führt auf dieselbe Spur. Offenbar rangierte der wissenschaftliche Standard der Royal-Navy-Vermessungen so hoch, dass mit deren Hilfe seine Karte zum Status der zeitlosen Gültigkeit aufsteigen würde. Für ihn war dies eine Quelle von allerhöchster Glaubwürdigkeit. Umgekehrt hatten die Mitglieder der Marine-Vermessungsexpedition van de Veldes Karte brieflich allerhöchste Qualität bescheinigt. Beide Parteien bestätigten sich somit wechselseitig ihre hohe wissenschaftliche Reputation. Für van de Velde, der nicht wenig eitel war, war dies das höchste Lob seiner Arbeit. Damit entfiel für ihn offenbar die Notwendigkeit, die Ergebnisse des englischen Surveys umständlich nachzuprüfen und zu verifizieren. Und da sich keine andere Fehlerquelle für die Abweichungen in dieser Sektion finden lässt, könnte man umgekehrt folgern, dass die britischen Vermessungsdaten eben nicht so ausgezeichnet waren, wie van de Velde annahm. Darüber hinaus ist bemerkenswert, dass für van de Velde offenbar ein Grad von Genauigkeit existierte, mit dem die Karte in einen zeitlosen Idealzustand von „nie wieder zu aktualisieren" einträte – gewissermaßen das epistemologische Paradies der Kartographie. Dass dies eine Utopie bleiben musste, zeigt schon die Tatsache, dass es bei unserer Analyse große Schwierigkeiten bereitete, den historischen Ort auf der Karte im Zustand der Gegenwart wiederzufinden, weil die Gegend sich in den letzten 160 Jahren so massiv verändert hat.

Die computergestützte Genauigkeitsanalyse war zur Feststellung von Mustern in der Datenherkunft aus mehreren Gründen hilfreich. So zeigte sich, dass die Karte viel heterogener ist als zunächst sichtbar, wobei insbesondere die Bedeutung externer Faktoren wie Klima und Krankheiten auf der Vermessungsreise deutlich wurde. Sie lieferte auch Hinweise auf die Unterschiede in der Bedeutung der bereisten Regionen, wie Judäa und Samaria im Vergleich mit den Bergregionen des Libanons, die sich auch in den anderen Palästina-Medien zeigen, wie den Bildern. Drittens wurde es möglich, Verbesserungen zwischen der ersten und der zweiten Auflage nachzuvollziehen. Dies wiederum ließ Rückschlüsse zu auf die Technik der Verarbeitung von Daten anderer Forscher. Van de Veldes Kartenproduktion erwies sich dabei als komplexes Kombinationsverfahren von eigenen Messungen und Daten Dritter, die er mithilfe fachkartographischer Praktiken verifizierte und wo nötig korrigierte. Seine wissenschaftlichen Maßstäbe, Prioritäten und Entscheidungsgrundlagen in diesem Prozess spiegeln sich in den Genauigkeitsmustern der Karte wider. Dabei erwies sich sogar als weniger relevant, welche Quellen ‚besser' oder genauer waren; größeren Einfluss hatte offenbar das wissenschaftliche Kapital, das van de Velde ihren Urhebern zuschrieb. Paradoxerweise war in diesem Fall dic hohe Reputation der Datenquelle für eine Verschlechterung der Qualität verantwortlich. Dies belegt eindrucksvoll, dass in der kartographischen Wissensproduktion soziale Faktoren mindestens genauso wichtig waren wie fachliche. Doch auch für seine Kunst waren nicht-künstlerische Faktoren überaus relevant, wie das nächste Kapitel im Vergleich seiner drei Palästina-Medien zeigen wird.

5. Heiß, kalt oder wohltemperiert: Die drei Palästina des Luitenant van de Velde

Eine Reise, dreimal Palästina

In der Einführung wurde die Frage aufgeworfen, warum die drei Palästina des C. W. M. van de Velde in Bild, Bericht und Karte so unterschiedlich und einander widersprechend erscheinen. Das folgende Kapitel wird sich eingehender mit der Sicht von Malerei, Kartographie und Reiseliteratur auf die Welt beschäftigen und eine kleine Medientheorie erarbeiten, die dies zu klären hilft.

Bisher wurden die drei Medien einzeln unter die Lupe genommen. Dabei stellte sich heraus, dass jedes von ihnen ein eigenes Publikum ansprach und eigenen Gesetzen folgte. Der Reisebericht richtete sich an fromme evangelikale Leserinnen und Leser und schilderte die Mühen und Risiken seines Unternehmens. Sein Tonfall war häufig angespannt und gereizt. Nur bei der Schilderung der Landschaft war der Autor positiv gestimmt sowie angesichts unberührt scheinender biblischer Stätten (letzteres allerdings mit inneren Konflikten behaftet). Der Glaube des erlebenden Subjekts durchzieht den Text wie ein Leitmotiv, sein Referenzrahmen ist ganz überwiegend religiös. Die Karte richtete sich dagegen stärker an ein Fachpublikum, erkennbar an ihrem wissenschaftlichen Apparat. Letzterer erschien allerdings separat, was dafür spricht, dass die wissenschaftlich korrekte Grundlage nur bei Bedarf kommuniziert wurde und das Publikum mehrheitlich Laien waren. Der Tonfall der Karte war nüchtern, von Wertungen und Subjektivität der Reisebeschreibung keine Spur. Das Leitmotiv der Karte ist die biblische Geographie, ihr Referenzrahmen die Wissenschaft. Die Bilder wiederum richteten sich unter allen drei Medien an das breiteste Publikum, wobei ihr hoher Preis die Verbreitung konterkarierte. Wir finden im Bilderalbum sowohl schöne und malerische als auch schauerlich-erhabene Motive. Diese gemischte Tonlage ist für die Kunst der Zeit typisch; die Ausrichtung des Albums ist deutlich im künstlerischen Diskurs verankert, der noch etwas näher beleuchtet werden soll, weil er Aufschlüsse über die Unterschiede zwischen den drei Medien geben kann.

In der Malerei bestand Mitte des 19. Jahrhunderts durchaus Interesse an Sujets, die nicht nur angenehm und schön waren. Das Pittoreske war seit dem 18. Jahrhundert an die Seite der Konzepte des Schönen und des Erhabenen getreten, die Denker wie Schiller und Kant etabliert hatten. Man war nicht mehr nur an der harmonischen Schönheit interessiert, sondern suchte das Zufällige und Unvollkommene. Unebenheiten, Kontraste, Komplexität und insbesondere Ruinen machten pittoreske Landschaften interessant. Von Denkern wie John Locke und David Hume wurde die Vorstellung des Schönen, die auf allgemein akzeptierten Regeln fußte, durch ein Konzept abgelöst, das von den Emotionen des Individuums ausging.[310] In der Tat spielten für van de Velde Gefühle eine besondere Rolle. Zwar ging es ihm darum, die Rezipienten so nah wie möglich an seiner Reiseerfahrung teilhaben zu lassen, doch wollte er seinem Publikum unangenehme Aspekte zumindest visuell explizit ersparen. Bis mit dem Naturalismus auch Hässliches darstellbar wurde, sollten noch einige Jahre vergehen.

Der französische Philosoph Denis Diderot hatte in seinem berühmten Salon mit Techniken experimentiert, um die Betrachterin und den Betrachter in den Raum des Bildes einzubeziehen, als stünden sie mitten in der Landschaft. Dazu nutzte Diderot zwei Kniffe. Der eine war der Blick durch ein *Lorgnon* (ein Monokel mit Griff), das dem Bild einen Rahmen gab und damit die Illusion schuf, man sei mitten in der Natur. Der zweite Kunstgriff bestand darin, den Vordergrund und einen gewissen Abstand in die Betrachtungssituation einzubeziehen.[311] Dieser Abstand liefert einen möglichen Schlüssel zu den Eigenarten und scheinbar unüberwindbaren Divergenzen zwischen den drei Palästina. Im Begleittext zu van de Veldes Bilderalbum findet sich eine interessante Äußerung: „Comme toutes les villes d'Orient, Beirout n'est belle que vue à distance."[312] Nur von weitem sei die orientalische Stadt schön – denn aus der Ferne blieb ihre (vermeintliche) Scheußlichkeit unsichtbar.[313] Dieser Abstand erinnert an Diderots Technik der Rahmung, die den Betrachter den Unterschied zwischen Realität und Kunst vergessen lassen sollte – und hier die Realität zur Kunst machte, indem eine gewisse Distanz zwischen Sujet und Betrachter oder Betrachterin gebracht wurde.

Die Idee, dass die orientalische Stadt nur von Weitem schön sei, ist nicht nur ästhetisch relevant. Sie beinhaltet auch einen theoretischen Ansatz, der zum weiteren Verständnis hilfreich sein kann. Der Philosoph und Proto-Soziologe Georg Simmel stellte 1913 in einem später sehr bekannt gewordenen Aufsatz zur Philosophie der Landschaft fest, dass ein bestimmter kreativer Akt des Geistes notwendig ist, um in einem zufälligen Stück Natur vor unserem Auge eine Landschaft zu sehen. Dies mag zunächst verblüffen, da uns Landschaft als etwas so Natürliches und Allgegenwärtiges erscheint, dass wir keinerlei Schaffensakt zu brauchen meinen, wenn wir auf Reisen oder Ausflügen Landschaften sehen. Ein Blick in die Geschichte der Landschaftswahrnehmung zeigt jedoch, dass die Idee von Landschaft historisch gewachsen ist. Ein vormoderner Bauer, Fischer oder Hirte sah Natur tatsächlich vor allem als Mittel zum Zweck an. Erst mit der Renaissance wurde Landschaft von Künstlern allmählich als ästhetisches Sujet etabliert. Noch zu Beginn des 18. Jahrhunderts galten heute touristische Landschaften als hässliche oder gefährliche Ödnis, die niemand freiwillig aufsuchte, der dort kein direktes Anliegen hatte: Nur Hirten gingen in die Berge und nur Fischer fuhren aufs Meer, weil sie es mussten und es zu ihrem Broterwerb gehörte.[314] In Natur eine Landschaft zu sehen ist also etwas, das wir im Laufe der Geschichte entwickelt haben, individuell erlernen und kulturell geprägt ausüben.

Die menschliche Begabung, die hinter diesem Hinsehen von Landschaft steht, nennt man Prägnanzbildung. Prägnanzbildung meint die Fähigkeit des Menschen, aus einem an sich ungeordneten Chaos von Sinneseindrücken durch aktive Prozesse der Filterung und Auswahl etwas Einheitliches zu schaffen. Ein zufälliges Stück Natur als Landschaft zu sehen beinhaltet dabei eine doppelte Art von Prägnanzbildung: Zum einen gehört dazu ein Akt des Einrahmens nach außen, des Weglassens derjenigen Umgebung, die für den Betrachter oder die Betrachterin eben nicht dazugehört, wie die Kondensstreifen am Himmel, die kaum ein Landschaftsmaler auf die Leinwand bannt, oder in van de Veldes Fall eben der Unrat und die Einheimischen. Nach Georg Simmel hat Prägnanzbildung aber auch eine innere Seite, nämlich die Gestimmtheit des wahrnehmenden Subjekts. Die Stimmung des Subjekts entscheidet, auf welche Art und Weise Landschaft ‚hingesehen' wird, welche Gehalte das schauende Subjekt ihr beimisst, und verbindet so Subjektivität und individuelle Empfindungswelt mit der Wahrnehmung von Außenwelt.[315]

Wie Georg Simmel also richtig feststellte, erfordert dieser kreative Akt des Hinsehens, vergleichbar dem Akt des Einrahmens eines Blicks durch den Sucher einer Kamera, eine innere und äußere Distanz zum Motiv. Man muss gewissermaßen einen Schritt zurücktreten, um eine Landschaft zu sehen, wo es ohne den Blick der Betrachterin nur zufällige Naturstücke gäbe. Erst durch diese Distanznahme wird der Blick auf Natur zum Begriff von Landschaft.[316] Dies kann nun auch erklären, wieso van de Velde etwas durchaus ansprechend zeichnete, das er im Text ‚schrecklich' nannte. Beispielhaft kann man das anhand der Stadt Haifa nachvollziehen. Im Reisebericht war Haifa für den Autor „die schmutzigste Stadt, die ich noch je gesehen habe. Die Strassen sind buchstäblich Kothpfützen [...]. Aber die faulen indolenten Einwohner kommen lieber im Schmutz um, als dass sie die Mühe und Kosten dran wendeten, die Stadt zu reinigen und zu pflastern." Ein Kastell, das früher die Stadt bewacht habe, liege nun als „Trümmerhaufen" herum.[317] Die Darstellung Haifas im Bilderalbum (Nr. 44 des Albums, Farbabb. 22) rückt die Stadt so weit in die Ferne, dass weder ‚Kotpfützen' noch Trümmer zu sehen sind. Das Bild zeigt eine idyllisch am Fuß des Gebirges gelegene Stadt, von Palmen gesäumt, die sich malerisch in der sanft gekräuselten Meeresoberfläche spiegeln. Indem er sich vom Gegenstand entfernte, gelang es van de Velde, sich vom bedrückenden unmittelbaren Eindruck zu lösen, was es ihm wiederum gestattete, seine Erfahrung zu ästhetisieren und ein schönes, erhabenes oder malerisches Palästina im ‚hässlich' und ‚unerträglich' scheinenden Orient zu sehen. Der Kunsthistoriker Oskar Bätschmann hat gezeigt, dass der Akt der Distanzierung von Natur ganz charakteristisch ist für die Landschaftsmalerei des 19. Jahrhunderts.[318] Auch insofern war van de Veldes Blick auf die Landschaft des Heiligen Landes also Teil des künstlerischen Diskurses seiner Zeit. Wie jedoch verhielt es sich mit dem Abstand in den anderen Palästina-Darstellungen, in Reisebericht und Karte? An dieser Stelle lohnt sich ein Blick auf das Verhältnis zu Gefühlen auf der Reise ins Heilige Land.

Faszination des Ortes – Emotion als Problem

Van de Veldes Reisebeschreibung ist voll von Subjektivität und Wertungen. Vor allem negative Gefühle schilderte er ausführlich. Schmutz, Armut, Verfall und die ‚Aufdringlichkeit' der Einheimischen setzten seinem europäischen Gemüt zu: „Eine Welt so voll Betrug und Arglist wie der Orient war mir noch fremd."[319] Nur in der Beschreibung von Landschaft erlaubte er sich positive Hochgefühle und emotionalen Überschwang. Was ihn im Heiligen Land in schwärmerische Hochstimmung versetzte, waren die Landschaft sowie seine Zukunftsvision für das Land, deren Anfänge er in der protestantischen Mission sah. Ein weiterer positiv-emotionaler Moment war seine Ergriffenheit an Orten, an denen der Überlieferung nach wichtige biblische Ereignisse stattgefunden hatten.[320] Manchmal nahm er von dort kleine Andenken mit – ein Stück Mosaik, einen Ölzweig[321] –, verurteilte dies jedoch rückblickend als Aberglauben. Denn, so van de Velde, der Gläubige finde Gott überall – ganz bestimmt nicht an Orten, die die Tradition zu biblischen Stätten bestimmt habe, und zitierte die dem Reisebericht als Motto vorangestellte Passage aus Paulus' Brief an die Korinther: „im Glauben zu leben und nicht im Schauen" (2. Cor. 5, 7).[322] Diese Unmittelbarkeit des Gläubigen zu Gott ist ein Kerngedanke des Protestantismus, der insbesondere in den Paulusbriefen formuliert wird: Der Glaube bedarf keiner Heiligen, keiner besonderen Orte, Priester oder Hilfsmittel. Der einzige Mittler zwischen Gott und dem Menschen ist Christus (1 Tim. 2.3). Heiligenverehrung und Pilgerschaft an heilige Orte sind aus protestantischer Sicht „Götzendienst".[323] Dennoch scheint es van de Velde ein Bedürfnis gewesen zu sein, sich an Orten, die der Bibel und der Lebensgeschichte Jesu besonders nahe schienen, auch emotional angerührt und nahe zu Gott zu fühlen. So wie im Garten Gethsemane am Fuße des Ölbergs, wo Christus der Überlieferung nach vor seiner Verhaftung nachts mit seinem Schicksal haderte (Matth. 26,36–42). Dieser Ort erfüllte alle Voraussetzungen für eine stille Kontemplation an biblischer Stätte: Abgeschiedenheit von Schmutz und Lärm sowie Abwesenheit ‚aufdringlicher' Einheimischer, kurzum das Fehlen aller zeitgenössischer Einflüsse.

Dahinter steht die Vorstellung eines zeitlosen, unveränderbaren Landes, das im Grunde als das gleiche wie zu Zeiten der Bibel galt – ungeachtet der 2000 Jahre, die seither vergangen waren.[324] Nur wenn diese Illusion ungestört blieb, war die gedankliche Zeitreise möglich. Wie schon gesehen, nutzte van de Velde eine Nachtansicht des Ortes, um die Illusion biblischer Zeiten zu vermitteln (Farbabb. 26/27). John Davis hat in seiner Studie über die Bedeutung der Landschaft des Heiligen Landes für amerikanische Protestanten eine ganz ähnliche Faszination feststellen können.[325] Van de Velde jedoch verwehrte sich selbst vehement gegen sein Empfinden.[326] Dass er immer wieder dieser Faszination des Ortes unterlag, sah er als Teil der Lektion, die Gott ihm erteilte – wie zum Beispiel als er am Jakobsbrunnen von Einheimischen gestört wurde:

> Wir verurtheilen die Anbetung solcher Stätten bei Griechen und Lateinern, aber wir hegen zugleich den heimlichen Gedanken, dass das Besuchen dieser Stätten uns nicht anders als tief bewegen müsse. [...] O jämmerlicher Selbstbetrug! [...] Die Versammlung der Araber am Brunnen, die mich verhinderte, mich einem irrigen Gefühlsgottesdienst weiter hinzugeben, war eine Heimsuchung Gottes.[327]

Seine Reise wurde so zur Bildungsreise, die ihn lehrte, auf dem Weg zum wahren Glauben ‚irrige Gefühle' zu überwinden:

> Man betrügt sich so leicht und so gerne in dieser Hinsicht. Man fühlt sich so gern religiös angeregt. Man versteht so schwer, was es sei im Glauben zu leben und nicht im Schauen (2. Cor. 5, 7). Und wenn man dann in sich selbst nicht findet, was man so gern gefunden hätte, dann vergisst man, dass das Werk des H[eiligen]. Geistes unabhängig ist von Oertlichkeiten.[328]

Van de Velde war nicht allein mit seinem problematischen Gefühl. Unkontrollierte Emotionen waren sowohl in der zeitgenössischen Ästhetik als auch in der Erkenntnistheorie ein wichtiges Thema. Wie bereits gesehen, hatte die Ästhetik mit dem Pittoresken und dem Erhabenen den Wechsel von der Rationalität zur Emotion des Betrachtenden vollzogen. Doch Emotionen und Affekte konnten auch problematisch werden. Das ästhetische Konzept des Erhabenen war unter anderem deswegen so populär, weil das Subjekt zwar die heilsame Kraft des Schreckens spürte, aber ihr nicht unmittelbar ausgeliefert war. Kontrolle über emotionale Zustände war für Immanuel Kant, der Emotionen – die spontanen Affekte und die grundlegenden Leidenschaften – als Widersacher und Verhinderer der menschlichen Vernunft sah, die Grundvoraussetzung für die Befreiung des erlebenden Subjekts aus der Unmittelbarkeit, mit der diese Gefühle auf es einstürmen und den Vernunftsgebrauch einschränken. Wiewohl man Kants Pathologisierung von Gefühlen nicht mehr zustimmen mag, so ist doch sein grundlegender Gedanke, dass Motivation und Handeln des Subjekts durch Emotionen beeinflusst werden, auch heute noch relevant.[329] Emotionen als Vernunftverhinderer und Blockierer der inneren Freiheit des Menschen – so lässt sich van de Veldes Umgang mit spontan aufkommenden Gefühlen sowohl negativer als auch positiver Art gut zusammenfassen. Der Faszination des Ortes zu unterliegen war ein Impuls, der ihn an bestimmten Orten regelrecht überkam, ohne dass er dies hätte kontrollieren können. Sein Mittel zur Kontrolle dieser Anflüge war die Kunst. Emotionale Distanzierung durch Kunst bedeutete für van de Velde, aber auch für das Subjekt allgemein, eine Befreiung, nämlich von der drängenden Unmittelbarkeit der Leidenschaften. Diese Funktion war hier schon fast überlebenswichtig, um nicht von negativen Gefühlen überwältigt und an der Erfüllung seiner Aufgabe gehindert zu werden.

Wie lässt sich aber erklären, dass dieser Abstand offenbar je nach Medium wechselte? Dazu soll im Folgenden der theoretische Ansatz noch ein wenig erweitert werden, und zwar mit Hilfe des Philosophen und Simmel-Schülers Ernst Cassirer (1874–1945). Cassirer begründete in den 1920er Jahren ausgehend vom Neukantianismus eine eigene Kulturphilosophie auf kulturanthropologischer Grundlage. Ihre Kernthese ist die Fähigkeit des Menschen, aus dem bloßen Sinneseindruck seiner Umgebung eigene kulturelle Sinnwelten zu erschaffen, die Cassirer „symbolische Formen" nennt.[330] Die wichtigsten unter diesen symbolischen Sinnwelten sind Sprache, Mythos respektive Religion, Kunst und Wissenschaft. Dementsprechend nimmt nach Cassirer der Mensch seine Umwelt als mythischen, ästhetischen oder theoretischen Raum wahr. (Die Sprache – als dasjenige Medium, in dem der Mensch diese verschiedenen Formen von Weltwahrnehmungen ausdrückt – nimmt dabei eine Sonderstellung ein.) Die symbolischen Formen unterscheiden sich dabei in der Art und Weise, wie das Verhältnis zwischen Subjekt und Welt zum Ausdruck gebracht wird. Daher sollen zunächst die Charakteristika der drei Formen erläutert werden, die hier relevant sind – nämlich der mythischen, ästhetischen und theoretischen Raumauffassung.

Drei Rollen, drei Linsen, drei Brennweiten – Distanznahme und Ästhetisierung

Nach Palästina reiste van de Velde als ausgebildeter Marinekartograph, evangelikaler Protestant und talentierter Landschaftsmaler. Offenbar gestaltete er seine Erfahrung je nach der fachlichen Rolle, in der er sich befand, und dem Medium, in dem er sie vermittelte. Ein Kartograph sieht das Land notwendig anders als ein Landschaftsmaler oder Reiseschriftsteller, wie Cassirer es formulierte:

> Die Schilderung einer Landschaft durch einen Maler oder einen Dichter und die eines Geographen oder Geologen haben kaum etwas gemeinsam. Sowohl die Art und Weise der Darstellung wie auch ihre Absicht unterscheiden sich. Ein Geograph kann eine Landschaft durchaus anschaulich und sogar in reichen, lebhaften Farben schildern. Er will damit jedoch nicht die Anschauung dieser Landschaft, sondern ihr empirisches Konzept vermitteln. [...] Jede [Darstellung] hat ihre eigene Perspektive und gleichsam ihren eigenen Brechungswinkel.[331]

Man hat sich dies vielleicht vorzustellen wie einen Fotoapparat, der ein festes Gehäuse mit Blende und Verschluss hat, doch ein (auswechselbares) Objektiv benötigt, um verschiedene Gegenstände je nach Entfernung abzulichten. Ohne Objektiv macht die Kamera nur schemenhafte Bilder. Die Brennweite der jeweiligen Objektive bestimmt daher die Art und Weise, wie Gegenstände wahrgenommen werden. Ein Weitwinkelobjektiv fängt eine Landschaft perfekt ein, ein Teleobjekt vergrößert das weit Entfernte, ein Makroobjektiv erfasst winzige Details – während ein Porträt mit Weitwinkel misslingen muss und eine Landschaft mit Teleobjektiv nicht ins Bild einzupassen ist. Übertragen auf die Erfahrung van de Veldes wechselte also je nach Perspektive und Rolle die Linse seiner Wahrnehmung und wurde sein Bild von Palästina ein anderes. Diese drei Perspektiven mit ihren je eigenen Brennweiten formten seine Palästina-Erfahrung zu einem mythischen (religiösen), einem ästhetischen und einem theoretischen (kartographischen) Raum, deren Eigenarten sich jeweils fundamental von den anderen unterschieden.

Mythischer, ästhetischer und theoretischer Raum

Der theoretische Raum ist nach Cassirer vor allem der formale Raum der Mathematik; sein Strukturprinzip ist relational statt substanziell. Der Kulturphilosoph Jörn Bohr fasst dies so zusammen:

> In Geometrie, Mathematik und Physik bedeutet Raum keinen Inbegriff der speziellen Raum*eigenschaften*, die mit oben, unten, rechts und links bezeichnet sind, sondern einen *allgemeinen* Begriff, der nur über Struktur und Verknüpfung mathematisch-geometrischer Operationen etwas aussagt, nicht aber diesen Operationen einen eigenen *substantiellen* Inhalt zuschreibt. Raum ist hier mit Leibniz ‚Ordnung im Beisammen' und weiter nichts [...].[332]

Dieses Konzept entspricht exakt dem kartographischen Raum; das Raumverständnis der modernen Kartographie funktioniert grundsätzlich relational. Die Basis für die Erstellung einer Karte ist ein Netz von trigonometrischen Messungen, deren

Ausgangspunkte durch astronomische Bestimmungen festgelegt werden. Sind die Punkte fehlerhaft bestimmt, auf denen das relationale Netz aufbaut, so kann unter Umständen die resultierende Karte fehlerhaft sein.[333] In Relation zueinander sind diese Punkte jedoch weiterhin korrekt, so wie bei einer Rechenoperation ein falscher Zwischenschritt lediglich einen Folgefehler verursacht.

Das mythische Denken dagegen steht stark unter dem Einfluss der Affekte und sieht in der Welt um sich herum das Wirken höherer Mächte, die alle Lebensbereiche und Phänomene durchdringen. Ob Naturgewalten, das Unendliche, der Kreislauf des Lebens, Gesundheit und Krankheit – in allem erkennt der Mensch das Wirken von Mächten, die größer sind als er selbst und auf die er wenig Einfluss hat. Auch räumlich wird die Welt um ihn herum nach magischen oder mythischen Bedeutungen gegliedert. Heilige und profane Räume oder Bedeutungszuschreibungen zu bestimmten Himmelsrichtungen und Weltgegenden, wie der Osten als ‚Quelle des Lichts', sind Beispiele für mythische Denkweisen. Das Subjekt hat im mythischen Denken keine Möglichkeit, sich diesem Eindruck zu entziehen. Emotionale Unmittelbarkeit und die Schwierigkeit zu abstrahieren bestimmen seine Weltwahrnehmung. Man kann hier unschwer die überwältigende Faszination des Ortes erkennen, mit deren emotionalem Sog van de Velde zu kämpfen hatte.

Die mythische Weltauffassung datierte Cassirer entwicklungsgeschichtlich zunächst früher als andere Formen, als archaisches Weltverständnis, das im Laufe der Zeit von Religion und Wissenschaft abgelöst würde.[334] Später charakterisierte er die Moderne als fortschreitende Pluralität von Weltwahrnehmungen, womit eine Koexistenz von mythischem Denken mit anderen Formen auch innerhalb eines kulturellen Systems denkbar ist. Der Philosoph Karl Jaspers war sogar der Ansicht, dass mythisches Denken einem menschlichen Grundbedürfnis entspreche, das durch die Aufklärung und eine durch und durch wissenschaftliche Welterklärung lediglich verdrängt worden sei.[335] In der Moderne komme es beispielsweise bei Ausnahmezuständen wie Naturkatastrophen, Krankheit, Tod oder Krieg wieder zum Vorschein, aber auch bei Erlebnissen wie Heilung, Geburt oder Rettung aus der Not.[336] Dies erscheint plausibel angesichts von auch heute noch kursierenden Verschwörungstheorien und Aberglauben. Die moderne mythische Raumauffassung unterscheidet sich von der archaischen durch die Freiheit des Individuums, zwischen ihr und anderen Formen zu wählen – denn ein Kennzeichen der Moderne ist die Pluralität der Weltwahrnehmungen. Das moderne Subjekt kann entscheiden, ob es beim Sonnenuntergang von der Schönheit der Farben fasziniert ist, an das Werden und Vergehen des Lebens denkt oder an die physikalische Lichtbrechung der Atmosphäre.

Die ästhetische Raumauffassung hingegen gestaltet die Fülle der Sinneswahrnehmung aus der eigenen Subjektivität heraus zu einer sinnhaften Bedeutung. Dies ist immer ein schöpferischer Akt, ob das Subjekt nun Künstlerin oder ästhetisch interessierter Laie ist. Diese Art von Weltwahrnehmung ist zwar ebenso von Affekten geprägt wie die mythische, beispielsweise von Stimmung und Atmosphäre, kann sich jedoch durch die reflektierte Formung von der Unmittelbarkeit der Empfindungen lösen. Wie das mythische Denken ist auch die ästhetische Weltwahrnehmung zutiefst subjektiv. Sie vermag es jedoch, die auf den Menschen einstürmenden Leidenschaften derart zu verwandeln, dass sie, wie Cassirer es ausdrückte, „ohne Zwang wirksam werden können." Affekte und Leidenschaften werden so gewissermaßen temperiert; das Individuum löst sich von ihrem ungefilterten Eindruck: „Im Werk des Künstlers ist die Macht der Leidenschaft zu einer bildenden, formenden Kraft geworden."[337] Diese Bannung der Gefühle war für van de Velde von großer Wichtigkeit. Denkt man an Georg Simmels sprichwörtlichen Schritt zurück, den es braucht, um in einem zufälligen Stück Natur eine Landschaft zu sehen, so wird deutlich, dass diese Distanzierungsleistung es dem Niederländer erst möglich machte, seine Erfahrung in wohltemperierte Kunst zu verwandeln. Georg Simmel konstatierte auch, dass sich emotionale Gestimmtheit oft überhaupt nur mit Hilfe räumlicher Metaphern ausdrücken lässt, so wenn man ‚niedergedrückt' oder in ‚Hochstimmung' ist.[338] Auch für van de Velde spielte Kunst als Vehikel des emotionalen Ausdrucks eine zentrale Rolle. Seine Bilder waren ein Mittel, seiner positiven oder erhaben gestimmten Empfindung Ausdruck zu verleihen, ohne dabei seine fundamentale religiöse Botschaft von Verfall und drohendem Ende zu schmälern.

Nähe und Distanz – Brennweiten der drei Medien

Da sich die Identifikation biblischer Stätten auf das Wissen der Lokalbevölkerung stützte, war für Forschungsreisende ein enger Kontakt mit den Einheimischen unumgänglich. In den Gassen und Basaren, den Dörfern und Wohnhäusern der Menschen, deren Gastfreundschaft der Forschende nicht ablehnen konnte, weil er ihr lokales Wissen brauchte, war Distanznahme unmöglich. Im Reisebericht werden daher Schmutz, Lärm, Hitze, Ungeziefer, kulturelle Eigenarten, Sprachbarrieren, Gerüche und Berührungen ausführlich und aus nächster Nähe beschrieben.[339] Als van de Velde den Zeichenstift ergriff, trat er den sprichwörtlichen Schritt zurück, der es ihm ermöglichte, die vorher als „Jauchegrube" geschmähten Orte als malerisch und schön wahrzunehmen und zu zeichnen. Aus dieser sicheren Entfernung waren die Sinnesreize, die sein europäisches Gemüt ‚bedrängten', nicht zu sehen, hören oder riechen. Folgerichtig zeigen all seine Ansichten Orte und Menschen aus gehöriger Entfernung. Bezeichnenderweise sind die gelegentlich abgebildeten Personen nur schemenhafte, typisierte Figuren. Anders als sein berühmter Zeitgenosse David Roberts und als sein eigenes Werk auf Java zeichnete van de Velde im Heiligen Land keine Innenräume oder Porträts. Sein Abstand zum Gegenstand, die künstlerische Brennweite – um in der Kamerametapher zu bleiben – blieb immer gleich. Dies lässt die Diskrepanzen zu den anderen Medien umso deutlicher hervortreten. Die eigentümliche Distanz hat auch mit dem theologischen Sujet zu tun, der biblischen Prophezeiung des ‚fernen Landes' (Jes 33,17) als dem ultimativen Sehnsuchtsort. Wie Moses Blick vom Berg kann das gelobte Land nur aus der Ferne geschaut werden oder, wie van de Velde sagen würde, ‚am besten' aus der Ferne. Aus nächster Nähe kann seine alltägliche Realität heute noch schockierend sein, wie das sogenannte Jerusalem-Syndrom zeigt, eine insbesondere bei amerikanischen Protestantinnen und Protestanten verbreitete psychotische Reaktion, wenn beim Besuch im Heiligen Land die Vorstellung mit der Realität kollidiert.[340]

Reisebericht als religiöse Raumauffassung

Die religiöse Raumauffassung fasst wie gesehen alles in ihrer Umgebung als Zeichen des Wirkens höherer Mächte auf, wofür van de Veldes Reisebeschreibung geradezu ein Paradebeispiel ist. Neben ästhetischen Aspekten war nämlich die stärkste und häufigste Assoziation, die er angesichts der Landschaft des Heiligen Landes empfand, dieselbe als Ausdruck von Gottes Willen zu sehen. Wie schon fehlende Ordnung, Schmutz, Lärm oder Armut für ihn Beweis waren, dass Gott das Land verflucht habe, so schien ihm auch die Landschaft Zeugnis für die Haltung Gottes gegenüber dem Menschen, seiner Schöpfung. Diese Perspektive gründete in der Endzeiterwartung des evangelikalen Millenarismus: Demnach habe Gott die Zerstörung des Landes vorhergesagt, falls die Menschen ihn vergaßen, was van de Velde in seiner Gegenwart als gegeben sah. Erst wenn der Mensch zu Gott zurückkehren und Gott ihn erhören würde, könne das Land wieder zu alter Blüte emporsteigen – ein Zeichen für das nahende Ende der Zeiten (das Millennium) und die Wiederkunft Christi. Im Heiligen Land sah van de Velde diese Prophetie erfüllt. Überall sehe man, was Gottes gerechter Zorn angerichtet habe. Dies ist umso bemerkenswerter, als er tatsächlich überproportional häufig, besonders im Begleittext zum Bilderalbum, die Schönheit und Erhabenheit der Landschaft pries.[341] Doch interpretierte er Schönheit und Fruchtbarkeit als Beleg für ihr Gegenteil: Gott wolle zeigen, wie fruchtbar das Land sein könne, wenn es nicht verflucht wäre. Dieser logische Zirkelschluss belegt eindringlich, wie sehr der Niederländer von seinen Glaubenssätzen bestimmt war:

> Dieser Landstrich gehört zu den schönsten Gegenden, die ich in Obergaliläa bereist habe; […] Dann aber, fragst Du vielleicht, ist das also eine Gegend, wo Gottes Fluch nicht sichtbar ist? – Aber, wie nennst Du denn ein Land, dessen Grund und Boden zwar die Elemente des Segens enthält, dessen Einwohner aber verschwunden sind? […] Wo Fels und Stein den Landmann von allem Anbau abschrecken zu wollen scheinen, da ist das Land mit Flecken und Dörfern

> bedeckt; da lässt der dürre, wüste Zustand des Ackers keinen Zweifel in Betreff des göttlichen Fluches übrig; wo dagegen Strauchwerk und auch grosse Bäume aus der fetten, schwarzen Gartenerde üppig aufwachsen, da fehlt die Hand des Menschen, um sich diese Fruchtbarkeit zu nutz zu machen […].[342]

Grundsätzlich kategorisierte er überall die Landschaft anhand der Fruchtbarkeit des Bodens und dessen, was darauf angebaut wurde. Waren die Felder schlecht oder gar nicht bestellt, sah er darin den Fluch Gottes. Waren die Felder gut bestellt, war dies ein Zeichen, dass Gott das Land zwar verflucht, ihm aber das Potenzial zur Rettung gegeben habe. Auch eins der Albumbilder zeigt ein Dorf im Libanon mit bestellten Feldern (Farbabb. 3). Lag gute Erde brach, so zeige dies, dass die Bewohner das Land „nicht wert" seien und nicht dessen „rechtmäßige" Einwohner, und wie „verkommen" die Herrschaft sei, die dieses Land und seine Bewohner so vernachlässige.[343] Dass Gott den Türken das Heilige Land überlassen habe, sei ein Zeichen für den Fluch, der auf dem Land liege.[344] Man könnte fast sagen, die Bewohner des Landes konnten tun was sie wollten, der evangelikale Reisende aus Europa wäre niemals zufrieden. Offenkundig war seine religiöse Wahrnehmung so dominant, dass jedes Phänomen durch ihre Schablone interpretiert, respektive durch ihre Linse gesehen wurde, ganz so wie es der mythischen Raumauffassung entspricht. In dieser Wahrnehmung konnte das Land gar nicht anders als verfallen und verloren sein.

Die Natur bestmöglich zu nutzen hieß im christlichen Verständnis, Gottes Gaben wertzuschätzen – eine Idee, die ihren Ursprung in der Genesis hat (Gen. 1,28). Der Mensch als Herr über die Erde hat sie zu kultivieren, nutzbar zu machen, doch auch anmutig zu gestalten im Sinne eines idealen Gartens.[345] Dieser *Dominium Terrae* genannte Gedanke wird in der modernen Theologie nicht mehr als Aufruf zur Unterwerfung der Natur verstanden, sondern als Auftrag zu deren Pflege und Kultivierung.[346] Tatsächlich spricht aus der Fixierung auf Landwirtschaft nicht nur van de Veldes evangelikaler Protestantismus. Auch die Aufklärung sah in der Kultivierung der Natur ein Zeichen des Fortschritts; das bestellte Land galt als Indikator für den Zustand einer Gesellschaft, für den erreichten Grad an Zivilisation. Als Johann Gottfried Seume 1801 nach Syrakus wanderte, interessierte ihn Landschaft nur, wenn sie von Menschenhand kultiviert und dem Menschen nützlich war.[347] Umgekehrt war es nach dieser Logik eine Unterlassung, bei van de Velde gar ‚Sünde', gutes Land brachliegen zu lassen. Vor der Entdeckung und Romantisierung der Landschaft durch Malerinnen und Maler sowie andere Künstler im 18. Jahrhundert dominierte das Paradigma der Nützlichkeit die Wahrnehmung von Landschaft generell – und umgekehrt das der unnützen Wildnis.[348]

Was unterscheidet die Landschaftswahrnehmung des Künstlers vom mythischen und religiösen Denken? Francesco Petrarcas Besteigung des Mont Ventoux 1336 gilt als erste moderne Landschaftswahrnehmung. Doch war Petrarcas Sicht keine ästhetische, wie Jacob Burckhardt meinte, sondern eine durch und durch religiöse Auffassung von Natur.[349] Der Akt des Bergbesteigens wird nämlich nicht entlang visueller Eindrücke geschildert, sondern als innere Reise des Individuums, als Hinaufführung zur höheren Erkenntnis Gottes.[350] Statt nach außen ist der Blick des Wanderers nach innen gerichtet. Der hohe Grad an Selbstreflexivität, der aus Petrarcas Schilderung spricht, trennt das religiöse Denken vom Mythos. Wie man gesehen hat, zeichnet sich die Moderne durch die Pluralität verschiedener möglicher Formen von Welterfassung aus; mythisches bzw. religiöses, ästhetisches und theoretisches Denken können problemlos nebeneinander bestehen. Anders als in archaischen Kulturen, deren mythisches Denken Cassirer beschrieb, steht es dem modernen Individuum frei zu wählen, welche Form der Welterfassung ihm die geeignete scheint. So konnte das Multitalent van de Velde in verschiedenen Kontexten verschiedene Weltsichten zum Ausdruck bringen, auch wenn sein vordergründiger Reisezweck der Kartographie galt.

Die Totalvision der Karte – theoretischer Raum als Herrschaftsinstrument

Theoretische Raumformung will Natur in ihrem objektiven Sein erfassen – unabhängig von lebensweltlichen, sinnlichen Erfahrungen. Individuelle, subjektive Wahrnehmung wird durch streng objektive Bestimmungen gefiltert oder ersetzt, die sich aus einer allgemein gültigen Methodik des Zählens und Messens ergeben.[351] Dabei geht es nicht um die Objektivität absoluter Dinge, sondern um eine objektive Bestimmtheit des Weges der Erfahrung.[352] Das beste Beispiel hierfür sind wissenschaftliche Beobachtungen und Messungen, die nach strengem, genau dokumentiertem Protokoll durchgeführt und notiert werden.[353] Auch die Vermessungen und Berechnungen der Kartographie fallen in diese Kategorie. Ein wichtiger Aspekt ist dabei die intersubjektive Nachvollziehbarkeit, die van de Velde über das Kartenmemoir herstellte, in dem er seine Messpunkte, seine Rechenmethoden, Datenübernahmen von Dritten und ähnliche Rahmenbedingungen exakt protokollierte.

Diese möglichst unpersönliche Haltung entspricht eindeutig auch dem Sehabstand der Karte. Sie hat von allen drei untersuchten Medien die größte Distanz zum Gegenstand. Im Zeitalter von Satelliten und Raumstationen wirkt die Karte heute fast wie ein Blick aus dem Orbit. Aus dieser Höhe erscheinen alle subjektiven Elemente nichtig und klein. Dadurch scheint sie auch von allen drei Medien die größtmögliche Neutralität zu wahren, noch unterstrichen durch einen umfangreichen wissenschaftlichen Apparat. Wie sich zeigen wird, blieb Subjektivität in van de Veldes Karte jedoch nicht ganz außen vor.

Der Kunsthistoriker Oskar Bätschmann bescheinigt solchen Blicken von oben über das Land wie Panoramen, Blicke von Türmen, Bergspitzen oder Fesselballons darüber hinaus die Funktion der „Totalvision".[354] Anders als die Stellvertreterfunktion des Panoramas ist dies keine von den Mühen der Reise entlastende, den Horizont des Betrachters erweiternde Erfahrung, sondern eine Dominanzerfahrung.[355] Statt das schauende Subjekt zu befreien – wie die ästhetische Distanzierung in der Kunst –, ermöglicht dieser Blick die Unterwerfung anderer. Von oben herab kann das Land überblickt, überwacht, kontrolliert werden. Die Karte gehört eindeutig in diese Reihe; ihr westlicher Blick und Informationsvorsprung macht sie zu einem Herrschaftsinstrument. Die *Map of the Holy Land* war auf mehreren Ebenen ein wichtiger Wissensspeicher. Zum einen diente sie der Orientierung im Raum für westliche Reisende oder Forscher. Sie versammelte aber auch zeitgenössische arabische Ortsnamen, die allesamt potentielle Orte der Bibel sein konnten. Als westliche Konstruktion des Wissens – bei lokalen Informanten vor Ort gesammelt, aber zusammengefügt, bewertet, verarbeitet und veröffentlicht in den europäischen Metropolen des Wissens – fungierte sie als Machtinstrument im Sinne von Edward Saids *Orientalism*.[356] Tatsächlich bot sie vor den ersten Luftaufnahmen – von Drohnen oder Satelliten ganz zu schweigen – neben Panoramen und vergleichbaren Landschaftsbildern von erhöhten Positionen die einzige Möglichkeit solcher beherrschenden Über-Blicke. In dieser Hinsicht war die Karte als größtmögliche Übersicht allen anderen Visualisierungen weit überlegen.

Mythischer, ästhetischer und theoretischer Raum visualisiert

Das spezifische Verhältnis zu Subjektivität und individuellem Empfinden der drei verschiedenen Raumauffassungen wird vielleicht mit Hilfe der folgende Visualisierung am besten verständlich. Die drei Formen der Raumauffassung – mythischer bzw. religiöser Raum, ästhetischer Raum und theoretischer Raum – bewegen sich dabei in einem gedachten Koordinatensystem, auf dessen X-Achse man sich die Pole „emotional unmittelbar und unreflektiert" auf der einen Seite sowie „emotional temperiert und reflektiert" auf der anderen Seite vorstellen muss. Die Y-Achse dieses Systems bewegt sich zwischen „individuell und subjektiv" auf der unteren sowie „über-individuell und allgemeingültig" auf der oberen Seite (Abb. 13).

Die mythische Raumauffassung (links oben) ist geprägt von emotionaler, unmittelbarer und unreflektierter Erfassung, dabei gleichzeitig intersubjektiv und allgemein gültig: Die Götter, dunklen Mächte und vom Menschen nicht beeinflussbaren Kräfte der Natur respektive Gottes Wille und Wirken sind überindividuell und universell wirksam. Die ästhetische Raumauffassung (rechts unten) dagegen ist individuell und subjektiv, aber emotional temperiert und reflektiert – nicht jedoch allgemeingültig: Zwei Menschen werden dieselbe Landschaft

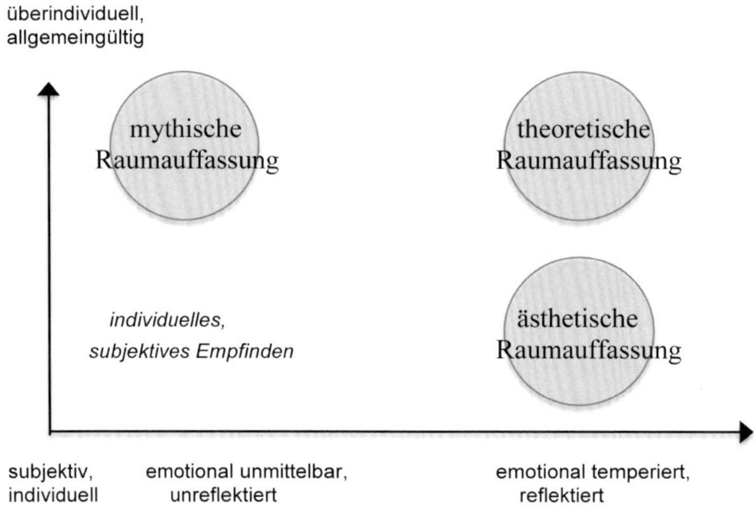

Abb. 13 Koordinatensystem Raumauffassungen

niemals gleich wahrnehmen. Die theoretische Raumauffassung (rechts oben) ist ebenso unemotional und reflektiert, dabei idealerweise frei von Subjektivität und allgemeingültig: Laut den Regeln wissenschaftlichen Arbeitens soll das Ergebnis intersubjektiv nachvollziehbar sein. In unserem Fall sollten zwei verschiedene Vermessungstrupps zu denselben, jederzeit von Dritten nachvollziehbaren und überprüfbaren Messergebnissen kommen. Ihre subjektive Sicht spielt dabei keine Rolle – oder sollte es jedenfalls nicht. Der in diesem gedachten Koordinatensystem nicht ausgefüllte Platz der individuellen, emotional unreflektierten Wahrnehmung kommt der subjektiven, rein individuellen Wahrnehmung zu, die hier nur blass kursiv (unten links) eingezeichnet ist. Sie muss subjektiv bleiben und kann nicht entäußert werden.

Das Heilige Land als religiöser, ästhetischer und theoretischer Raum

Wie aber sah bei allen Unterschieden das eigentliche Palästina aus, wie es van de Velde erlebte? Welche der drei Palästina-Darstellungen kam seiner Erfahrung am nächsten? Ernst Cassirer formulierte 1931 zum mythischen, ästhetischen und theoretischen Raum, „dass es nicht eine allgemeine, schlechthin feststehende

Raum-Anschauung gibt, sondern dass der Raum seinen bestimmten Gehalt und seine eigentümliche Fügung erst von der ‚Sinnordnung' erhält, innerhalb deren er sich jeweilig gestaltet."[357] Es kann also kein Palästina ‚an sich' geben. Je nachdem ob Palästina innerhalb einer mythisch-religiösen, ästhetisch-künstlerischen oder kartographisch-theoretischen Ordnung erfasst und dargestellt wird, wandelt sich die Form des Bildes. Mit Form ist hier nichts Äußerliches gemeint, sondern die Formung und Sinnstruktur, die der Raumerfassung gegeben wird.[358] Dabei sind dies nicht etwa verschiedene Lesarten derselben Realität, die möglicherweise jenseits davon wahrgenommen werden könnte. Vielmehr funktioniert menschliche Wahrnehmung nur auf diese Art und Weise, denn der Mensch nimmt die Welt grundsätzlich und zu jeder Zeit mittels symbolischer Formung wahr. Die drei Palästina des C. W. M. van de Velde sind daher nur ein besonders prägnanter Fall der allgemein-menschlichen Form von Weltwahrnehmung vermittels symbolischer Formung. Die Diskrepanz der van de Velde'schen Palästinabilder ist gerade Ausweis der Gleichberechtigung der verschiedenen symbolischen Formen, deren Weltsichten nicht aufeinander reduziert werden können.[359]

Symbolische Formung muss als ein zweiseitiger Prozess gedacht werden: Zunächst ist die Erfassung von Welt *vor* aller Erfahrung durch unsere kulturelle Prägung und, wie Peter Berger und Thomas Luckmann aus anderer Perspektive formulierten, durch die soziale Konstruiertheit von Wirklichkeit präfiguriert.[360] Was und wie wir wahrnehmen, wird durch die spezifische Linse unseres Wahrnehmungsapparates und durch die vom Menschen geschaffenen symbolischen und sozialen Sinnwelten bestimmt. Als van de Velde nach Palästina reiste, tat er das als Kartograph, Landschaftsmaler, Protestant, ehemaliger Marineangehöriger und biblischer Geograph des 19. Jahrhunderts – und vermutlich noch in weiteren biographischen, kulturellen und sozialen Konstellationen. Dies prägte seine Welterfassung vor jeder Vor-Ort-Erfahrung. Die Weltbilder, die er dann auf der Grundlage seiner Erfahrung herstellte und in denen er sich das Heilige Land aneignete und für ein europäisches Publikum rezeptionsfähig übersetzte – in Bilder, Texte und Karten –, wurden wiederum ihrerseits Teil des Ganzen der Kultur. In dieser Form prägten sie jede weitere Aneignung und Wahrnehmung dieser Region mit. Symbolische Sinnwelten sind gesellschaftliche und kulturelle Produkte. Ihre Geschichte zu rekonstruieren ermöglicht es, sie als von Menschen gemacht zu erkennen, anstatt sie zu verdinglichen.[361] Die Rückbesinnung auf die soziale und kulturelle Vorstrukturiertheit aller Erfahrung hilft hier also verstehen, warum etwas so dargestellt wird, wie es dargestellt wird. Warum es in Bild, Text, Karte unter Umständen so ganz anders dargestellt wird, erklärt sich jedoch erst durch die diskursive Eigenlogik der symbolischen Formen.

Drei Brennweiten der Emotionalität, drei divergierende Zeitkonzepte

Im Vergleich von Reisebericht, Bildern und Karte hat sich herausgestellt, dass jedes Medium einen anderen, charakteristischen Abstand zum Motiv hat, so wie ein Kameraobjektiv eine bestimmte Brennweite hat. Die spezifische Blickdistanz – die intime Nähe des Berichterstatters, der Schritt zurück zur sicheren Distanz des Landschaftsmalers und die Totalvision des Kartographen – entspricht dabei einem bestimmten Grad an Emotionalität bei der Darstellung der Erfahrung des Autors. Van de Velde beschrieb immer wieder, dass er sich sehr zu seinem Leidwesen an biblischen Orten spirituell erhaben fühlen wollte, ihm dies aber angesichts der irdischen Realität nicht gelang, was er als Lektion interpretierte, die Gott ihm erteilte. Auch wenn dies viel mit seinem Protestantismus zu tun hatte, ging es dabei vor allem um Distanzierung von ‚hartnäckigen' Gefühlen. Erst bei der Beschreibung von Landschaft konnte der Niederländer positive Emotionen ausdrücken. Dies findet sich sowohl im Text zum Album als auch im Reisebericht, der ansonsten voll von negativen Emotionen und Urteilen ist. Die Karte hingegen nimmt als Blick aus größter Entfernung die Perspektive der emotionslosen, im wahrsten Sinne des Wortes distanzierten Wissenschaft ein. Man kann also sagen, dass die drei Medien seine Palästina-Erfahrung sowohl räumlich als auch emotional aus einer Mikro-, Meso- und Makroperspektive ausdrücken.

In seiner Arbeit über die (überwiegend amerikanische) protestantische Mission im Nahen Osten im 19. Jahrhundert stieß der Historiker Ussama Makdisi auf ein spezifisches Zeitkonzept, das für uns von Interesse ist, da es auf van de Veldes drei Perspektiven angewendet werden kann.[362] Amerikanische Missionare im Libanon waren nicht nur van de Veldes wichtigste Kontakte, sondern auch zentrale Akteure der modernen biblischen Geographie. Edward Robinsons Co-Autor Eli Smith war als Missionar in Beirut stationiert; Smith war auch für van de Velde ein wichtiger Informationsgeber. Auch andere amerikanische Missionare wie George Whiting hatten Robinson schon geholfen.[363] Makdisi arbeitete heraus, dass für die Missionare die Reise in den Nahen Osten nicht nur eine Bewegung im Raum, sondern auch in der Zeit war. Für sie waren das Land und die Menschen ein direktes Zeugnis der biblischen Vergangenheit, ein lebendes Archiv. Dieser Topos des *Unvarying East* dominierte den populären und wissenschaftlichen Diskurs des 19. Jahrhunderts und wurde auch auf Palästina angewendet. In Form einer primitiven Kulturstufentheorie nahm man auch an, dass die indigene Bevölkerung als eine Art ‚lebende Fossilien' Vertreter einer älteren Kulturstufe seien, die jener der Bibel entspräche.[364] Für van de Velde waren jedoch die Einheimischen keine Nachfahren der alten Kanaaniter, wie für die Ethnologen des 19. Jahrhunderts, sondern ‚Fremde', die dort nicht hingehörten und in seinem Heilsplan durch konvertierte Juden ersetzt werden sollten.

Doch sah van de Velde in der physischen Geographie des Heiligen Landes eine ähnliche historische und landschaftliche Kontinuität. Auch in diesem Punkt war Palästina für europäische Reisende aus der Zeit gefallen und schien seit den Zeiten der Bibel unverändert. Kein Wunder, dass sie sich dort wie in einem Freilichtmuseum bewegten, wo jeder Baum und jeder Stein eine direkte Verbindung zu Jesus zu sein schien, ein Eindruck, der allerdings von den allzu irdischen Bewohnern gestört wurde.

Aber die protestantischen Missionare des 19. Jahrhunderts wollten der lokalen Bevölkerung nicht nur das Christentum, sondern auch die Segnungen der modernen Zeit bringen, sie ausbilden und anleiten, ‚erziehen' und ‚schulen'. Als ihre Präsenz begann, das angeblich ‚unveränderliche' biblische Land zu verändern, führte dies zu einem unauflösbaren Konflikt temporaler Konzepte, ein Konflikt zwischen dem Land als unverändertem Archiv und dem Wunsch nach dessen Modernisierung. Makdisi identifiziert diese Dualität – von einerseits biblischer Vergangenheit und andererseits säkularer Moderne – als unlösbares Dilemma im Zeitverständnis der westlichen Perspektive auf das Land.[365] Dem kann man konsequenterweise noch ein drittes Zeitkonzept hinzufügen: die evangelikale Vision der Zukunft. Für van de Velde und die Millenaristen war die Zukunft von großer Bedeutung – sie arbeiteten und lebten für die Wiederkehr Christi; ein Ereignis, das sie zu ihren Lebzeiten erwarteten. Das Land würde erblühen und zu alter Größe emporwachsen, was die unmittelbare Voraussetzung für die Wiederkehr des Herrn und das darauffolgende Ende der Zeiten wäre. Auf diese herbeigesehnte Zukunft arbeiteten sie mit all ihrem Streben hin. Vergangenheit, Gegenwart und Zukunft bilden so die drei mitunter konfligierenden Zeitachsen, entlang derer das Heilige Land aufgefasst und ausgerichtet wurde.

Es ist nur folgerichtig, dass man den drei Medien neben den drei Betrachtungsabständen auch spezifische Zeitkonzepte zuordnen kann. Sie folgen jedoch ihrer eigenen Logik und sind nicht gleichbedeutend mit der räumlichen Distanz der drei Medien. Im Reisebericht schilderte van de Velde die (in seinen Augen) defizitäre Gegenwart und stellte sie seiner Vision der Zukunft gegenüber; einem neuen Paradies im Heiligen Land.[366] Die Landschaftsbilder hielten das scheinbar unveränderliche Land der Bibel fest, die Vergangenheit in der Gegenwart, sichtbar in Form von Ruinen – denn die Landschaft des 19. Jahrhunderts war für van de Velde Kontinuität der biblischen Vergangenheit. Auf ästhetischer Ebene vermittelten Ruinen dem Publikum den angenehmen Schauer des Erhabenen und lösten so den Konflikt zwischen biblischer Vorstellung und zeitgenössischer Realität auf. Van de Veldes Problem mit der Faszination des biblischen Ortes hing unmittelbar mit dieser Illusion von Überzeitlichkeit zusammen. Denn besonders ergriffen fühlte er sich an Orten, die frei von zeitgenössischen Einflüssen waren. An Orten, wo keine Einheimischen die Reisenden ‚belagerten', konnte sich die Illusion, sich zu Lebzeiten Jesu zu befinden, ungestört entfalten. Die Karte dagegen hielt den Status quo des 19. Jahrhunderts fest, verband aber auch biblische Vergangenheit und arabische Gegenwart – letztere als Schlüssel zu ersterer – mit einer realen oder utopischen Zukunft, für die die Karte bestimmt war, sei es ein künftiger Krieg, Archäologie oder Kolonialisierung.[367] Die Karte regte sogar zukünftige Forschungen an, indem sie Gebiete markierte, die der Kartograph nicht vermessen konnte.

So haben die drei Darstellungsformen Bild, Text und Karte jeweils eigene, charakteristische Beziehungen zu Raum, Zeit und Emotion. Ihre Brennweiten, um auf die Kamerametapher zurückzukommen, können die auffälligen Diskrepanzen der drei einander widersprechenden Palästina-Darstellungen recht überzeugend erklären. Doch erst die Tatsache, dass hier dieselbe Person ein und dieselbe Erfahrung so verschiedenartig ausdrückte, macht sie für uns wirklich sichtbar. Wenn man die drei so divergenten Medien neben- und übereinandergelegt, merkt man schließlich, was man jeweils übersehen oder für selbstverständlich gehalten hatte: so dass der Reisebericht massiv wertend und subjektiv gefärbt ist, dass die Bilder eben nicht nah herangehen, um nichts Hässliches zu zeigen, und dass die Karte wie aus Versehen doch subjektive Eindrücke enthält, wie sich zeigen wird.

Grenzbereiche des kartographischen Raums: Subjektivität in der Karte

Angesichts der Differenzen zwischen den Medien stellt sich die Frage nach Übergängen und Mischformen verschiedener Raumauffassungen. Wie Jörn Bohr feststellt, ist ein Wechsel unversehens möglich und wird häufig unbemerkt passieren.[368] Uns interessiert aber die ausgestaltete und publizierte Raumauffassung, die mit einem viel bewussteren Akt einhergegangen sein dürfte. Van de Velde musste auf der Reise immer wieder entscheiden, welcher Raumauffassung er den Vorzug geben würde: beim Eintragen in sein Notizbuch im Sattel und dessen Abschrift in sein Reisejournal abends beim Nachtlager,[369] später nach seiner Rückkehr bei der Niederschrift und Gestaltung in Studierstube und Atelier. Die so malerisch geschilderte Szene bei Hamed Beg zeichnete er beispielsweise nicht – nicht einmal aus dem Gedächtnis. Die Wahrnehmung einer Situation als ästhetisch reizvoll reichte also nicht aus, um sie zeichnerisch festhalten zu wollen. Textform bedeutete außerdem nicht notwendig eine religiöse Perspektive; der Text zum Bilderalbum ist viel weniger von religiöser Perspektive durchdrungen als der Reisebericht, der sich explizit an ein evangelikales Publikum richtete, wie sich aus den zustimmenden Rezensionen einschlägiger Zeitschriften schließen lässt.

Die Frage nach der Existenz von Mischformen kann man also sowohl aus theoretischer Sicht als auch in der Empirie verneinen. Zwar lassen sich fließende Übergänge denken, jedoch besteht gerade ihre wichtigste Eigenschaft darin, die Welt durch eine ganz bestimmte Linse wahrzunehmen, deren Verwendung eine andere Linse ausschließt. In van de Veldes Texten lässt sich dies gut beobachten: Jegliche Landschaftsbeschreibung ist entweder von seinem religiösen Weltbild bestimmt und kategorisiert das Land nach dem Grad der landwirtschaftlichen Kultivierung im Kontext biblischer Prophezeihungen oder beschreibt Landschaft lebhaft bildlich entlang der ästhetischen Kategorien des Schönen, Pittoresken und Erhabenen, respektive als panoramatischen Überblick, dessen Dominanzerfahrung der ‚Totalvision' der Karte am nächsten kommt.

Desweiteren bietet die Karte Beispiele für die gewissermaßen ‚ausfransenden' Ränder einzelner Formen: Man findet auf ihr immer wieder kleine textuelle Zusätze, die nicht ins Bild einer objektiven kartographischen Darstellung passen. Zwar haben solche Zusätze eine lange Tradition; man denke an das *Hic Sunt Dracones* auf alten Seekarten und Globen, die das Ende der bekannten Welt mit der Warnung vor Drachen markierten. Doch Mitte des 19. Jahrhunderts war Kartographie soweit professionalisiert, dass für fast alle Phänomene kartographische Signaturen zur Verfügung standen. Mit Signaturen wie Punkten, Linien, Flächen und Symbolen wird auf der Karte dreidimensionaler Raum repräsentiert. Jeder kann der Legende entnehmen, dass beispielsweise eine Schraffur Wüste, ein runder Punkt ein Dorf, ein eckiger eine Stadt, ein Kreis mit Kreuz eine Kirche oder bei van de Velde der Buchstabe „r." eine Ruine repräsentiert. Dennoch finden sich auf der *Map of the Holy Land* Zusätze, die nicht in der Legende auftauchen und die man grob in drei Kategorien einteilen kann: Einmal sind dies Naturphänomene mit Wertung: in der Bekaa-Ebene ein *well cultivated wady*, in den Bergen des Libanon *fine forest*; bei Amman *good pasture*; in einem Tal des Westjordanlands *beautiful plain*, an der Ostküste des Toten Meers *fine dates*. Diese Bewertungen von Landschaft entsprechen den in der Reisebeschreibung vorgenommenen Urteilen entlang religiöser Raumauffassung und fließen von dieser in die Karte hinüber. Zum Zweiten finden sich neutrale Beschreibungen von Natur- und Kulturphänomenen: um das Tote Meer herum *hot springs*, *salt marsh*, *steep rocky range*, *grass*, *spring*, *reeds*, *caves* und *water*; in den Bergen des Libanon *brushwood*, *cedars* und *highest summit*. Hinzu kommen menschliche Artefakte, meist Spuren alter Kulturen, wie *ancient Roman road*, *bridge*, *caravan road*, *aqueduct*, *tombs*, *large Khân*. Gelegentlich verzeichnet die Karte auch ein arabisches Stammesgebiet, so der *Howeytat Arabs* südlich des Toten Meers.[370] Hier fehlte schlicht die Darstellungsmöglichkeit, denn diese Phänomene waren in der Karte mit keiner Signatur belegt. Zudem häufen sich diese Anmerkungen im äußersten nördlichen und südlichen Teil, die beide graphisch relativ leer sind, da hier Wüste oder eine weniger dichte Datenlage vorherrschte. Kartographische Leere ließ so Raum für zusätzliche, auch subjektive Bemerkungen – nicht unähnlich dem *Hic Sunt Dracones* der Antike. Die dritte Kategorie betrifft die Reiserouten früherer Forscher und van de Veldes eigene, die auf der großen Karte nur als zarte Linie eingetragen und ohne Kolorierung schwer nachvollziehbar ist. Mit textlichen Extras holte er dies mindestens im südlichen Teil nach und setzte sich gleichzeitig in Bezug zu seinen berühmten Vorgängern: *Seetzen's route*, *Wolcott 1843*, *Robinson Smith 1838* sowie *encamped 30 March 1852* – was sein eigenes Lager meinte. Die Betrachterin kann der Reise auf der Karte nicht nur graphisch, sondern auch narrativ folgen.[371] Diese Verbindungen zwischen den drei Medien weisen darauf hin, dass alle drei in der Tat im Idealfall zusammen gelesen werden sollten.

Landschaftliche Schönheit, fruchtbarer Boden, ein wohlbestelltes Tal, guter Wald und gute Weidegründe – hier erkennt man die beschriebenen Kategorien, in die van de Velde in seinem Reisebericht die besuchten Landstriche einordnete. Diese Deutungsansätze aus dem religiösen oder ästhetischen Kontext waren ihm offenbar so wichtig, dass sie zumindest in Teilen auf der Karte wiederholt wurden. Aber auch hier finden sich keine Mischformen. Die Textelemente auf der Karte sind eindeutig Zusätze, die *nicht* dem Repertoire kartographischer Signaturen angehören – sie bleiben stets Text. Um die Fülle an Eindrücken wiederzugeben, die der Reisende aufnahm, schwappten sie aus anderen Sinnbereichen – dem religiösen und dem ästhetischen – auf die Karte über. Man kann also feststellen, dass das scheinbar so neutrale Medium Karte in unserem Fall durchlässige Ränder hatte, die ein punktuelles Überfließen der anderen Raumwahrnehmungen ermöglichten.

6. Berufung, Glaube, Wissenschaft

Motive und Motivation: Kartographie als Gottesdienst

Wie Hommo Reenders nachweisen konnte, wurde die Idee der Vermessung Palästinas durch den *Réveil*-Pastor O. G. Heldring an van de Velde herangetragen. Der Philanthrop Heldring hatte ein ausgeprägtes Interesse an biblischer Geographie und korrespondierte sogar mit der Berliner Erdkunde-Koryphäe Carl Ritter über van de Veldes Pläne.[372] Doch war es wohl nicht allein Heldrings Idee, die den ehemaligen Kapitän der Marine dazu brachte, eine Karte von Palästina nach eigenen Vermessungen in Angriff zu nehmen. Der Reisebericht folgt einem anderen, theologischen Narrativ. Gleich zu Beginn spricht der Autor von den „entsetzlichen Mühseligkeiten" des Unterfangens; doch wolle er „die Gaben, die Gott mir anvertraut hat, zu seinem Dienst […] verwenden".[373] Dies berührt einen theologischen Kern des Protestantismus: die im zwölften Kapitel des Römerbriefs formulierte Pflicht des Einzelnen, seine Talente – die Gnadengaben Gottes – zum bestmöglichen Nutzen der Allgemeinheit einzusetzen.[374] Van de Velde hatte die kartographische Ausbildung und das zeichnerische Talent, die Zeit und die Möglichkeit, also war es seine Glaubenspflicht, diese Aufgabe zu übernehmen. Die Vermessung und Verzeichnung des Heiligen Landes war sein Gottesdienst, seine Anwendung der Gaben Gottes zum Besten der (westlich-christlichen) Allgemeinheit.

Gelegentlich kam es auf der Reise zu Konflikten zwischen den verschiedenen Formen der Weltwahrnehmung, wie bei der Besteigung des Bergs Tabor. Biblisch gilt dieser Berg als Ort der Verklärung Christi, eine Schlüsselstelle zur Drei-Einheit Gottes als Vater, Sohn und Heiliger Geist.[375] Ästhetisch besticht er als einzeln stehender Kegelberg in einem weiten Tal. Für den Kartographen ist er ein perfekter Messpunkt mit weitem Blick über das Land. Als van de Velde den Berg erreichte, musste er Prioritäten setzen:

> Meine Zeit war kurz, ich musste eins von beiden erwählen, entweder aus dem Thaborgipfel einen Ort des Gebets […] zu machen, oder ein Observatorium für Vermessungen. Das erste wäre Genuss für mich selbst gewesen, das letztere

war nützlich für Andere. Der Weg der Pflicht stand mir deutlich vor Augen und ich folgte ihm im Vertrauen, dass der Herr mir diesen Weg erleichtern könne durch Freude im hl. Geist, unabhängig von Ort und Zeit. Auf dem höchsten Punkt des Berges also, auf einem Stück Mauer des östlichen Gipfels stellte ich mein Instrument auf.[376]

Die Bedeutung biblischer Stätten, die aufzufinden und zu verifizieren Aufgabe der neuen, wissenschaftlich arbeitenden biblischen Geographie war, lag nach dieser Denkungsart nicht in ihrer Heiligkeit und subjektiven Bedeutung für das reisende Individuum, sondern im besseren Verständnis der Bibel durch die Kenntnis des geographischen Ortes. Die Entscheidung fiel hier also zugunsten der intersubjektiven Bedeutung für die Allgemeinheit. Van de Veldes Aufgabe, das Heilige Land zu vermessen und in wissenschaftlich korrekte kartographische Form zu bringen, zielte auf das Verständnis der Bibel mithilfe der Wissenschaft – und nicht des Glaubens. Das Ziel war intersubjektives Wissen für alle statt religiös-spiritueller Erhebung des Subjekts wie noch bei Petrarca. Hier wählte van de Velde den kartographischen Raum, weil es weit und breit keinen besseren Messpunkt gab. Andernorts gab er der Malerei den Vorzug, selbst unter Zeitdruck,[377] denn auch seine Bilder erfüllten eine wichtige Funktion für die Gläubigen, nämlich von der Authentizität der Orte der Bibel zu künden.

Härten der Pflicht: Epistemische Tugenden

Das zwölfte Kapitel des Römerbriefes spricht auch davon, dass der Gläubige Gott seinen „Leib" darbringen solle. Der „Gottesdienst im Alltag der Welt", wie der Theologe Ernst Käsemann diese Stelle des Römerbriefs nannte,[378] konnte durchaus körperlich ausfallen. Der Kartograph zögerte auch nicht, die physischen Härten seiner Glaubenspflicht zu beschreiben. Unrat und Ungeziefer, „Blutschwären" (Furunkel) von langen Stunden im Sattel, Augenentzündungen vom Blick durchs Fernrohr bei Sonne und schließlich die kulturelle Andersartigkeit der Lokalbevölkerung.[379] So erscheint der Forscher der heutigen Leserin oft larmoyant und wenig heroisch. Tatsächlich war seine Klage jedoch ein wichtiger Bestandteil des wissenschaftlichen Berichts seiner Zeit. Die Wissenschaftshistoriker Lorraine Daston und Peter Galison haben erforscht, was man im Laufe der Jahrhunderte unter wissenschaftlicher Objektivität verstand. Wie Daston und Galison zeigen können, waren Techniken des Selbst ein zentraler Bestandteil der damit einhergehenden wissenschaftlichen Praktiken. Sie konstatieren auch, dass die detaillierte Beschreibung von Selbstdisziplin und Härten häufig Teil des Forschungsberichts war. Ein religiöser Unterton im Bericht des Forschenden, der die Demut, Askese und Selbstkasteiung des heroischen

Individuums betonte, zeugte davon, dass dessen möglichst objektive Beherrschung wissenschaftlicher Techniken im Wesentlichen durch Selbstkontrolle und Selbstdisziplin erreicht wurde.[380] Auch in dieser Hinsicht war van de Velde ein wahrer Protestant und ein typischer Forschungsreisender des 19. Jahrhunderts.

Ziel dieser Selbstdisziplinierung, für die Forschende nun ausgefeilte Praktiken entwickelten, war die Eliminierung von Subjektivität. Dahinter stand das wissenschaftliche Ideal der „mechanischen Objektivität", wie Daston und Galison es nennen. Um subjektive Einflüsse der Forscherpersönlichkeit auf die Ergebnisse zu verhindern, wollte man so weit wie möglich automatisierte Prozesse etablieren. Die mechanische Objektivität setzte sich damit vom älteren wissenschaftlichen Ideal der „Naturwahrheit" ab, für die der Forschende nach heutigem Verständnis fast künstlerisch ein idealtypisches Exemplar beispielsweise einer Spezies beschrieb oder zeichnete.[381] Nicht die zufällige Form interessierte dabei, sondern der Prototyp, die Pflanze, das Tier oder das Organ an sich. Man fügte die Momentaufnahmen zu einem Ganzen zusammen und zögerte nicht, Darstellungen zu korrigieren, bis diese in Übereinstimmung mit dem gedachten Ideal waren. Ganz anders die „mechanische Objektivität", die um 1860 der „Naturwahrheit" Konkurrenz zu machen begann. Forschende versuchten nun, ihre Subjektivität auszuklammern und Techniken zu entwickeln, die die Natur ‚automatisch' einfangen würden. Statt geschickte Zeichner setzte man nun vermeintlich objektive Messgeräte oder Kameras ein. Oft machten sich die Forscher geradezu zu Sklaven der Geräte, die nun dafür zuständig waren, die ‚Wahrheit' festzuhalten, wie die ersten Fotoapparate – große, schwere, empfindliche Plattenkameras, deren Handhabung und Transport kompliziert, teuer und mühselig war.[382]

Tatsächlich kann man van de Veldes gesamte Palästinareise mit ihren drei so unterschiedlichen Medien auch entlang des Wandels vom Konzept der Naturwahrheit zur mechanischen Objektivität beschreiben, den Daston und Galison um 1860 ansetzen, kurz nach Erscheinen seines Palästina-Werks. Der wesentliche Unterschied zwischen beiden besteht im Anteil von Emotion und Subjektivität des Forschenden am Produkt seiner Arbeit. Bei van de Veldes drei Medien – Text, Bild und Karte – kann man diesen Wandel von einem Medium zum andern feststellen, nicht innerhalb desselben. Das Karten-Memoir kündete von mechanischer Objektivität, indem es die Messergebnisse in Zahlenform wiedergab. Auf der objektiv erscheinenden Karte waren die kleinen textuellen Beigaben gewissermaßen Reste von Subjektivität. Mit den Bildern gelang dem Künstler die Verwandlung der überwältigenden Emotionen in ein wohltemperiertes, je nach dargestelltem Sujet schönes, pittoreskes oder erhabenes Palästina. Nur der Reisebericht durfte ohne weiteres subjektiv, emotional und wertend sein.

Die Werke Edward Robinsons, des Gründervaters der neuen biblischen Geographie, verkörperten das Paradigma des emotionslos-nüchternen Reiseberichts par excellence und zeugen davon, dass die neue Theologie nicht nur ihre Methoden verwissenschaftlichte, sondern auch den epistemischen Wandel vom Ideal der Naturwahrheit zur mechanischen Objektivität durchsetzte. Emotionalität und Subjektivität verschwanden aus den Berichten der Forschenden, wenn auch selbst bei Robinson gelegentlich emotionale Momente aufkamen.[383] So wie in der Kartographie nach der Renaissance die figurativen Monster von den Kartenrändern verschwunden waren, so verschwand die subjektive Autorenpersönlichkeit nach und nach aus den nun pseudo-objektiv gehaltenen Berichten. Die Fachleute und Wissenschaftler, die van de Veldes Reisebericht rezensierten, kritisierten genau aus diesem Grund dessen ‚Gefühlsseligkeit'. Wie die seltenen emotionalen Anflüge bei Robinson/Smith zeigen, waren natürlich auch die neuen Forscherpersönlichkeiten keine Maschinen ohne Gefühle. Sie verstanden sie nur besser aus ihren Publikationen herauszuhalten.

Theologie wurde und wird von Forschenden betrieben, deren Motivation im Glauben wurzelt. Eine stärkere persönliche Involviertheit ist kaum denkbar. Dementsprechend ist der Umgang mit Subjektivität und Emotion besser sichtbar und naheliegender als anderswo – obwohl vermutlich auch in den Natur- und Geisteswissenschaften Forschung häufig aus persönlicher Überzeugung stattfindet. Die Theologie ist hier wiederum ein Beispiel für Prozesse, die durch ihre spezielle Konstellation stärker hervortreten als in anderen Bereichen, jedoch in allen Wissenschaften ähnlich sein dürften. Van de Veldes Reisebericht war dagegen nicht nur ein wissenschaftliches Werk wie das von Robinson/Smith, sondern auch ein Erfahrungs- und Empfindungsbericht, dessen Ziel ein empathisches Mit-Erleben seiner Erfahrung durch die Leserschaft war. Im Grunde war die Direktheit, mit der er seine emotionale Beteiligung und Subjektivität ausdrückte, ehrlicher als die vorgegebene Absenz derselben. Sie macht für heutige Leserinnen und Leser die dahinterstehenden kolonial-chauvinistischen Denkungsarten transparent, die andernorts unter dem Ideal der vermeintlichen Objektivität versteckt blieben.

Kartographie als Wissensproduktion

Van de Veldes Reise fiel mitten in einen anderen Umbruchsprozess, der sich in vielen Wissenschaften bereits vollzogen hatte: Der Lehnstuhlgelehrte, der einen enzyklopädischen Überblick über alles vorhandene Wissen besaß und damit die Kompetenz, neue Erkenntnisse zentral zu sammeln, zu bewerten und von seinem Studierzimmer in den westlichen Metropolen des Wissens aus zu verbreiten, verlor schrittweise an Autorität. Wissen aus Feldforschung war nun gefragt. Die Südamerikareisen Alexander von Humboldts sind paradigmatisch für diesen Umbruch. Die neuen Entdecker-Wissenschaftler waren Experten, die die Region aus praktischer

Erfahrung kannten und deren eigenes Erleben für die Authentizität und Qualität ihres wissenschaftlichen Beitrags bürgte. Dies führte zu einem Spannungsverhältnis zwischen dem Wissen aus Feldforschung und dem Wissen der Schreibtischgelehrten. Es führte aber auch zu Konflikten zwischen den entsprechenden Forschertypen – was in van de Veldes Kommentaren über die ‚Gelehrten' greifbar wird. Die Experten der sich herausbildenden Einzeldisziplinen kritisierten dann auch van de Velde dafür, dass er nicht auf dem letzten Stand ihrer jeweiligen Zunft war, ob es nun um die Transliteration arabischer Ortsnamen, die Ortsnamen des antiken Onomastikon oder die historisch-kritischen Bibelwissenschaften ging. Allein die Tatsache, dass er kein Arabisch und vermutlich auch kein Hebräisch oder Altgriechisch beherrschte, disqualifizierte ihn in ihren Augen. Titus Tobler, der auf die Vermessungsdaten und Kartographie van de Veldes große Stücke hielt, jedoch stets kritisch blieb, beschrieb ihn als jemanden, der nicht gern in Büchern nachschlug, wichtige Sprachen nicht beherrschte und in seinen Texten zu sentimental war.[384]

Es war nur konsequent, dass van de Velde alle Angebote ablehnte, ständiger Kartograph bei Perthes zu werden. Im Professionalisierungsprozess der Wissenschaften war er längst zum Fossil geworden. Sein fächerübergreifender Blick als frommer Protestant und ausgebildeter Kartograph und Vermesser, der sich – auf hohem Niveau – auch als Landschaftsmaler und biblischer Geograph betätigte, war ein Auslaufmodell. Obwohl seine Vermessungsdaten unumstritten waren und seine Karte einhellig für ihre Schönheit gelobt wurde, wollte er nicht auf Kartographie beschränkt werden. Während der akademische Diskurs mehr und mehr Expertenkulturen ausbildete, lehnte er die Reduzierung auf ein Spezialgebiet ab. Nach der zweiten Auflage der Karte gab er die Kartographie ganz auf und widmete sich künstlerischen und humanitären Aufgaben.

In ihrem Beitrag über die Messungen der britischen Royal Engineers von 1840/41 reihte Yolande Jones 1973 van de Veldes Karte in die Abfolge moderner, triangulationsgestützter Palästinakarten ein, konstatierte jedoch fehlende Originalität:

> Van de Velde's map […] is commonly held to be the first to mark the transition from compilation to a more thorough original survey. This is a misleading concept as Van de Velde probably made use of more sources of information than any other person who compiled a map of the Holy Land. Furthermore, it never was his intention to make a ‚complete triangular survey' but ‚a survey of a more superficial character, and yet satisfactory for the present times'. […] Even so, the map which he produced was remarkable in one respect; much of it was founded on the basis of theodolite triangulations which had been carried out almost eighteen years previously. […] It is clear that the true significance of Van de Velde's map lay in the material it incorporated.[385]

Diese Einschätzung greift in wesentlichen Punkten zu kurz. Tatsächlich bot van de Veldes Karte zu einem ganz erheblichen Anteil originelles Material, wie sein Memoir zeigt. Bis zu einer vollständigen Landesvermessung, die zu dieser Zeit politisch und praktisch unmöglich war, waren sowohl Kartenkompilationen in der Studierstube als auch Vermessungen vor Ort (wenn möglich) für die Kartographie unerlässlich. Dies galt für Palästina wie für andere Regionen, die im kolonialen 19. Jahrhundert kartiert wurden. Neben der Frage, inwieweit die *Map of the Holy Land* früheres Material heranzog, ist es viel aufschlussreicher zu fragen, auf welche Art und Weise van de Velde diese Daten nutzte. Die erwähnte Triangulation von 1840/41 ist dafür ein gutes Beispiel. Obwohl die Royal Engineers technisch besser ausgestattet waren als van de Velde zehn Jahre später, waren ihre Ergebnisse mit Fehlern behaftet. Wegen Erkrankung seiner Kameraden und anderer Erschwernisse hatte Major Symonds den Theodolit oftmals allein bedient. Er verrechnete sich zudem bei den Höhen, was zu einer Debatte über die Meereshöhe des Sees Genezareth führte.[386] Auch war die Dokumentation der Messungen nicht ausreichend, um die Ergebnisse nachzuvollziehen. Zuguterletzt machte die Gruppe in Jerusalem einen kleinen, aber fatalen Fehler: Sie legten die Umrisse des Harams (Tempelbergs) falsch aus, was zu einer irrigen Darstellung von dessen westlicher Einfassung und der gesamten heutigen Altstadt führte. Deswegen befanden sowohl Edward Robinson als auch August Petermann diese Vermessung für unzuverlässig und verwarfen sie.[387] Van de Velde hatte jedoch in der Londoner Admiralität das Originalmaterial einsehen können und nutzte die Rohdaten, indem er seine Messungen mit ihren Triangulationen verband, die Fehler der Briten jedoch vermied. Dies ist exemplarisch für seine Vorgehensweise, die auf praktischer kartographischer Expertise fußte und es gestattete, auch Informationen zu verwenden, die gegebenenfalls korrigiert werden mussten. Außerdem ermöglichten seine ausgezeichneten militärischen, religiösen, wissenschaftlichen und politischen Beziehungen ihm international Zugang zu Quellen, die nicht öffentlich waren und sonst teils nie publiziert worden wären. Doch nutzte er diese nie ohne kritische Überprüfung, wahrscheinlich mit der einen erwähnten Ausnahme der Royal-Navy-Küstenvermessung unter Mansell.

Tatsächlich kann man festhalten, dass van de Veldes Karte den kompletten Wissensbestand zu Palästina seiner Zeit kritisch kompilierte, er sie vor Ort verifizierte und mit seinen eigenen Messungen und Beobachtungen ergänzte und dokumentierte, inklusive der Härten, die es mit sich brachte, eine solche Karte zu erstellen. Dagegen verkörpert Carl Ritter, der Berliner Doyen der Erdkunde, der 1859 im Alter von 80 Jahren starb, den Idealtypus des Lehnstuhlgeographen, der zwar souverän den gesamten Forschungsstand überblickte, aber nie vor Ort gewesen war. Der zwei Generationen jüngere van de Velde sammelte das verfügbare Wissen mit dem pragmatischen Auge des erfahrenen Praktikers und vereinte damit das Beste aus beiden Welten, Schreibtisch und Feld. Da er jedoch nicht in den Disziplinen ausgebildet war, die für die gerade entstehende wissenschaftliche Palästinaforschung immer wichtiger wurden, namentlich Theologie und alte Sprachen, konnte er bald mit den neuen Experten nicht mehr mithalten, von denen Robinson der bedeutendste wurde.

Konkurrenz und Reputation

Edward Robinson hatte an den besten deutschen und amerikanischen Universitäten seiner Zeit studiert und verfügte über hervorragende Kenntnisse in Theologie, alten Sprachen und biblischer Geographie. Liest man die Reiseberichte, die er über seine und Eli Smiths Forschungsreisen schrieb, so erstaunt noch heute die schiere Fülle des darin verarbeiteten Materials und die unglaublich breite Quellenbasis. Mit Eli Smith hatte Robinson einen Reisegefährten, Dragoman und Mitarbeiter gewonnen, dessen Arabischkenntnisse, Ortskenntnis und Lokalkontakte die Feldfoschung erheblich erleichterten und die Identifikation biblischer Stätten mit Hilfe einheimischer Ortsnamen erst möglich machten. Sowohl van de Velde als auch Robinson/Smith betrieben als gläubige Protestanten biblische Geographie auf Grundlage von Feldforschung, aber aus unterschiedlichen Perspektiven – der Universitätstheologe Robinson vom akademischen Standpunkt und der Militärkartograph van de Velde aus evangelikaler Sicht. Dabei waren sie Konkurrenten, die sich nicht scheuten, die Ergebnisse des anderen für ihre Zwecke zu nutzen oder zu diskreditieren. Robinsons Briefe an Smith von 1852, dem Jahr von van de Veldes und ihrer beider zweiten Reise ins Heilige Land, erzählen von Begegnungen mit van de Velde, die nicht ohne Reibung verliefen. Neben zwei dokumentierten Treffen reisten Robinson und van de Velde offenbar auf demselben Schiff zurück nach Triest, was van de Velde in seinem Bericht verschwieg. An Bord fragte er Robinson, ob er Smiths Notizen ausleihen könne, und behauptete, dass Smith dem zugestimmt habe. Robinson bedauerte später sehr, das Material weitergegeben zu haben.[388]

Van de Velde wiederum behauptete, dass Smiths Kompass in bestimmten Bereichen um drei bis vier Grad abwich, was die Qualität der auf seinen Messungen beruhenden Karten in Frage stellte. Das Duo Robinson/Smith war van de Velde auf fast allen Feldern wissenschaftlich weit überlegen, auch hinsichtlich ihrer Reputation – mit Ausnahme von van de Veldes ureigener Domäne, der Kartographie und Vermessungstechnik. Insofern konnte Kritik an den beiden nur auf diesem Gebiet stattfinden. Van de Velde zitierte sogar einen Brief, den er bei Heinrich Berghaus in Potsdam gesehen habe, der die Mängel des Instruments bestätige.[389] Die andere Seite war jedoch auch nicht untätig. So berichtete der mit der Van-de-Velde-Karte beauftragte Kupferstecher seinem Gothaer Auftraggeber von einem Überraschungsbesuch:

> Gestern hatte ich das Vergnügen, Hr. Dr. Kiepert bei mir zu sehen, und eben noch so viel Zeit, die Zeichnungen von Palästina von seinem Spührblick [!] zu bergen, wennschon es mir nicht möglich war, den Correcturabdruck auch in die Mappe zu bringen. Es that demselben sehr leid, dass ich Ihnen vorgestern die ganzen Zeichnungen zugeschickt hatte, und hat derselbe mir Hoffnung gemacht, im Laufe des Jahres mich mit einem abermaligen Besuche zu beglücken.[390]

Dies erinnert an Petermanns Bemerkung in seinem ersten Brief nach Gotha, van de Veldes Karte sei eine ‚Erneuerung' der Robinson'schen. In der Tat nutzte van de Velde so viele Informationen wie möglich für seine Karte, darunter Feldforschungsnotizen und dank Heinrich Berghaus auch andere Materialien des ungleich renommierteren Duos. Da dies auf eher unautorisierte Weise geschah – nicht ärger jedoch als Kieperts Spionagebesuch –, werden diese Quellen im Memoir nicht gesondert erwähnt, sondern es wird pauschal auf Robinsons und Smiths Publikationen verwiesen. Derselbe Brief von Petermann nennt auch den Wettbewerber: Petermann und Perthes waren mit van de Veldes Karte dem Rivalen Dietrich Reimer in Berlin voraus, der auch die *Zeitschrift für allgemeine Erdkunde* verlegte, die Konkurrenz zu Perthes' *Mittheilungen*.

Markus Kirchhoff befand in seiner Studie zur Geschichte der Palästinaforschung, dass Mitte des 19. Jahrhunderts die deutsche Leserschaft sich über kaum ein Land so detailliert informieren konnte wie über Palästina.[391] Das Thema bot offenbar gute Marktchancen und die Konkurrenz schlief nicht. Wie die Kontobücher des Verlags Justus Perthes zeigen, verkaufte sich van de Veldes Karte über die Jahre sehr gut. Doch auch ungeachtet des kaufmännischen Erfolgs gelang dem Niederländer das bis dato Unmögliche, indem er auf möglichst einfache, aber zuverlässige Mittel zurückgriff und pragmatische Entscheidungen traf: eine vollständige Karte der Region zwischen dem Libanongebirge und der Halbinsel Sinai auf Grundlage eigener Messungen und der von Dritten sowie eine Darstellung des aktuellsten geographischen Wissens seiner Zeit. Obwohl die Karte hinsichtlich der technischen Möglichkeiten und der Vollständigkeit der Messgrundlage Defizite aufwies, ist sie ein meisterhaftes Beispiel für ausgewogenen Mitteleinsatz; die größte Leistung ihres Kartographen war sein hocheffizienter Pragmatismus. Die zweite Auflage galt als beste Karte der Region bis 1880 die *Map of Western Palestine* des britischen PEF erschien. Dennoch war es Heinrich Kiepert, der Kartograph von Robinson und Smith, dessen Palästinakarten bis weit ins 20. Jahrhundert hinein zum Maß der Dinge wurden. Während der junge Kiepert erst am Anfang seiner Karriere stand, verabschiedete sich van de Velde von der Kartographie, um sich der Kunst und humanitären Aufgaben zu widmen. Seine religiöse Pflicht war mit der Fertigstellung der Karte getan. Kiepert dagegen prägte die Geschichte der Kartographie Palästinas bis weit ins 20. Jahrhundert, dieweil Edward Robinson zum Begründer der biblischen Geographie neuen Typs wurde. Van de Velde blieb in der Geschichte der Palästinaforschung eine Randfigur.

7. Fazit und Ausblick

Im disziplinenübergreifenden Blick auf das Phänomen des reisenden, vermessenden und zeichnenden Protestanten van de Velde hat sich herausgestellt, dass die Widersprüchlichkeit seines Werks in den Eigenarten der Palästinaforschung im 19. Jahrhundert begründet liegt. Diese entstand aus dem christlichen Verständnis des damaligen südlichen Syriens als zentralem Handlungsort der Bibel und interessierte sich für die Region nur als Schauplatz und Schlüssel zum Verständnis der heiligen Schrift. Selbst das militärische Interesse Großbritanniens beruhte bis in die Zeit des Mandatsgebiets auf religiöser Bindung und einer heute kurios anmutenden Vertrautheit mit dem Land aus der protestantischen *Sunday School*.[392] Auch die neue wissenschaftliche Palästinaforschung war ohne diesen religiösen Hintergrund ganz undenkbar. Dieser Urgrund der Beschäftigung mit dem Land wird bis heute gelegentlich vergessen oder unterschätzt.

Die enge Verflechtung der Palästinaforschung mit der Missions- und Kolonialgeschichte ist eine zweite wichtige Erkenntnis, die aus der Beschäftigung mit van de Velde entsteht. Zwar war Palästina kein Kolonialgebiet, doch hat Ilan Pappé Großbritannien als stellvertretendes koloniales Mutterland sowohl für die protestantische als auch für die zionistische Besiedlung des Landes vorgeschlagen, was angesichts von dessen zentraler Bedeutung für beide sinnvoll erscheint.[393] Mutmaßlich könnte man auch den Protestantismus, insbesondere angelsächsischer Prägung, als geistiges Mutterland betrachten. Damit würde koloniales Denken von nationalen Interessen entkoppelt und als generelle westliche Haltung des 19. und 20. Jahrhunderts gegenüber nicht-weißen und nicht-christlichen Kulturen sichtbar. In der Tat war der englischsprachige Evangelikalismus ein transatlantisches, nationenübergreifendes Projekt.[394] Unter den ortsansässigen protestantischen Missionaren waren mehr Amerikaner als Briten, die erheblichen Einfluss auf die Geschichte des Landes ausübten, ohne dass die USA koloniale Interessen in der Region gehabt hätten. Faszinierend ist allein beim Lesen von van de Veldes Reisebericht, wie viele westliche Akteure schon 1851 dauerhaft im Land lebten und für Forschungsreisende eine essentielle Infrastruktur boten, aber auch wesentlich zur Modernisierung und damit paradoxerweise zur Säkularisierung des Landes beitrugen (wie Abb. 4).[395]

Ebenso wenig wie die Beschäftigung mit Palästina im 19. Jahrhundert ohne religiösen Hintergrund denkbar war, kann man die westliche Erfahrung, Erforschung und Darstellung außereuropäischer Räume außerhalb kolonialer Denk- und Handlungsmuster verstehen. Van de Veldes eigene Laufbahn, die enge Verbindung seiner Biographie und der seiner Familie mit der niederländischen Kolonial- und Missionsgeschichte legen davon beredtes Zeugnis ab. Jürgen Osterhammel hat als Grundelemente kolonialistischen Denkens die Konstruktion von inferiorer ‚Andersartigkeit' des außereuropäischen Gegenübers identifiziert sowie die Überzeugung der christlichen Akteurinnen und Akteure, ihnen gegenüber eine ‚Vormundschaftspflicht' zu haben, sie ‚erziehen' und ‚kulturell heben' zu müssen.[396] Die kulturchauvinistische und belehrende Haltung, mit der van de Velde die Lokalbevölkerung sah und behandelte, ist klar solchen Denkmustern zuzuordnen.

Verschiedentlich hat man versucht, die deutsche Palästinaforschung aus dem kolonialen Kontext herauszuhalten, da Preußen und später das Deutsche Reich kaum koloniale Ambitionen in der Region gehabt habe und die deutsche Forschung eher unpolitisch-wissenschaftlich gewesen sei.[397] Diese These unterschätzt die Bedeutung von Wissenschaft als Teil der westlichen Aneignung der Welt und ist angesichts jüngerer Forschung zur Kolonial- und Missionsgeschichte kaum zu halten.[398] Die ersten preußischen Konsuln in Jerusalem waren allesamt Wissenschaftler, zumeist Orientalisten, aber auch Naturwissenschaftler.[399] Auch das spätere Verhältnis des Wilhelminischen Deutschlands zu Palästina spricht eine andere Sprache.[400] Im Gegenteil geht die Missionsgeschichte heute einen Schritt weiter und versteht die protestantische Anwesenheit in Palästina mehr und mehr auch als Geschichte der indigenen arabisch-christlichen Gemeinden.[401] Bei genauem Hinsehen wäre nämlich van de Veldes Forschungsreise ohne die Hilfe einheimischer Informanten, Guides und Gastgeber, vor allem aber seines jungen christlichen Dragomans und Kulturmittlers Philip Carabet ganz unmöglich gewesen. Dass sie alle im Reisebericht nur anekdotisch und ohne (vollen) Namen vorkommen, liegt ebenso im kolonialen Denken begründet, das Wissenschaft nur westlich geprägt wahrnehmen konnte. Tatsächlich war der einheimische Anteil an van de Veldes Forschungsleistung erheblich.

Van de Veldes Palästina-Werk ist Teil der Geschichte westlicher Wahrnehmung, Konstruktion und Aneignung außereuropäischer Räume. Vor allem die Rolle von Subjektivität und Emotionen beim Blick auf das Land der Bibel stellt sich dabei als essentiell heraus. Die Verarbeitung der Erfahrungs- und Erlebnisgeschichte des Forschungsreisenden folgte wie bereits erwähnt in jedem Medium eigenen Gesetzmäßigkeiten, was jeweils völlig andere Ergebnisse hervorbrachte. Der Reisebericht konnte emotionaler und wertender sein als die Bilder und die Karte; die ‚Linse' der ästhetischen Raumerfassung ermöglichte es van de Velde, trotz Klagen über dessen vermeintlich ‚desaströsen' Zustand ein schönes oder pittoreskes Bild des Landes zu zeichnen. Die in der Wissenschaft unerwünschte Subjektivität und emotionale Beteiligung konnte er dank seiner Begabung auf andere Art ausdrücken. Das betraf sowohl die für ihn als Protestant problematische Faszination biblischer Orte, die er künstlerisch zu fassen suchte in Motiv-Varianten (Farbabb. 26/27, 38/39), oder seine kulturchauvinistische Reaktion auf die arabische Realität des Landes, der er im Reisebericht Luft machte. Der Schritt zurück des Malers half dem erlebenden Subjekt, die notwendige emotionale Distanz herzustellen, um positive Gestimmtheit bildlich auszudrücken. Der alles bestimmende Blick der religiösen Raumauffassung wich im Bild der angenehmen, schönen oder erhabenen Landschaft. Der französische Begleittext zum Album half in dieser Hinsicht, den Unterschied zwischen dem religiösen Raum des Reiseberichts und dem ästhetischen Raum des Bilderalbums erhellen.

In den Kontext der Wissenschafts- und Wahrnehmungsgeschichte außereuropäischer Räume gehört noch eine dritte wichtige Erkenntnis, nämlich die enge Verwandtschaft des panoramatischen Blicks des Künstlers, den van de Velde interessanterweise schilderte statt malte, mit dem Blick des Landvermessers. Während für das westliche Publikum der Besuch eines Panoramas eine bereichernde und befreiende Wirkung haben konnte, weil die komplexer werdende Welt wieder überschaubar erschien, so war der Höhenblick von Vermessern und Künstlern eine Macht- und Beherrschungsgeste. Er nahm das Land im wahrsten Sinne ‚unter den Blick' für seine Konstruktion eines dezidiert westlichen Bildes der Welt. Die Panoramenbesucherinnen und Besucher waren Subjekte der westlichen Gesellschaften, die datensammelnden Europäer deren Kundschafter in der Welt.

Orientalismus und Heiliges Land

Der Kunsthistoriker Jan de Hond stellt in seiner Studie zum Orientbild in den Niederlanden fest, dass van de Veldes Album nicht ins orientalistische Repertoire passte, weil seine Landschaften ‚grüner' ausfielen als die kargen und felsigen Wüstenlandschaften, die schon als Visiotype des ‚Orients' etabliert waren.[402] Ganz grundsätzlich fehlen in van de Veldes Bildwerk viele Elemente des Orient-Bildes in der europäischen Kunst seiner Zeit, wie die visuelle Opulenz und das Ornamentale, die als Inbegriff ‚orientalischer' Architektur, Kunst und Kultur galten. Vor allem fehlt bei van de Velde jede Spur von Erotik, die in den biblischen Darstellungen und Heilig-Land-Bildern seiner künstlerischen Zeitgenossen oft genug vorkam.[403] Ob dies seiner protestantischen Frömmigkeit oder fehlendem Interesse an weiblichen Körpern geschuldet war, muss Spekulation bleiben. Im Vergleich mit ähnlichen Darstellungen fällt das völlige Fehlen weiblicher Figuren auf. Das letzte Bild des Albums zeigt eine Person mit Wasserkrug auf dem Kopf, jedoch ohne als weiblich identifizierbare Attribute.[404] Auch sein Reisebericht erwähnt kaum je eine weibliche

Person, obwohl in der Missionsarbeit Frauen eine große Rolle spielten und van de Velde bei seinen zahlreichen Missionskontakten sicher auch Akteurinnen der Mission kennenlernte.[405] Seine Reise ins Heilige Land war weiß, männlich und westlich.

Die Tatsache, dass van de Velde alles Hässliche und Unangenehme ausklammerte, weder Armut noch Unrat zeichnete, dazu weder Innenräume noch Porträts sowie Menschen nur als typisierte Figuren, wurde bereits diskutiert und liegt vor allem an der spezifischen Distanz zum Gegenstand, die es möglich machte, diese ihm negativ scheinenden Facetten auszublenden. Typisch ‚orientalische' Szenerien gab es auf seiner Reise durchaus, wie man gesehen hat. Doch entschied er sich, sie lieber in leuchtenden Worten zu schildern statt zu malen. Die Begegnung mit Scheich Hamed Beg, dessen Reflexions- und Bildungsgrad van de Veldes stereotype Wahrnehmung der Einheimischen unterlief, malte er als „Studie morgenländischen Lebens" in den prächtigsten Farben – aber eben nur mit Worten. Das von ihm selbst so bezeichnete ‚Gemälde' wurde kein Teil seines Palästina-Albums, weil es nicht zu dem Bild des Heiligen Landes passte, das er verbreiten wollte. Da die arabisch-muslimische Bevölkerung, um die es sich hier handelte, für ihn nicht die ‚rechtmäßige' Einwohnerschaft war, blieb sie bis auf kleine Statistenrollen aus seinem künstlerischen Palästinabild ausgeschlossen. Denn solche Szenen mochten zwar pittoresk wirken, waren für ihn jedoch Teil der ungeliebten ‚orientalischen' Seite des Heiligen Landes, die er schon auf der Überfahrt kennengelernt hatte:

> Lamartine mag solch ein Schauspiel und solch ein Farbengemisch poetisch nennen, mir ist dieser unfläthige Menschenknäuel abstossend und ekelhaft. Ich sage mit Absicht unfläthig.[406]

Van de Velde war kein Maler biblischer Szenen, er war ein europäischer Landschaftsmaler. In seinem Bild des Heiligen Landes spiegeln sich europäische Landschaftstraditionen, mit grasenden Kühen vor regional untypisch zahlreichen Gewässern, sehr niederländisch anmutenden Wolken auf fast jedem Bild und alpinen Berglandschaften.[407] Van de Velde reiste in die Levante und fand dort europäische Imaginationen, sein eigenes westliches Landschaftsbild. So ging es auch zahlreichen anderen Reisenden, die auf der Suche nach dem Land der Bibel ihre europäischen Bilder im Kopf mitbrachten, vor Ort suchten und mitunter auch fanden, wie den Garten Gethsemane, in dem selbst einem nüchternen Protestanten und Wissenschaftler wie Edward Robinson stille Besinnung und Einkehr inmitten der überbordenden Sinnesreize des Landes möglich war. Dass die Fremdheit und Andersartigkeit des realen Landes nicht zu diesem vorgefassten Bild der biblischen Landschaften passte, sorgte bei vielen Reisenden für Irritationen – und tut es bis heute.

Ausblick: Was bleibt von C.W.M. van de Velde?

Wie bereits festgestellt, hatte die Dominanz des Libanon im Bildwerk vor allem ästhetische Gründe. Seine gebirgige Landschaft erinnerte van de Velde an die Alpen, für ihn eine idealschöne Landschaft. Der überraschende Stellenwert des Libanons zeigt aber auch, dass das Heilige Land und sogar der Begriff ‚Israel' Mitte des 19. Jahrhunderts noch so wenig kodifiziert und geographisch eingegrenzt waren, dass man ohne Probleme ein Album verkaufen konnte, das *Pays d'Israël* hieß und zur Hälfte den Libanon zeigte. Markus Kirchhoff hat aufzeigen können, dass die umfassende westliche Beschäftigung mit der Region, die Schaffung und Fixierung eines definierten Wissensbestands, von Landesbeschreibungen über Bilder und Karten, das Palästina erst erschaffen haben, das mit der Ausrufung des britischen Mandatsgebiets 1917/18 als Territorium Wirklichkeit wurde.[408] So wurde auch van de Veldes Darstellung des Landes Teil unserer Sicht auf die Region und prägt sie bis heute.

Jenseits ästhetischer Überlegungen war der Libanon auch in der biblischen Geographie nicht ohne Bedeutung. Zwar spricht die Bibel vom Heiligen Land als „von Dan nach Beerscheba" reichend,[409] das Gebiet der zwölf jüdischen Stämme reichte jedoch im Norden bis zum Fluss Leontes (heute Litani), so dass der südliche Libanon gelegentlich als „nördliches Galiläa" firmierte. Die Frage der Nordgrenze Galiläas wurde im 19. Jahrhundert unter biblischen Geographen viel diskutiert. Eine zentrale Rolle spielte dabei der Leontes als natürliche Grenze – ein Fluss, der in van de Veldes Album vor allem seiner malerischen Wildheit wegen mehrfach auftaucht (Farbabb. 14, 15).[410] Tatsächlich wurden in dieser Zeit wesentliche Weichen gestellt zur Festlegung der Grenzen, die Wirkung bis in die Gegenwart entfalteten. Bei den Pariser Friedensverhandlungen nach dem Ersten Weltkrieg schlugen Chaim Weizmann und David Ben-Gurion 1919 den Litani als Nordgrenze des Mandatsgebiets vor. Bis heute gilt im israelischen Sicherheitskonzept ein Überschreiten des Litanis durch Truppen arabischer Länder als unmittelbare Bedrohung, die eine militärische Reaktion erfordert. Geostrategisch ist auch der Wasserreichtum des Flusses von Bedeutung.[411] So wurden durch die Narrative des 19. Jahrhunderts Fakten geschaffen, die heute noch enorm relevant sind. Letztlich erscheint es erst aus heutiger Perspektive ungewöhnlich, dass van de Veldes Heiliges Land sich wie selbstverständlich bis in den Libanon erstreckte. Allein an seiner kreuz und quer das Land durchmessenden Reiseroute wird deutlich, wie massiv die heutigen Grenzen unser Blickfeld und unsere Wahrnehmung bestimmen: Van de Velde zog einfach von Galiläa weiter nach Norden. Heute ist das aufgrund fehlender ziviler Grenzübergänge zwischen Israel und dem Libanon oder Syrien unmöglich.

Was bleibt von den drei Medien, in denen van de Velde seine Palästinareise festhielt? Sie haben vor allem Bestand als wertvolle historische Dokumentation des Zustands der Region Mitte des 19. Jahrhunderts.[412] Die Karte gilt als Meilenstein der Kartographiegeschichte der Region, der Reisebericht gibt Auskunft über die Perspektiven und Praktiken seiner Zeit und seines Autors. Allein die Bilder üben immer noch eine starke Anziehungskraft aus, weil das westlich-christliche Bild, das wir bis heute vom Heiligen Land haben, begründet wurde von Künstlerinnen und Künstlern wie Charles William Meredith van de Velde. Das wieder ins Bewusstsein zu rücken, ist auch ein Anliegen dieses Buches.

Anmerkungen

Anmerkung zum Vorwort

1 https://www.odb.bibelwissenschaft.de (18.06.2020).

Anmerkungen zur Einführung

2 Heiliges Land wird aus pragmatischen Gründen durchweg ohne Anführungszeichen gebraucht.
3 Halbwachs, La Topographie légendaire.
4 Lyell, Principles of Geology.
5 Hobsbawm/Ranger, The Invention of Tradition.
6 Kirchhoff, Text zu Land, S. 132f.
7 Latour/Woolgar, Laboratory Life; Kuhn, The Structure of Scientific Revolutions.
8 Krämer, Geschichte Palästinas, S. 53–56.
9 Ben-Arieh, The Rediscovery.
10 Ebd., S. 162.
11 Van de Velde, Memoir, S. 1.
12 Kirchhoff, Text zu Land, S. 158.
13 Van de Velde, Reis; ders.: Narrative; ders.: Reise. Die Bände der deutschen Ausgabe werden im Folgenden zitiert als Reise I und Reise II.
14 Van de Velde, Pays d'Israël.
15 Van de Velde, Karte von Palästina; ders.: C. W. M. Van de Velde's letzte Reise.
16 Stolz, Louis Appia und Charles van de Velde.
17 Van de Velde, Kaart van de Eilanden beoosten Java; ders.: Kaart van het Eiland Java.
18 Die Karte findet sich online z.B. unter http://imagebase.ubvu.vu.nl/cdm/ref/collection/krt/id/1279 (04.02.2020).
19 Ben-Arieh, The Rediscovery, S. 147; Conder/Kitchener: Map of Western Palestine.
20 N.N., Obituary.
21 Van de Velde, Reise I, S. 118, 152; II 316 und passim.
22 Reise I, S. 67, 114, 209, 218f., 269f., 293, 319 (Schmutz und Dreck); I, 300 (Gier, Lärm, ‚Abscheulichkeit').
23 Reise I, S. 317: „Ihr eigen Gewissen sagt ihnen: ‚Das Land, das ihr bewohnt, ist euer eigen nicht. Eure Väter haben es als Räuber und Plünderer weggenommen.' Gott hat es ihnen zugelassen, sofern es dazu diente, seine eigenen Absichten zu erfüllen; aber die Zeit wird gewiss kommen, wo er an ihnen die Ungerechtigkeit ihrer Väter heimsuchen und sie austreiben wird vor seinem Angesicht, um das Land denen wiederzugeben, denen er es verliehen hatte."
24 Reise II, S. 104: „Denke Dir, dass bekehrte jüdische Colonisten sich hier einst ruhig ansiedeln

könnten! Was kann man sich erwünschter vorstellen? Aber ach, der wüste Muselmann und der raubsüchtige Beduine machen solche Ansiedelung noch unmöglich."

25 Tuchman, Bible and Sword, Kap. XI; Kirchhoff, Text zu Land, S. 79–85; Naili, The Millenarist Settlement in Artas.

26 32 von 100 Lithographien zeigen Gewässer, 21 davon Flüsse oder Bäche, eine überproportional hohe Zahl angesichts des ariden Klimas der Region.

27 Van de Velde, Memoir.

28 Reise I, S. 66f.

29 Dazu Kap. 3 sowie Abb. 5 und 8.

Anmerkungen zu Kap. 1

30 Gemeentebestuur van Leeuwarden 1811–1914, geboorteregister 1818, registratienr. 3367, aktenr. 265, suppl. nr. 1–13. Sein Taufname lautet Charles William Meredith, nicht Carel Willem Meredith, wie mancherorts genannt. Auch wird der Geburtstag gelegentlich fälschlich als 03.12. angegeben. Abbildung des Eintrags im Geburtsregister in Faehndrich, The Land and the Map, S. 59.

31 Eekhoff, Friesland in 1815, S. 50f.

32 Klaassen, Adelborstenopleiding, S. 79 (Charles William Meredith), 101 (François Hendrik Willem).

33 Nationaal Archief Den Haag, Stamboeken Marine, toegangsnr. 2.12.14, inventarisnr. 28.

34 Van de Velde, Kaart van de Eilanden beoosten Java; ders.: Kaart van het Eiland Java, s. Netscher, Répertoire des cartes, Nr. 186.

35 Mit Dank an Yvette Hoitink für Hilfe bei der Entzifferung und Übersetzung der Marineakte.

36 Reenders, Alternatieve zending, Anm. 70, S. 141.

37 Jeannette van de Velde heiratete 1847 J. van Coppenaal in Buitenzorg, Heiratsanzeige im Bestand Familieadvertenties des Centrum voor familiegeschiedenis, https://www.wiewaswie.nl/en/detail/38586976; ihr Ehemann starb 1850, Familienanzeige ebd., https://www.wiewaswie.nl/en/detail/38586988 (14.01.2020). Von 1852 bis 1859 lebte die Witwe mit ihren zwei Töchtern in Haarlem, zeitweilig mit van de Velde zusammen; Noord-Hollands Archief Haarlem, bevolkingsregister Haarlem 1849–1859, toegangsnr. 2295, Gemeentebestuur van Haarlem, inventarisnr. 2659, Bl. 150 (Zuzug von Paris 27.03.1852); dass., inventarisnr. 2665, Bl. 9 (Wegzug in die Schweiz 15.05.1859). Die Familie wird als „w[aalsch] herv[ormd]" (französisch-reformiert) bezeichnet. Mit Dank an Robert van Vuuren, Noord-Hollands Archief. Zur Militärkarriere des Bruders Klaassen, Adelborstenopleiding, S. 101.

38 Van de Velde, Gezigten, Voorrede, erste ungez. Seite. D'Urville ankerte neben der *Triton*, auf der van de Velde Dienst tat; Dumont d'Urville, Voyage au pole sud et dans l'Océanie 5 (1843), S. 258.

39 Bastin/Brommer, Nineteenth Century Prints, S. 24.

40 Van de Velde, Gezigten. Lithograph war der Belgier Paul Lauters. Publikationsgeschichte bei Bastin/Brommer, Nineteenth Century Prints, S. 23, mit Nachweis der Erscheinungsjahre. Das Manuskript samt Zeichnungen und Aquarellen sowie van de Veldes handschriftlichen Anweisungen für den Lithographen liegt im Archiv des Amsterdamer Scheepvaartmuseum unter Signatur Hs 1359 / NII [volgnr. 00703]), die Bilder unter S.2931(03) 01–39.

41 Van de Velde, Vues; s. Bastin/Brommer, Nineteenth Century Prints, S. 23.

42 Brown, The Territories of Indonesia, S. 52.

43 Bosma/Raben, Being „Dutch" in the Indies.

44 Klaassen, Adelborstenopleiding, S. 101.

45 Fotocollectie Veenhuijzen, Centrum voor familiegeschiedenis, https://cbgverzamelingen.nl (14.01.2020).
46 Eintrag im Militärregister, Noord-Hollands Archief Haarlem, Militie–Lotingsregisters, Bloemendaal, archief 23, inventarisnr. 218, 1902; via https://www.wiewaswie.nl/en/detail/47398457 (14.01.2020).
47 N.N.: Mishandeling.
48 Burgerlijke Stand Harlingen, Tresoar, deel 3101, overlijdensregister 1964, archiefnr. 30–15, inventarisnr. 3101, aktenr. 0062; via https://allefriezen.nl (14.01.2020).
49 Zwischen September 1861 und Juni 1865 (dem Ende des Briefwechsels) hielt er sich immer wieder bei Dunant auf; Charles William Meredith van de Velde an Verlag Justus Perthes [ca. 1855–1865]; Universitäts- und Forschungsbibliothek Gotha, Sammlung Perthes Archiv, SPA MFV 009. Der Briefwechsel wird im Folgenden kurz mit Briefdaten und Signatur der einzelnen Bögen angegeben.
50 Die Wohnorte lassen sich ebenso dem Briefwechsel mit dem Verlag entnehmen.
51 Familieadvertenties van de Velde (periode tot 1970), signatuur: 110 pg./fiche 7121-7122, deelbibliotheek: Gescande Familieadvertenties tot 1970, Bl. 0034; via https://cbgverzamelingen.nl (14.02.2020).
52 Apartmenthotel Le Malte, 3 Rue de la République, 06500 Menton; buchbar über Portale wie booking.com.
53 Butticaz, Van de Velde. Obwohl offenbar mit Informationen aus der Familie verfasst, enthält dieser Artikel viele Fehlinformationen, wie angeblich lebenslange Zugehörigkeit zur Marine.
54 Dokumentation des Grabsteins in einer Friedhofsdatenbank, https://de.geneanet.org/friedhof/collection/13209-cimetiere-des-champs-bruley (30.01.2020). Beide starben 1927.
55 Reenders, Alternatieve zending, Anm. 70, S. 141, mit Verweis auf Baud/Rochussen: De semi-officiële en particuliere briefwisseling 2, Brief R73, Rochussen an Baud, Buitenzorg 29.11.1847, S. 314f.: „Van de Velde, die om geplaatst te worden zoo veel moois had beloofd voor het Statistiek, doch die eigenlijk niets goed heeft gedaan dan eenige kaarten teekenen […] verlaat de Algem[ene]. Secretarie in Java, onder den vorm van een verlof buiten bezwaar der Schatkist. Die vorm is verkozen om éclat te vermijden, zijnde de oorzaak gelegen in een crimineel chit-chat. Hij gaat eene pelgrimsreis maken naar het Heilige Land tot boete." („Van de Velde, der um eingestellt zu werden soviel Gutes für die Statistik versprochen hatte, jedoch nicht wirklich viel tat außer ein paar Karten zu zeichnen[,…] verlässt das Allg[emeine]. Sekretariat und Java, per Beurlaubung ohne Einspruch des Finanzministeriums. Diese Form wurde gewählt um einen Eklat zu vermeiden, da die Ursache ein sträfliches Gerede ist. Zur Buße wird er ins Heilige Land pilgern.") – Eigene Übersetzung. Baud war von 1833 bis 1836 Gouverneur der Kolonie Niederländisch-Ostindien und Minister für die Kolonien bis 1848; Jan Jacob Rochussen war sein Nachfolger als Gouverneur und von 1845 bis 1851 im Amt. Der niederländische Kirchenhistoriker Hommo Reenders war es, der van de Veldes „homofiele geaardheit" (homosexuelle Neigung) zuerst thematisierte, die offenbar hinter diesem ‚Eklat' steckte. Die zeitgenössische Quelle, die van de Velde als homosexuell bezeichnet, ist Isaak Esser (1818–1885), einflussreicher *Réveil*-Mann, Missionar und niederländischer Kolonialbeamter. In seiner Autobiographie schildert er, dass van de Velde „die Sünde ohne Namen" („de Zonde die geen naam hoeft") mit seinem Schwager begangen und dies einem Prediger van Rhyn gebeichtet habe, der Rochussen davon berichtete. Schon bei der Marine habe van de Velde einen entsprechenden Ruf gehabt („De heer v.d.V [!] was bekwaam aardrijkskundige doch had de reputatie bij de Marine, van zekere zonde."); Autobiografie van I[saac]. Esser, Historisch Documentatiecentrum voor het Nederlands Protestantisme, Vrije Universiteit Amsterdam, collectie 089, familiepapieren Esser, nr. 53, S. 70f. Mit Dank an Lucelle Pardoe für Hilfe bei Transkription und Übersetzung.

56 Van de Velde, *Dennen in heuvelachtig terrein*, 1835; Sammlung Schotel Vreedenburgh Welcker im Bestand der Universitätsbibliothek Leiden; digital unter http://hdl.handle.net/1887.1/item:1549050 (30.01.2020); s. Rombach, C.W.M. van de Velde (1818–1898), S. 108. Schotel war an der Marineakademie van de Veldes Lehrer gewesen.
57 N.N.: Ontvangst von Gelden (874 Niederländische Gulden für „Evangelie arbeid in Palestina").
58 Rombach, Varia, S. 162: „Het geldt aquarellen, denkelijk zonder groote kunstwaarde, die gediend hebben voor die platen van het werk ‚le Pays d'israel' en waaruit de Heer v.D.V [!] andermaal geld tracht te slaan […]".
59 S. die Liste von Originalen in Sammlungen im Anhang.
60 Ein Konvolut von 48 Korsika-Aquarellen aus dem Nachlass von Valentine Piccioni-Eiffel, Tochter von Gustave Eiffel, wurde im Februar 2017 in Paris für Preise zwischen 3500 und 9000 EUR pro Blatt versteigert; Artcurial, Maîtres anciens. Ein weiteres Korsika-Aquarell befindet sich im Bestand des Rijksmuseums, http://hdl.handle.net/10934/RM0001.COLLECT.294902 (30.01.2020).
61 Heldrings zentrale Rolle entdeckte wiederum Reenders, Het Réveil, S. 57. In Heldring, Brieven uit Palestina, schilderte Heldring, wie er 1850 van de Velde, der zur Wiederherstellung seiner Gesundheit aufs Land gezogen sei, kennengelernt und ihm nachdrücklich die Geographie und Kartographie Palästinas nahegelegt habe.
62 Lieburg, Het Rode Kruis, S. 145f.
63 Wolffe, The Evangelical Alliance.
64 Moscrop, Measuring Jerusalem, S. 31–37.
65 Zur Geschichte des Syrian Asylum Committees Moscrop, Measuring Jerusalem, S. 48–51. Laut Moscrop fand in Großbritannien bei der philanthropischen Arbeit zu Palästina in den 1860er Jahre eine Verschiebung von missionarischer zu humanitärer Arbeit statt, was mit van de Veldes eigenem Wandel übereinstimmt.
66 Stolz, Louis Appia und Charles van de Velde.
67 Buk-Swienty, Schlachtbank Düppel, S. 80–82. Die Briefe befinden sich im Archiv des Roten Kreuzes in Genf (ICRC Archives, A AF B copies de lettres, Bd. 1, 1864). Herzlichen Dank an Tom Buk-Swienty für die Zurverfügungstellung dieser Briefe.
68 Buk-Swienty, Schlachtbank Düppel, S. 73 (Ohnmacht), 83 (dänische Reaktion), 71 (Einmanndelegation).
69 Van de Velde, De Nederlandsche ambulance, S. 69–72 (Danksagungen preußischer Stabsärzte).
70 Stammbucheintrag Marine s. Anm. 33; Todesanzeige Anm. 51.
71 Heldring, Brieven uit Palestina.
72 Willink, The Fateful Journey; nach Gladstone, Travels of Alexine. Reenders, Het Réveil, S. 70, Anm. 26 fiel auf, dass van de Velde diese Reise nie erwähnte. De Hond, Verlangen naar het Oosten, S. 372, Anm. 8 führt dies darauf zurück, dass es keine Forschungsreise war. Die von Gladstone angeführte Quelle prüfte offenbar keiner der Genannten.
73 Dazu ausführlich Kap. 4.
74 Gladstone, Travels of Alexine, verweist S. 234, Anm. 1 auf „Journal of Harriet Tinne, 20th April 1856–31st Dec 1856". Darin wird van de Velde jedoch nicht erwähnt. Lediglich zwei Niederländer als Reisebegleitung auf einer Nilfahrt werden genannt, einer davon ein Herr „van der Vliet, d'Amsterdam". Möglicherweise liegt hier ein Lesefehler vor (Nationaal Archief Den Haag, Collectie 066 De Constant Rebecque, (1925–1966), 1802–1941, nr. toegang 2.21.008.01, inventarisnr. 241). Das Findbuch beschreibt das Konvolut als Briefe Alexine Tinnes (in Abschrift), es handelt sich jedoch richtig um Briefe der Mutter Harriet (http://www.gahetna.nl/archievenoverzicht/pdf/NL-HaNA_2.21.008.01.ead.pdf, 30.01.2020). Brief 4, datiert Kairo, April 1856: „Ensuite, j'ai cédé au desir [!] d'Alexine de monter le Nil – il y avait une bonne occasion d'aller avec deux

MM. Hollandais et nous avons fait partir ensemble. Au dernier moment un de ces Messieurs a été retenu par le Vice-Roi, mais l'autre, M. Van der Vliet, d'Amsterdam, a été avec nous et comme il est membre du Yacht-Club et Amateur ainsi que connaisseur de tout ce qui regarde ces choses-là, – il m'a imprisé un courage et une confiance que je n'aurais pas eûs sans lui." Dieser Nilfahrt schloss sich die Reise nach Palästina und Syrien an, die erst im Dezember 1856 endete. Mit Dank an Lena Schmidt für die Transkription der französischen Briefabschriften.

75 Butticaz, Van de Velde, behauptet u.a., die Mutter sei Französin gewesen, der mütterliche Großvater in Waterloo gefallen; van de Velde sei 1840–1842 Direktor des hydrographischen Büros in Buitenzorg gewesen; im übrigen sei er zeitlebens Mitglied der Marine gewesen. Er sei schon 1848 nach Palästina gereist, dann 1851/52 erneut zu Messungen. All diese Informationen stimmen nachweislich nicht. Im Deutsch-Dänischen Krieg habe er eine Ambulanz für Verwundete geleitet – dies tat er tatsächlich erst im Deutsch-Französischen Krieg von 1870/71.

76 Rombach, Two Great Figures (1962); ders., Charles W. M. van de Velde and Henry Dunant (1977); ders., Charles William Meredith van de Velde (1987); schließlich umfassend ders., C.W.M. van de Velde (1818–1898), tekenaar, reiziger enz. (1980).

77 Rombach, C.W.M. van de Velde (1818–1898), S. 120. Nach freundlicher Auskunft von Alice van der Weil, Collectiebeheer Westfries Museum (Email vom 02.06.2020), ist selbst in Archivbeständen des Museums zu nicht realisierten Ausstellungen kein Nachweis zu dieser geplanten Ausstellung zu finden.

78 Rombach, De vornaamste bronnen.

79 De Loos-Haxmann, Verlaat rapport Indië; Bastin/Brommer, Nineteenth Century Prints.

80 De Vries, De Kaart van Palestina, S. 22–24.

81 Ben-Arieh, The Rediscovery, S. 147–153, mit Abbildungen aus dem Album.

82 Reenders, Alternatieve zending; ders., Het Réveil; s. Kap. 1, Anm. 26.

83 De Hond, Verlangen naar het Oosten, S. 49–60.

84 So Nr. 74, das als Titelbild des Albums fungierte; Farbabb. 1.

85 De Hond, Verlangen haar het Oosten, S. 55–57.

86 http://www.aa.tufs.ac.jp/paleb2014/eng/exhibition.html (12.06.2020).

87 Goren/Faehndrich/Schelhaas, Mapping the Holy Land.

Anmerkungen zu Kap. 2

88 Reise I, S. 6.

89 Ritter, Erdkunde; Robinson/Smith, Biblical Researches; Kitto, Palestine; Bonar, Narrative – beteiligt waren an letzterem neben Bonar Alexander Keith, Robert Murray McCheyne und Alexander Black. Alle gehörten der Free Church of Scotland an und waren Verfechter der Judenmission, das Werk ist ihr Bericht für deren Board of Mission.

90 Reise I, S. 4 (Material, Literatur, Ausrüstung, Instrumente) und S. 44 (Pferde, Führer). Van de Velde, Memoir, S. 3 beschreibt das Instrumentarium genauer: „The ‚boussole d'arpentage' with two levels, cross-threaded plunging telescope and vertical semicercle with nonius, seemed to me the instrument best adapted for my purpose [...]. The value of my instrument laid [...] in its simplicity combined with sufficient accuracy. Its compass, of about 7 inches diameter, was divided into half degrees, and even quarter-degrees could be observed with it easily [...]." Später demontierte er den vertikalen Halbkreis, da vertikale Winkelmessungen ihm wenig sinnvoll schienen und er das Gerät so besser verstauen konnte, ebd. S. 4. Abbildung eines ähnlichen Geräts in Fischer u.a., T'es où?, S. 19.

91 Zu vergleichbaren Afrikareisen Essner, Deutsche Afrikareisende.

92 Reise I, S. 3 (Fahrkarte), 117 (Einbruch). Ebd. S. 64: „Ist's nicht merkwürdig, wie mir Alles zugetragen wird, was ich zu meinem Werk nöthig habe." Reise II, S. 54–56: Als Geld für eine Eskorte ans Tote Meer fehlte, trafen Briefe mit Geld von Freunden aus Europa ein, erzählt als dramatische Rettung in letzter Minute.

93 Ben-Arieh, The Rediscovery.

94 Man denke an den Obelisken auf der Place de la Concorde in Paris. Markus Kirchhoff sieht in der Palästinabegeisterung eine Parallele zur europäischen Griechenlandbegeisterung, Kirchhoff: Text zu Land, S. 39–51.

95 Zur deutschen Orientalistik Mangold, Eine „weltbürgerliche Wissenschaft".

96 Seetzen wurde vermutlich in der Nähe des jemenitischen Sanaa ermordet, Burckhardt starb in Kairo an der Ruhr. Zu Niebuhr Goren, „Zieht hin", S. 30–36, zu Burckhardt und Seetzen ebd. S. 36–55 sowie Piller u.a., Scheich Ibrahim.

97 Kirchhoff, Text zu Land, S. 230–255.

98 Krämer, Geschichte Palästinas, S. 82–89.

99 Vizekonsul 1842, als Jerusalem noch Dependance des Beiruter Konsulats war, 1845 Konsul in Jerusalem; Goren, „Zieht hin", S. 179f.

100 Zur London Jews Society (LJS) Perry, Juden-Mission.

101 Goren, Edward Robinson, Eli Smith and the Cartography of Berghaus and Kiepert. Gorens jüngste Studie zu Robinson und Smith wertet bisher unerschlossene Quellen aus: Goren, ‚The loss of a minute'.

102 Krämer, Geschichte Palästinas, S. 108.

103 Der erste Palästina- und Syrien-Reiseführer der populären Reihe *Murray's Handbooks for Travellers* erschien 1858, geschrieben von Josias Leslie Porter, einem irischen Missionar, dessen Material van de Velde für seine Karte nutzte. Zur ersten Cook-Reise von Ägypten nach Jerusalem 1869 Köhlerschmidt, Alexandrine Tinne, S. 5.

104 Comment, Panorama, S. 132.

105 Lewy, Jerusalem unter der Haut, S. 38. Edwards Söhne, darunter der spätere George V., ließen sich 1882 in Jerusalem beim selben Tätowierer stechen, ebd. Zur Ikonographie grundlegend Wheatley-Irving, Holy Land Photographs. Die Fotografien sind online zu finden unter https://www.rct.uk/collection/themes/exhibitions/cairo-to-constantinople/the-queens-gallery-buckingham-palace (27.02.2020).

106 Reise I, S. 263: „Wie sehr bedarf man in diesem Lande eines brüderlichen Reisegefährten. Man muss so viel Geduld üben, so viel Entbehrungen ertragen, soviel Mühseligkeiten aushalten, und nirgends findet man einen, der uns versteht, der ein gutes Wort für uns hat, wodurch die müde Seele erquickt wird. Im Gegentheil, immer ist man umringt von Menschen, die mit Augen von Unkunde oder Fanatismus geblendet, uns misstrauisch oder feindlich ansehen; oder von anderen, die tiefer gesunken, nur bedacht sind, wie sie uns am besten berauben und plündern können. Die eigenen Leute des Reisenden, seine Bedienten, Führer, Dolmetscher oder Mauleseltreiber, sind alle mit sehr seltenen Ausnahmen sich selbst am meisten zu Dienst, mehr als dem Reisenden, und immer auf seine Kosten."

107 Möller, Situationen des Fremden.

108 Lindner, Negotiating the Field; Zeuge-Buberl, Die Mission. Lindner listet im Anhang (S. 271–279) die aktiven Missionare und Missionshelferinnen, ihre Familien sowie einheimische Konvertiten, Sympathisanten, Schülerinnen und Schüler sowie sonstige Akteure auf. Darin finden sich nahezu alle lokalen Missionskontakte van de Veldes.

109 Heute in lateinischer Transliteration Sidon, Tyre/Tyros, Tebnine, Aabey, Hasbaiyya. Die letzteren beiden verewigte van de Velde im Bilderalbum, Farbabb. 3 und 11.

110 Van de Velde, Reise I, S. 114f.
111 Reise I, S. 140.
112 Reise I, S. 124f. Heute in lateinischer Transliteration Chemlan oder Shimlan; 25km südöstlich von Beirut.
113 Reise I, S. 45f.: „Die Empfehlungsbriefe der amerikanischen Brüder zu *Smyrna* hatten ihre Collegen in Beirut mit dem Zweck meiner Reise in's H. Land bekannt gemacht. Diese legten meiner Unternehmung grosse Wichtigkeit bei; besonders Herr Eli Smith bewies das durch Mittheilung einiger Reisenotizen, die von ihm selbst und von andern Reisenden herrührten, und durch viele nützliche Rathschläge über die Art, wie ich am besten meine Reise einzurichten habe."
114 Zunächst heuerte er einen einheimischen Schreiber des Beiruter amerikanischen Konsulats namens Nicola Amiumey als Dragoman an, Reise I, S. 54. In Hâsbeiya half ihm John Wortabet ein Haus anzumieten, I, S. 92. Nach einem Einbruch in dieses Haus war er vorübergehend mittellos und musste Amiumey entlassen, I, S. 120, wurde aber von Familie Thomson aufgenommen. Schließlich fand er den 15-jährigen Philip aus Shemlân, wo Missionare eine Seidenfabrik unterhielten; I, S. 124f. Thomson vermittelte ihm zahlreiche Lokalkontakte, so auch Tamer Beg, I, S. 130–132. Von Thomson lernte er eine Technik, um Geoinformationen von Einheimischen zu erfragen, I, S. 134. Zu Wortabet Lindner, Negotiating the Field, S. 1–2, 272. Amiumey findet sich bei Lindner nicht, konnte jedoch auch anders nicht identifiziert werden; möglicherweise verschrieb van de Velde seinen Namen.
115 James Black, Beirut, an van de Velde c/o Justus Perthes, 04.03.1859, SPA MFV 009, Bl. 211r.: „your quondam dragoman Philip Carabet." Van de Velde ließ Philip durch Black, einen mit der amerikanischen Mission assoziierten Händler, nach dem Erscheinen ein fertiges Exemplar seiner Karte zukommen, ebd.
116 Sein Grab, das seines Vaters und seiner Schwestern findet sich auf dem Anglo American Cemetery Beirut, https://de.findagrave.com/memorial/161041356/philip-jean-carabet (28.02.2020), dort auch die Lebensdaten (lt. Gedenktafel umgebettet vom vormaligen Mission Cemetery Beirut).
117 Lindner, Negotiating the Field, S. 228–237.
118 Ebd., S. 1 und passim (Adoption durch Whitings ebd. S. 230, Carabet-Kinder „Students in Whitings Family School", S. 276). Womöglich fehlt Philip, weil Lindner auf Frauen und Mädchen fokussiert. Der Vater Dionysius Carabet (armenisch Garabedian) war wie der Armenier John Wortabet (1825–1908) zunächst Sprachmittler der amerikanischen Mission und konvertierte später; s. Yetkiner, After Merchants, S. 17, sowie Hauser, German Religious Women, S. 109–112 über die Familie Carabet (hier Kārābat) und S. 205, Anm. 16 über John Wortabet. Whiting hatte auch Robinson und Smith 1838 geholfen; s. Goren, Edward Robinson, Eli Smith and the Cartography of Berghaus and Kiepert, S. 13.
119 Der deutsche Reisebericht schreibt ‚Beit-Dschebrîn', Reise II, S. 160, das Bilderalbum ‚Beit-Jebrîn' (Farbabb. 31), den Schreibweisen der Ortsnamen je nach Sprache folgend.
120 Reise II, S. 325, 327. Klein war von der protestantischen Church Missionary Society (CMS) nach Palästina entsendet, die bei christlichen Arabern anderer Konfessionen missionierte; Goren, „Zieht hin", S. 212f. Eine Ansicht von Nazareth zeigt Farbabb. 36.
121 Krankheit und Genesung: Reise II, S. 401–404.
122 Reise II, S. 159: „die täglichen Reisezüge werden auf die Dauer so ermüdend, dass ich herzlich froh bin, wenn ich nur jeden Abend auf meiner Reisedecke in meinem Zelt sitzend mein Journal aus den Notizen, die ich während des Tages auf dem Pferde in mein Taschenbuch eingetragen habe, nachschreiben kann."
123 Robinson/Smith, Biblical Researches I, S. 47.
124 Latour/Woolgar, Laboratory Life, S. 51.

125 Reise I, S. 165.
126 Robinson/Smith, Biblical Researches I, S. 378f.: In und um Jerusalem seien die biblischen Namen von Landschaftselementen wie Bergen und Tälern der christlichen Überlieferung schon so lange bekannt, dass deren arabische Namen irrelevant seien.
127 Reise II, S. 176.
128 Reise II, S. 165: „die Luft war heute so ungemein hell und das Licht dadurch so stark, dass es fast nicht möglich war, das Auge lange auf einen entfernten Gegenstand zu richten. Das Ausschauen mit dem Teleskop machte mich beinahe blind. Welchen Mühsalen ist eine Vermessung dieses Landes unterworfen!"
129 Jacobs, The Painted Voyage, S. 48.
130 Reise I, S. 54.
131 Reise I, S. 380: „Wie ekelhaft es sein mochte, so musste ich doch der Etiquette wegen gehorchen und meine Portion, die durch die Hände des Scheichs gewandert war, wohl oder übel aufessen [...]".
132 Reise I, S. 218 zu Haifa: „*Khaifa* ist eine kleine Stadt von länglich viereckiger Form, unmittelbar an den Fuss des *Karmel* angebaut. [...] Es ist die schmutzigste Stadt, die ich noch je gesehen habe. [...] Aber die faulen indolenten Einwohner kommen lieber im Schmutz um, als dass sie die Mühe und Kosten dran wendeten, die Stadt zu reinigen und zu pflastern." Reise II, S. 237f. beklagt er in Jerusalem „die ekelhaften Kothpfützen des Judenviertels".
133 Reise I, S. 300.
134 So zum Beispiel Reise I, S. 301, oder Reise II, S. 316: „Darin liegt gerade der jämmerliche und tief beklagenswerthe Zustand dieses einst so reich gesegneten Landes, dass es zuerst verwüstet wurde und dann unter die vernichtende Gewalt einer muhammedanischen Regierung gekommen ist, damit es sich nimmermehr aus seiner Verwüstung aufrichten könne. Nimmermehr, bis zu dem Zeitpunkt, wo Gott sich über sein Volk Israel und über sein Land erbarmen wird."
135 Naili, The Millenarist Settlement at Artas; Qleibo, Serendipity in Artas.
136 Reise II, S. 81; Reise II, S. 52–82 zu van de Veldes Aufenthalt in Artas.
137 Blumberg, View from Jerusalem, S. 315. Der Vater John Meshullam lastete den Tod seines Sohnes Finn an und schrieb Briefe an britische Offizielle, die zu Finns Fall in Ungnade beitrugen, ebd. 316f., überliefert im britischen Nationalarchiv: The National Archives, Kew, Consul James Finn, Jerusalem [...]; CFO 78/1712, Case of Peter Meshullam (Mr. Finn), vol. 1 (1862). Peter Meshullams Grab auf dem protestantischen Zionsfriedhof Jerusalem existiert heute noch; https://nl.billiongraves.com/grave/Peter-Meshullam/19084014 (30.01.2020).
138 Van de Velde wertete insbesondere die Beduinen negativ und abschätzig, deren Eskorte er durch die Wüste brauchte. Robinson/Smith, Biblical Researches I, S. 61 berichteten hingegen bei Durchquerung der Wüste von „good footing" mit „our Arabs"; S. 309f. Als ein begleitender Scheich höhere Entlohnung forderte, interpretierte Robinson dies nicht etwa als Gier, sondern als Frage der Ehre und löste den Konflikt diplomatisch mit einem Geschenk. Den Scheich selbst beschrieb er als „kind, patient, accomodating, and faithful", ebd. S. 310f., und war mit der Beduinen-Eskorte höchst zufrieden.
139 Reise I, S. 34 und passim prononcierte Abneigung gegen Katholiken und Griechisch-Orthodoxe.
140 Eine zeitgenössische Provinz im Süden des heutigen Libanons.
141 Reise I, S. 168–170.
142 Said, Orientalism, S. 96f., Kirchhoff, Text zu Land, S. 256–275. Dieser Topos wurde von westlichen Akteuren auf indigene Kulturen überall auf der Welt gemünzt und lässt sich zurückverfolgen bis zu Denkern wie Hegel, Kant und Nietzsche; s. Sonderegger, Einleitung.
143 Smidt, Kategorie des Läppischen, S. 49.

144 Reise I, S. 114f. und öfter; Reise II, S. 133–135: Von Beduinen genannte Toponyme seien oft Fiktion auf Wunsch der Europäer, wie de Saulcys vermeintliche Auffindung von Sodom und Gomorrha zeige.
145 Reise II, S. 151: Sein Beduinenführer Saleh sei „ehrlich" und erfinde keine Namen: „Ich habe oft bemerkt, dass er nie falsche Namen erfand, um mich zufrieden zu stellen wenn er die rechten nicht wusste." Dies verbürgt die (oft nur vermeintliche) Authentizität derjenigen Orte, die Saleh dann zu benennen wusste.
146 Reise I, S. 135f.: „Ich sah aus diesem Exempel, wie unmöglich es ist, die Ruinen in diesem Lande ohne die Anleitung der Inländer aufzufinden […]."
147 Reise I, S. 242 u.ö.
148 Robinson/Smith, Biblical Researches I, S. 371–379, zuletzt S. 376.
149 Kirchhoff, Text zu Land, S. 258–265: Warburgs Lehrer Hermann Usener oder die Cambridge Ritualists Gilbert Murray und James George Frazer identifizierten beispielsweise die Antike mit zeitgenössischen indigenen Kulturen. Die Palästinaforschung ging analog dazu vom Weiterleben von Sitten, Gebräuchen und Vorstellungen in der indigenen Bevölkerung aus und zog daraus Schlüsse auf biblische Zeiten. Prominent formulierte dies auch Mark Twain in seinem überaus erfolgreichen Reisebericht: „Palestine is not changd any since those days, in manners, customs, architecture, or people." Twain, Innocents Abroad, S. 504.
150 So praktizierten es Robinson/Smith, s. auch Goren/Schelhaas, Kiepert's Maps, S. 140.
151 Reise II, S. 133–135.
152 Reise II, S. 11.
153 Dazu ausführlicher Kap. 5, in dem diese Faszination Thema wird.
154 So Reise II, S. 24–26 zur Grabeskirche.
155 Robinson/Smith, Biblical Researches I, S. 347: Obwohl Gethsemane erst durch Helena lokalisiert wurde, somit nachbiblisch sei, fühlte sich Robinson dort spirituell erhaben, auch wegen der kontemplativen Stille des Ortes.
156 Wheatley-Irving, Holy Land Photographs, S. 88f.
157 Reise II, S. 173.
158 Reise II, S. 341.
159 Dies entspricht dem heutigen Wissensstand ebenso wie die Einordnung als Geburtsort der Maria Magdalena; Negev, Archäologisches Bibel-Lexikon, S. 281, sowie https://en.wikipedia.org/wiki/Al-Majdal,_Tiberias (06.03.2020).
160 Auch dies wird heute noch so gesehen, s. Negev, Archäologisches Bibel-Lexikon, S. 234–236. Interessanterweise wird die Identifikation Charles William Wilson 1866 zugeschrieben, nachdem Edward Robinson 1838 Ruinen in Tel-Hum richtig als der biblischen Zeitebene angehörig identifiziert hatte, ebd. Damit wäre van de Velde der erste, der die Ortsidentifikation publizierte. Ob dies seine eigene Einschätzung war oder er sich auf andere Forscher vor ihm stützte, ist nicht eindeutig.
161 Reise II, S. 338–340. Eine Ansicht von Magdala zeigt Farbabb. 37.
162 Reise II, S. 104.
163 Holthaus, Fundamentalismus in Deutschland, S. 66.
164 Krämer, Geschichte Palästinas, S. 125, nennt u.a. Moses Hess, Rom und Jerusalem (1862) als frühe Formulierung des nationalen jüdischen Gedankens.
165 Tuchman, Bible and Sword; Kirchhoff, Text zu Land; Pappé, Zionism as Colonialism.
166 Blumberg, A View from Jerusalem.
167 Am bekanntesten wohl die evangelikale Jews-for-Jesus-Missionsgesellschaft.
168 Pappé, Zionism as Colonialism.

169 Zum Beispiel Reise II, S. 104.
170 Moscrop, Measuring Jerusalem, S. 95–113.
171 Reise II, S. 385; vgl. van de Velde, Pays d'Israël, Nr. 89. *La rivière Barada.*
172 Reise I, S. 309.
173 Dazu mehr in Kap. 3.
174 Dazu mehr in Kap. 4.
175 N.N.: Select Theological and Literary Intelligence, S. 855: „There is much in the book that is interesting, but the style is too excited, and the tone of feeling which pervades the volumes borders on the fanatical." Rödiger, Wissenschaftlicher Jahresbericht, S. 345: „nicht wenig neues Material besonders auch für die biblische Geographie; in den Mittheilungen über alltägliche Begegnisse hätte er etwas sparsamer seyn können."
176 Ewald, Übersicht der 1854–55 erschienenen schriften [!], S. 122.
177 Ewald, Übersicht der 1859–1860 erschienenen schriften [!], S. 164–165.
178 N.N., Narrative of a Journey Through Syria and Palestine [Rez.]; in: The Athenaeum.
179 N.N.: The Holy Land [Rez.], in: Blackwood's Edinburgh Magazine.
180 N.N.: Our Epilogue on Books. Literature, Science, etc., in: The British Quarterly Review; N.N.: Select Theological and Literary Intelligence[; Scotland], in: Bibliotheca Sacra.
181 N.N.: Van de Velde on Palestine, in: The Edinburgh Christian Magazine; N.N.: Narrative of a Journey Through Syria and Palestine [Rez.], in: Evangelical Christendom.
182 N.N., Narrative of a Journey through Syria and Palestine in 1851 and 1852 [Rez.], in: The Rambler, S. 274f.: „We never opened a book which is so disgustingly full of the peculiar cant of the Protestant religious world; and there is but one halfpenny worth of bread to this intolerable deal of slush."

Anmerkungen zu Kap. 3

183 Jacobs, The Painted Voyage.
184 Payne, Travellers Abroad.
185 Jacobs, The Painted Voyage, S. 16.
186 *Botanical Art* ist bis heute eine renommierte Kunstform; https://www.botanicalartandartists.com (17.03.2020).
187 Scholten, Musée Teyler, S. 576–578: mehrere Aquarelle mit Motiven aus dem Palästina-Album, drei davon datiert auf 1860 bzw. 1861; s. die Liste von Originalen im Anhang.
188 Jacobs, The Painted Voyage, S. 16.
189 Wortlaut des Briefes nach Rombach, Varia, S. 161f.: „Van de origineelen (waarvan er tien in potlood, de overigen in waterverf zijn geteekend) zijn enkele beschadigd geworden: deze zou ik door nieuwe aquarellen wenschen te remplaceeren, of door andere op eene tweede Palestina reis in 1861/62 ondernomen verwaardigde onuitgegeven schetsen willen vervangen om het honderdtal aldus compleet te houden." – „Einige der Originale (zehn davon mit Bleistift gezeichnet, die anderen in Aquarell) sind beschädigt worden: sie würde ich durch neue Aquarelle oder andere unveröffentlichte Skizzen ersetzen, die auf einer zweiten Palästinareise 1861/62 gefertigt wurden, um so die hundert zu komplettieren." – Eigene Übersetzung.
190 Siehe die Liste von Originalen in Sammlungen im Anhang.
191 Wheatley-Irving, Holy Land Photographs, S. 82.
192 Van de Velde, Lausanne, an Adolf Müller (Justus Perthes), 17.01.1860, SPA MFV 009, Bl. 241–243.
193 Navarri 1989, S. 363 (Blackmer 1723); Khatib, Jerusalem, Palestine & Jordan, S. 128.
194 Navarri 1989, S. 363 (Blackmer 1723).

195 Bastin/Brommer, Nineteenth Century Prints, S. 23.
196 Van de Velde, Haarlem, an Perthes, 19.08.1856 (SPA MFV 009, Bl. 55–6) und Utrecht, 04.09.1856 (Bl. 53–4). Ein Forschungsprojekt über seinen Zeitgenossen Honoré Daumier (1808–1879), Karikaturist und Lithograph, nennt Preise Mitte des 19. Jahrhunderts in Frankreich: 250 Francs kostete eine einwöchige Reise von Paris nach London oder die Miete für Daumiers Haus in Paris. Ein gutes Klavier kostete 450 Francs, ein Wintermantel 50 Francs, ein Menü im Nobelrestaurant 25 Francs; Lilian und Dieter Noack, Cost of Living in Daumier's Time, https://www.daumier.org/biography/cost-of-living-in-daumiers-time/ (25.03.2020).
197 Sotheby's, The Library of Henry Myron Blackmer II, S. 629. Das durchschnittliche Bruttogehalt lag in Deutschland 2018 bei vollzeitbeschäftigten Arbeitnehmern bei 3770 EUR; Umrechnung historischer Währungen mit http://www.historicalstatistics.org/Currencyconverter.html.
198 De Hond, Verlangen naar het Oosten, schenkt dem Begleittext zum Album erstmals Beachtung.
199 The National Library of Israel, Signatur X2=81 B 24.
200 Freundliche Auskunft von Nadia Kersten-Pampiglione, Papierkonservatorin am Teylersmuseum Haarlem.
201 Khatib, Jerusalem, Palestine & Jordan.
202 SP Lohia Collection, https://www.splrarebooks.com/collection/view/le-pays-disrael-collections-de-cent-vues-prises-dapres-nature-dans-la-syrie; Teylersmuseum Haarlem, http://beeld.teylersmuseum.nl/Digital_Library/Emags/Lade_14d_115/ (19.03.2020).
203 https://archive.org/details/cwm-van-de-velde-le-pays-d-israel-1857 (20.06.2020).
204 Zeidler, Lithographie und Steindruck, S. 86. Im Englischen unterscheidet man *tinted lithograph* (ein bis zwei Farben) und *chromolithograph* (mehrere Farben) – diese strenge Unterscheidung kennt das Deutsche nicht.
205 Van de Velde, Genf, an Perthes, 13.11.1855, SPA MFV 009, Bl. 20–22; zum französischen Stil Lane, Chromolithography.
206 Khatib, Jerusalem, Palestine & Jordan, S. 128. Letzteres nur in der Luxusausgabe, welche auch in der Sammlung Khatib vorhanden ist.
207 Zum Beispiel Nr. 15, 40, 52, 76, 77 und 97, die in der Luxusausgabe – beispielsweise der Stockholmer – jeweils noch eine Druckschicht in Grün aufweisen; s. Farbabb. 12 und 13 (Nr. 15), 20 (Nr. 40) und 45 (Nr. 97).
208 Khatib, Jerusalem, Palestine & Jordan, S. 129.
209 Die Flüsse Hasbany (3), Leontes (4), Jordan (2), der See Genezareth (3). Der Leontes ist dargestellt auf Farbabb. 14 und 15, der See Genezareth auf Farbabb. 38 und 39.
210 Reise I, S. 75.
211 Simmel, Die Ruine.
212 Reise II, S. 233: „Der Berg Moriah ist für die ganze Welt ein Zeugniss wider die Christen. Gott gebe, dass wir ihn mit andern Waffen erobern und der Entweihung durch die muhammedanischen Christusfeinde entreissen als die, durch welche die Kreuzfahrer ihn eine kurze Zeit besessen haben." Zur Vorstellung eines ‚friedlichen Kreuzzugs' mit Mitteln der Wissenschaft Kirchoff, Text zu Land, S. 154.
213 Bätschmann, Entfernung der Natur, S. 136–150.
214 Van de Velde, Pays d'Israël, Nr. 62 und 63 (Farbabb. 26/27); dazu de Hond, Verlangen naar het Oosten, S. 57–60 sowie Faehndrich, Am See Genezareth 1851.
215 Van de Velde, Le Pays d'Israël, S. 62: „Der Ölberg steht vor uns. [...] Am Fuße des Tals, umgeben von einer von der Hitze gebleichten Mauer, stehen noch acht alte Olivenbäume, die traditionell der Gethsemane-Garten genannt werden; aber [Titus] Tobler hat historisch nachgewiesen, dass diese Bäume nicht diejenigen sein können, die Gethsemane vor achtzehn Jahrhunderten

beschattet haben. Der Garten, in den Jesus sich mit seinen Jüngern gerne zurückzog, muss eine viel größere Fläche eingenommen haben als dieser Ort, 160 Fuß lang und 150 Fuß breit. Wenn wir jedoch diese berühmten Orte bei Vollmond (Taf. LXIII) besuchen, wenn das Tal von einem geheimnisvollen Schatten erfüllt ist, der diese modernen Details vor dem Blick verbirgt, die die Gedanken ablenken könnten, werden wir keine Mühe haben, uns diese denkwürdige Nacht zu vergegenwärtigen, in der der Sohn Gottes für die Rettung der Welt Qualen litt." – Eigene Übersetzung. Farbabb. 27 (Nr. 63 des Albums) zeigt diese nächtliche Szenerie.

216 So Nr. 72. *Le Couvent De Mâr Saba* (Farbabb. 33); 57. *Ruines A Ludd (Lydde)* (Farbabb. 24); 92/93. *Kamôa el Hermel* (ohne Abb.).

217 Zu topographischer Landschaftsmalerei Smiles, Turner's Topographical Watercolours.

218 Die jeweils links unter dem Druck zeichnenden Lithographen, in dieser Namensform: Eug[ène]. Ciceri, [Jean] Jacottet, [Jean Baptiste Léon] Sabatier, Deshayes, Daniaud, J. Bakof, Ph. Benoist, Laurens, Freeman, [Isidore Laurent] Deroy, [Henri] Terry, Muller, [Charles-Claude] Bachelier.

219 Reise I, S. 66.

220 Reise I, S. 104.

221 Reise II, S. 83.

222 Zwischen dem Litanifluss und Jezzine.

223 Reise II, S. 365f.; „Westindien" meint Niederländisch-Ostindien, das heutige Indonesien.

224 Curtius, Europäische Literatur und lateinisches Mittelalter, Kap. 10, Die Ideallandschaft, S. 191–209.

225 Burke, A Philosophical Enquiry; Kant, Beobachtungen über das Gefühl des Schönen und Erhabenen; Bätschmann, Entfernung der Natur, S. 46–49 und S. 254–258.

226 Comment, Panorama, S. 79: „Unter dem vereinten Einfluss von John Locke und David Hume wurde die etablierte Vorstellung des Schönen, die auf einem allgemein akzeptierten Regelkanon beruhte, durch ein Konzept umgestoßen, das von den Emotionen des Individuums ausging."

227 Comment, Panorama, S. 79 führt dies auf Denis Diderots Ästhetik zurück, die das Pittoreske als Gegensatz zu einer Schönheit etablierte, die Irreguläres ausschloss, und stattdessen auf der Aufzeichnung des Unerwarteten, des Unvollkommenen und der Vielfalt beruhte.

228 Schama, Der Traum von der Wildnis, Kap. 10, Wald, Wasser, Berge, S. 553–618, hier S. 574.

229 Faehndrich, The Land and the Map, S. 84 und passim. Auch im Libanon sah van de Velde Alpenlandschaften, s. Albumblatt Nr. 94. *Merj Ahîn. Vallée alpestre du Liban Septentrional* (Farbabb. 44).

230 De Hond, Verlangen naar het Oosten, S. 56f.

231 Reise I, S. 117.

232 Roberts, The Holy Land; Wheatley-Irving, Holy Land Photographs, S. 80.

233 Van de Velde, Pays d'Israël, S. 65, 70, 84.

234 Eigene Erhebung; van de Velde, Pays d'Israël, Nr. 4 (Sidon, Farbabb. 4), 43 (Akkon, Farbabb. 18), 51 (Jenin, Farbabb. 19), 52 (Sebastiyeh/Samaria), 55 (Jaffa, Titelabb.), 59 (Jerusalem, Farbabb. 25), 65 (Bethlehem), 67 (Hebron, Farbabb. 28), 70 (Bet Gibrin [Beit Jebrin], Farbabb. 31), 71 (Gaza, Farbabb. 32), 72 (Mar Saba, Farbabb. 33), 82 (See Genezareth), 90 (Baalbek). Roberts' Ansichten sind nebst Fotografien der heutigen Orte wieder abgedruckt in ders., Das Heilige Land. Online sind sie z.B. im Wikipedia-Artikel zum Werk zu sehen, https://en.wikipedia.org/wiki/The_Holy_Land,_Syria,_Idumea,_Arabia,_Egypt,_and_Nubia (30.01.2020).

235 Wheatley-Irving, Holy Land Photographs, S. 83.

236 Zum Begriff der Visiotype Marquardt, Visiotype und Stereotype.

237 Sämtliche Äußerungen Roberts' in Ballantine, The Life of David Roberts, S. 132–139.

238 Jacobs, Painted Voyage, S. 45 – der ansonsten ausgezeichnete Jacobs bleibt hier leider ohne Quellenangaben; s. aber Guiterman/Llewellyn, David Roberts, S. 8.

239 Van de Velde, Pays d'Israël, S. 10, 14, 21, 24, 38f., 44f., 50, 55, 75 u.ö. Reise I, S. 48: „Je höher wir stiegen desto entzückendere Aussichten hatten wir. Alles fesselte mich; nicht nur das Panorama unter mir [...]"
240 Ab 1830 bürgerten sich neben gedruckten Führern sogenannte Erklärer ein, die im Panorama den Besuchern erläuterten, was sie sahen; Comment, Panorama, S. 117. Vgl. Ellis, The Spectacle of the Panorama.
241 Reise I, S. 74–75.
242 Van de Velde, Pays d'Israël, Nr. 7. *Sidon, vue générale prise du jardins* (keine Abb.); 8. *Nahr Auwly (le Bostrenus)* (keine Abb.); 9. *Le Nahr-Senîk, près de sa source* (Farbabb. 10).
243 Wheatley-Irving, Holy Land Photographs, S. 89.
244 Whitelam, The Land and the Book, S. 73 und passim, im Anschluss an Gregory, Performing Cairo.
245 Vanaf het hoogste punt: landmeten in Mesdags Tijd, Ausst. im Panorama Mesdag, Den Haag, 31.03.–22.09.2019.
246 Doosry, Von oben gesehen.
247 Comment, Panorama, Kap. 13: Kompensation und Kontrolle, S. 134–135.

Anmerkungen zu Kap. 4

248 Latour/Woolgar, Laboratory Life.
249 Edney, Mapping an Empire; Driver, Geography Militant.
250 Kitchin u.a., Unfolding Mapping Practices.
251 Schelhaas/Wardenga, Transformation von Wissen.
252 Die Karte findet sich online z.B. unter http://imagebase.ubvu.vu.nl/cdm/ref/collection/krt/id/1279 (04.02.2020). Die farbige Fassung der zweiten Auflage findet sich als Farbabb. 46–53 im Tafelteil.
253 De Vries, De kaart van Palestina, S. 26.
254 N.N.: Geography and Biography of the Old Testament, S. 205f.; Arnold, Map of the Holy Land [Rez.]; Malte-Brun, Map of the Holy Land [Rez.], S. 365: „l'ouvrage le plus complet, le plus curieux à consulter que nous ayons sur ce pays, et l'auteur a bien mérite de la science en la dotant de ce beau travail"; Ewald, Übersicht der 1859–1860 erschienenen schriften [!], S. 264f.; Grove, Palestine, Bd. 2, S. 696.
255 Malte-Brun, Map of the Holy Land.
256 Arnold, Map of the Holy Land.
257 Kirchhoff, Text zu Land, S. 23f.
258 Berghaus, Physikalischer Atlas.
259 Zu Petermann u.a. Demhardt, Der Erde ein Gesicht geben, S. 9–26; Felsch, Wie August Petermann den Nordpol erfand; zu Petermanns späteren Palästinakarten Schelhaas, August Petermann's Palestine Maps.
260 Goren, Sacred, But Not Surveyed.
261 Van de Velde, Memoir, S. 3.
262 August Petermann, London, an Bernhardt Perthes, 06.06.1855, SPA ARCH PGM 540, Bl. 2. Schreibweise und Interpunktion der Quellen werden hier und im Folgenden nicht normalisiert, Verschreibungen wo nötig mit [!] markiert.
263 Zur Schriftenklasse des Kartenmemoirs Schunka, Das Rohe, das Gekochte.
264 Diese Karte erschien noch vor der Palästinakarte: van de Velde/Tobler, Plan of the Town and Environs of Jerusalem. Trotz guter Zusammenarbeit und gegenseitigem Respekt konnte sich van

de Velde im Briefwechsel spitze Bemerkungen über den „Gelehrten" Tobler nicht verkneifen, den er als weitschweifig und penibel beschrieb; so SPA MFV 009, Bl. 14r. Toblers Korrespondenz mit Perthes ist ebenfalls überliefert (SPA MFV 141).

265 Porter, Five Years in Damascus, enthält ders.: Map of Damascus, Hauran, Anti-Libanon (1856).

266 Van de Velde, Genf, an Perthes, 14.01.1856, SPA MFV 009, Bl. 41–42.

267 Van de Velde, Genf, an Perthes, 31.03.1856, SPA MFV 009, Bl. 47.

268 Perthes an van de Velde, 02.03.1856, SPA MFV 009, Bl. 39r.

269 Das Ergebnis der zweiten Palästinareise der beiden im Jahre 1852 erschien in der Tat 1856: Robinson/Smith: Later Biblical Researches.

270 Siehe auch van de Velde, Memoir, S. 5–6.

271 Van de Velde, Paris, an Perthes, 30.03.1857, SPA MFV 009, Bl. 68.

272 Van de Velde, London, an Perthes, 12.07.1856, ebd. Bl. 51f.

273 Eine von van de Velde beklagte Verzerrung ist die Position von Gaza. Der Briefentwurf von Perthes gibt einen Breitengrad von 30°30'N an. In seinem späteren Brief behauptet van de Velde, die Abweichung betrage mehr als eine halbe Minute. Das Memoir listet Gazas Position als 31°29'45"N (und 34°33'10"E, aber nur der Breitengrad wurde moniert). Auf Sektion 7 der fertigen Karte befindet sich Gaza knapp südlich von 31°30'N; das entspricht diesen Koordinaten. Bei genauer Betrachtung der beiden Auflagen der Karte – ein zweite, verbesserte Fassung erschien 1865 – verschob man in der zweiten Auflage den Kartenrahmen, auf dem die Gradeinteilung eingetragen ist. Im Memoir zur zweiten Auflage wird diese Verschiebung erwähnt: „Im nördlichen Theil der neuen Karte wurde nur Kap Madonna (Mâr Semân) etwas berichtigt, im südlichen wurde die Küstenlinie von Yâfa gegen Südwest hinab westlicher gelegt, so dass Gaza fast 2 Engl. Meilen westlicher als auf unserer früheren Karte erscheint. Eine Ungenauigkeit in der Eintheilung der Meridiane auf der Karte wurde ebenfalls korrigirt, mit dem Erfolg, dass Commander Mansell's Positionen nun um so besser mit denen unserer neuen Karte übereinstimmen." Van de Velde, C. W. M. Van de Velde's letzte Reise, S. 298. Mit Dank an Eric Losang für die kartographische Fachkonsultation.

274 Nur an der Handschrift ist der Schreiber zu erkennen; mit Dank an Sven Ballenthin für Handschriftenproben der verschiedenen ‚Justus Perthes'.

275 Van de Velde, Paris, an Perthes, 23.01.1858, Bl. 80.

276 Tobler an Perthes, undatiert (Ende 1858), SPA MFV 141, Bl. 56/71: „van de Velde, sehr schwächlicher konstitution, mit allerlei leiden beinahe immer behaftet"; ebd. Bl. 97/113, Tobler an Perthes, 11.12.1861: „Möchte nur sein guter wille durch eine kräftigere konstituzion, deren mangel ihn zu manchen, einen kräftigen mann anwidernden sentimentalien [!] verleitet, unterstützt werden."

277 Van de Velde, Nizza, an Perthes, 26.11.1858, SPA MFV 009, Bl. 180r.

278 Guillaume-Rey: Examen, S. 198–204.

279 N. N.: Geography and Biography of the Old Testament, S. 205. Die erwähnte Kiepert-Karte war die zu Robinson und Smiths zweiter Reise: Kiepert, Übersichts-Karte von Palästina und Phönicien. Kiepert, der auch die Karte zu deren erster Reise gemacht hatte, war van de Veldes größter Konkurrent. Zu seinen Palästinakarten Goren, Robinson, Smith and the Cartography of Berghaus and Kiepert, samt Kartobibliographie S. 49–53. Die anderen erwähnten Karten waren Heinrich Berghaus' meisterhafte Zusammenstellung aller kartographischen Informationen über die Region (Berghaus, Karte von Syrien) sowie die Karte zu Ritters Erdkunde (Zimmermann, Atlas von Palaestina).

280 Van de Velde, Lausanne, an Perthes, 30.12.1859, SPA MFV 009, Bl. 233v.

281 Perthes an van de Velde, 11.01.1860, SPA MFV 009, Bl. 237.

282 Müller an van de Velde, 23.01.1860, SPA MFV 009, Bl. 243.

283 Van de Velde an Perthes, 20.07.1860, SPA MFV 009, Bl. 269f.

284 Ebd.
285 Van de Velde, C. W. M. van de Velde's letzte Reise, S. 297. Über diese Vermessungen Goren, Sacred, But Not Surveyed, S. 95, und ders. „Zieht hin", S. 188–190. Eine Reproduktion der Karte mit eingehender Analyse bei Ballenthin, Commander Mansell.
286 Van de Velde an Perthes, undatiert, ca. März 1864, SPA MFV 009, Bl. 339f.
287 Van de Velde, Genf, an Müller, 23.03.1864, SPA MFV 009, Bl. 345, wohl Bl. 343–344 beiligend.
288 Großfürst Konstantin Nikolajewitsch von Russland (1827–1892), zweiter Sohn des Zaren Nikolaus I und Enkel Friedrich Wilhelms III von Preußen, war ausgebildeter Marinegeneral und sehr an Geographie interessiert.
289 Perthes an van de Velde, 01.05.1865, SPA MFV 009, Bl. 385f.
290 Van de Velde, Paris, an Perthes, 02.02.1865, SPA MFV 009, Bl. 369f.
291 Van de Velde, Paris, an Perthes, 16.02.1865, ebd., Bl. 371–372; Auszug aus einem Brief der RGS ebd., Bl. 371v. Sir Henry James (1803–1877) war von 1852 bis 1875 Chef des Ordnance Survey des Vereinigten Köngreichs und seit 1857 Leiter der topographischen und statistischen Abteilung des Kriegsministerium. Der Survey of Western Palestine wurde ab 1871 durchgeführt vom Palestine Exploration Fund (PEF, gegründet im Mai 1865); Moscrop, Measuring Jerusalem, S. 67. Ob es zu diesem frühen Zeitpunkt eine finanzielle Beteiligung der RGS am PEF gab, ist nicht bekannt. Letztendlich wurde die van de Velde'sche Karte nicht offiziell von der RGS empfohlen.
292 Kontobücher des Verlags Justus Perthes, SPA ARCH FFA VAB 1 (1854–1869) und 2 (1869–1874), mit Dank an Sven Ballenthin für den Hinweis auf diese Quelle.
293 Titus Tobler an Perthes, 23.12.1869, SPA MFV 141, Bl. 104/120, hier 120v.
294 August Petermann an Friedrich August Arnold, 28.11.1866, SPA ARCH PGM Konvolut As 29, Bl. 43f.
295 Arnold, C. W. M. van de Velde [Rez.]; S., Karte von Palästina [Rez.]; Sydow, Der kartographische Standpunkt Europa's („Epoche machend"); Wolff, Karte von Palästina [Rez.].
296 Menke, Bibelatlas; dazu auch Faehndrich, Gotha 1868. Zu Petermanns späterer Palästina-Kartographie Schelhaas, August Petermann's Palestine Maps.
297 http://www.mapanalyst.org (02.02.2020).
298 Eine ausführliche Fassung dieser Analyse wurden publiziert in Perthus/Faehndrich: Visualizing the Map-Making Process. Mit Dank an meine Ko-Autorin und damalige Hilfskraft Sophie Perthus.
299 Faehndrich/Perthus, Visualizing the Map-Making Process, S. 71.
300 Van de Velde, Memoir, S. 22.
301 Über diese Vermessungen Goren, Sacred, But Not Surveyed, S. 95.
302 Van de Velde, Notes, S. 24–25.
303 Mansell/Hull: Mediterranean, Sheet 2; Mansell, Mediterranean, Sheet 3; s. van de Velde, Notes, S. 24.
304 Van de Velde an Perthes, 29.04.1863, SPA MFV 009, Bl. 320–321.
305 Van de Velde an Perthes, undatiert, ca. März 1864, SPA MFV 009, Bl. 339f.
306 Blondel, Carte du Liban; s. van de Velde, Notes, S. 22.
307 Details und Abbildungen in Perthus/Faehndrich, Visualizing the Map-Making Process.
308 Latour/Woolgar, Laboratory Life, S. 202–203 (Cycles of Credibility).
309 So Reise I, S. 115 über seinen Konkurrenten Félicien de Saulcy.

Anmerkungen zu Kap. 5

310 Comment, Panorama, S. 79.
311 Ebd., S. 78f., sowie Bätschmann, Entfernung der Natur, S. 11–21 zu Diderot.

312 Van de Velde, Pays d'Israël, S. 10; S. 36 zu Tyros; ähnlich Reise I, S. 34, 67, 333f. Dazu auch Farbabb. 2, Beirut aus der Ferne darstellend.
313 Guy Galazka stellt in zeitgenössischen Reiseberichten aus dem Heiligen Land ein ähnliches Empfinden fest, das er auf die Diskrepanz zwischen Phantasie und Realität zurückführt; Galazka, Stillness and Motion.
314 Bohr, Über das Hinsehen, S. 91.
315 Ebd., S. 92.
316 Simmel, Philosophie der Landschaft.
317 Reise I, S. 218f.
318 Bätschmann, Entfernung der Natur.
319 Reise I, S. 54.
320 Reise II, S. 48: „Reisende, die einige Zeit hier verweilen [...], haben zuweilen Gelegenheit, an diesem oder jenem Plätzchen einsam umherzuwandeln, und wenn [...] sie durch Eingeborene nicht belästigt werden, können sie sich vielleicht einigermassen in die Zeiten versetzen, wo der Herr dort wandelte, dort litt, dort betete oder Wunder that. Solch eine Stunde hat ohne Zweifel viel Wünschenswerthes, Herzerhebendes und Ermuthigendes. Aber diese Stunden sind selten. [...] Die um *Backschiesch* schreienden Einwohner sind dem Wandelnden auf den Fersen."
321 Reise II, S. 81.
322 Dazu auch Reise I, S. 295; Reise II, S. 328f.: „wogegen ich mit aller Kraft protestiren muss, ist der Versuch, unsern Gnadenstand nach der grösseren oder geringeren Gefühlserregung, die wir an solchen Stätten erfahren, abzumessen; und es scheint mir, dass gerade darin eine Gefahr beim Besuch des H[eiligen]. Landes liege. Man [...] sucht in der Gefühlserregung einen Beweis, dass wir der Gnade Gottes um Christi willen theilhaftig seien. [...] Der einzige Maasstab, die Sicherheit unserer Seligkeit zu messen, sei uns Gottes Wort; nicht aber der grössere oder geringere Eindruck, den wir beim Besuch der heiligsten Orte der Erde empfangen."
323 Reise II, S. 26f. mit Bezug auf die Grabeskirche.
324 Kirchhoff, Text zu Land, S. 258.
325 Davis, The Landscape of Belief, S. 83. Davis nennt dies „geopietistic fetishism of place", ebd. Der Begriff der Faszination des Ortes ist dem m.E. wegen seiner Eindeutigkeit vorzuziehen.
326 So Reise II, S. 11: „Warum darf ich nicht, klagst Du, hinabgehen zu dem Hof, um dort in stiller Einsamkeit mit dem Herrn zu verkehren? [...] Weil der Herr nach seiner göttlichen, weisen Liebe Dich nicht auf den Klippen des Aberglaubens stranden lassen will."
327 Reise I, S. 304f.
328 Reise I, S. 295f.
329 Dazu Slaby, Sklaven der Leidenschaft.
330 Cassirer, Philosophie der symbolischen Formen; ders., Versuch über den Menschen.
331 Cassirer, Versuch über den Menschen, S. 258, 260; aber auch schon Simmel, Philosophie der Landschaft, S. 478: „Landschaft, sagen wir, entsteht, indem ein auf dem Erdboden ausgebreitetes Nebeinander natürlicher Erscheinungen zu einer besonderen Art von Einheit zusammengefasst wird, einer anderen als zu der der kausal denkende Gelehrte, der religiös empfindende Naturanbeter, der teleologisch gerichtete Ackerbauer oder Stratege eben dieses Blickfeld umgreift."
332 Bohr, Raum als Sinnordnung, S. 63.
333 Bei van de Velde passierte dies offenbar, als er sich für die zweite Auflage auf Messdaten der britischen Marine verließ.
334 Cassirer setzte Mythos und (monotheistische) Religion mal als eigene symbolische Formen, mal fasste er beides zusammen; siehe Kangler, Der Diskurs über Wildnis, S. 93, Anm. 72.
335 Kangler, Der Diskurs über Wildnis, S. 118.

336 Ebd., S. 116.
337 Cassirer, Versuch über den Menschen, S. 229.
338 Bohr, Über das Hinsehen, S. 97; vgl. Simmel, Philosophie des Geldes, S. 655.
339 So Reise I, S. 168–170: Eingeladen von einem Scheich, dessen Ortskenntnis er brauchte, musste der Forschende zuerst dessen „abstoßende" Gastfreundschaft ertragen.
340 Witztum/Kalian, The Jerusalem Syndrome.
341 Van de Velde, Pays d'Israël, S. 26, 30 u.ö.
342 Reise I, S. 182.
343 Ebd.
344 Reise I, S. 33.
345 Bätschmann, Entfernung der Natur, S. 21–23.
346 Honecker, Dominium terrae.
347 Stephan, Seume als politischer Schriftsteller, S. 151f.; Bohr, Raum als Sinnordnung, S. 137.
348 Kangler, Der Diskurs über Wildnis.
349 Bohr, Raum als Sinnordnung, S. 48–56, im Anschluss an Köhnke/Kösser: Prägnanzbildung und Ästhetisierung, S. 149–161.
350 Bohr, Raum als Sinnordnung, S. 50.
351 Cassirer, Philosophie der symbolischen Formen II, S. 493f.; Kangler, Der Diskurs über Wildnis, S. 190.
352 Cassirer, Philosophie der symbolischen Formen III, S. 556; ders., Substanzbegriff und Funktionsbegriff, S. 308.
353 Daston/Gallison, Objektivität, über die Subjektivität von Objektivität in der Wissenschaft.
354 Bätschmann, Entfernung der Natur, S. 77–135.
355 Ebd.
356 Said, Orientalism.
357 Cassirer, Mythischer, ästhetischer und theoretischer Raum, S. 494.
358 Cassirer, Philosophie der symbolischen Formen I, S. 29.
359 Ebd.; auch Bohr, Raum als Sinnordnung.
360 Berger/Luckmann, Die gesellschaftliche Konstruktion der Wirklichkeit.
361 Ebd., S. 94; Köhnke, Über einige Grundbegriffe, S. 30f.
362 Makdisi, Reclaiming the Land; mit Dank an Yali Hashash für den Hinweis auf diesen Text; Hashash, Gender, Religion, and Secularism.
363 Goren, Edward Robinson, Eli Smith and the Cartography of Berghaus and Kiepert, S. 13.
364 Kirchhoff, Text zu Land, S. 258–275.
365 Makdisi, Reclaiming the Land, S. 692, 712.
366 So Reise II, S. 104: „Denke Dir, dass bekehrte jüdische Colonisten sich hier einst ruhig ansiedeln könnten! Was kann man sich erwünschter vorstellen? Aber ach, der wüste Muselmann und der raubsüchtige Beduine machen solche Ansiedelung noch unmöglich."
367 Faehndrich, The Land and the Map, S. 56. Auf diese Zwecke wies van de Velde selbst hin; z.B. van de Velde, Genf, an Adolf Müller, 23.03.1864, SPA MFV 009, Bl. 345.
368 Bohr, Raum als Sinnordnung, S. 88.
369 Zur Art des Notats Reise II, S. 159.
370 Dieser Stammesverband existiert noch heute, https://de.wikipedia.org/wiki/Howeitat (14.01.2020).
371 Die Lagerorte van de Veldes sind als kleine Dreiecke auf der Karte eingezeichnet.

Anmerkungen zu Kap. 6

372 Reenders, Het Réveil, S. 57; de Hond, Verlangen naar het Oosten, S. 52 und 372, Anm. 13.
373 Reise I, S. 2.
374 Röm. 12, 1–2.
375 Müller, Tabor.
376 Reise I, S. 331.
377 Zum Beispiel zwischen Beirut und Damaskus und auf einer Exkursion östlich des Jordans; Perthus/Faehndrich, Visualizing the Map-Making Process, S. 69f.
378 Käsemann, Gottesdienst.
379 Reise I, S. 54 („Arglist" der Menschen); Reise II, S. 176 („Blutschwären", Augenentzündungen).
380 Daston/Galison, Objektivität, S. 41–44 („Epistemische Tugenden"), S. 50 (Selbstkasteiung und Askese beim Ideal der mechanischen Objektivität).
381 Daston/Galison, Objektivität, S. 46.
382 Beispiele für Mühen und Probleme beim Einsatz von Kameras in der Wissenschaft, hier der alpinen Geologie, bei von Brevern, Blicke von Nirgendwo.
383 Die Passage über das kontemplative Gefühl, das Robinson im ‚stillen' Garten von Gethsemane überkam, liest sich ganz ähnlich wie die bei van de Velde; Robinson/Smith, Biblical Researches I, S. 347.
384 Tobler selbst war ein Beispiel eines überaus gelehrten Laien, der sehr praktische Feld-Erfahrung auf zahlreichen Reisen nach Palästina einbrachte; Goren, „Zieht hin", S. 222–243.
385 Jones, British Military Surveys, S. 29, mit Referenz auf van de Velde, Memoir, S. 1.
386 Goren, Dead Sea Level.
387 Schelhaas, August Petermann's Palestine Map.
388 Faehndrich, The Land and the Map, S. 103 und 160, Anm. 235.
389 Ebd. sowie Reise II, S. 228–231 zu Smiths Kompass und der darauf begründeten Abwertung der Karte zu Robinson/Smith, Later Biblical Researches.
390 Hermann Eberhardt an Justus Perthes, Eisenach 14.09.1855; FBG ARCH MFV 051, Bl. 170.
391 Kirchhoff, Text zu Land, S. 13.
392 Ebd., S. 19, 23.
393 Pappé, Zionism as Colonialism.
394 Osterhammel, Die Entzauberung der Welt, S. 1264.
395 Kirchhoff, Text zu Land, S. 29; Makdisi, Reclaiming the Land.
396 Osterhammel, Kolonialismus, S. 112–118.
397 Goren, „Zieht hin", S. 167–169 als Replik auf Said, Orientalism, der die deutsche Orientalistik ignoriert habe. Goren zählt Edward Robinson wissenschaftshistorisch zum „deutschen Umfeld", ebd. S. 83.
398 Stellvertretend seien hier genannt Gründer, Christliche Heilsbotschaft, sowie Ratschiller/Wetjen, Verflochtene Mission. Einen guten Überblick bietet Osterhammel, Die Verwandlung der Welt, S. 1261–1268.
399 Goren, „Zieht hin", S. 178–220.
400 Zur faszinierenden Geschichte der Palästinabegeisterung Wilhelms II u.a. Meier, Die kaiserliche Palästinareise.
401 Löffler, Protestanten in Palästina, S. 46–52 und S. 22 zur Debatte einer über Kolonialgeschichte hinausgehenden Missionsgeschichte als Geschichte einheimischen Christentums.
402 De Hond, Verlangen naar het Oosten, S. 57.
403 Bei David Roberts sind auf ähnlichen Ansichten auch elegant-freizügig gekleidete Frauenfiguren

dargestellt, so auf der Ansicht von Jaffa, die van de Velde von selber Position zeichnete, oder Frauenakte bei einer Pilgertaufe am Jordan. Wasserträgerfiguren sind bei Roberts stets eindeutig weiblich. Roberts' Bilder finden sich online unter https://en.wikipedia.org/wiki/The_Holy_Land,_Syria,_Idumea,_Arabia,_Egypt,_and_Nubia (10.06.2020).

404 Van de Velde, Le Pays d'Israël, Nr. 99. *Sources de l'Adonis à Afka.*

405 Lindner, Negotiating the Field; Zeuge-Buberl, Die Mission; Hauser, German Religious Women.

406 Reise I, S. 30; s. Lamartine, Souvenir.

407 Farbabb. 31 (Kühe und Wasser), Wolken fast auf jedem Bild; Farbabb. 44, 45 (Alpenlandschaft).

408 Kirchhoff, Text zu Land, S. 11f.

409 1. Kön. 5, 4–5; 1. Samuel 3,20.

410 In der zweiten Hälfte des 19. Jahrhundert kann man im deutschsprachigen Diskurs einen signifikanten Anstieg der Debatten über den Leontes feststellen; Google Books Ngram Viewer, https://books.google.com/ngrams, Suchbegriff „Leontes" von 1800 bis 2000. Ein zweiter Peak zeigt sich nach Gründung des Staates Israel bis Ende der 1980er Jahre. Deutsch war in der Theologie und biblischen Geographie der Zeit die maßgebliche Sprache.

411 Eisenberg, My Enemy's Enemy, S. 41 und passim.

412 Zohar, A City Hit by an Earthquake, nutzt die Bilder als Quelle für den Zustand des Landes nach einem Erdbeben, dessen Schäden man z.B. an der Stadtmauer von Tiberias auf Albumblatt Nr. 80 sehen kann.

Anhang

Kunstwerke

Aquarelle der Palästina-Reisen in öffentlichen Sammlungen

Teylersmuseum Haarlem
Gezicht op Baalbek, 1860 (Objektnr. CC005), *Gezicht op Jenin*, 1861 (CC006), *De Berg Hermon*, 1861 (CC007), *Gezicht op Damascus*, 1860 (CC008), *Gezicht op Larnaca* (CC009). Aufrufbar über https://www.teylersmuseum.nl/nl/@@search?SearchableText=Meredith (30.05.2020). Bis auf die Darstellung von Larnaka (Zwischenstop auf der Reise nach Beirut) entspricht dies den Motiven der Albumblätter Nr. 91 (Baalbek), 51 (Jenin), 14 (Hermon), 88 (Damaskus).

Victoria and Albert Museum London
A Camel Caravan moving out of the Jordan Valley near Jericho and the Dead Sea; Sammlung Rodney Searight; Objektnr. SD.1078, http://collections.vam.ac.uk/item/O152638/a-camel-caravan-moving-out-watercolour-van-de-velde/ (30.05.2020). Entspricht dem Motiv von Albumblatt Nr. 76.

Nazareth, Sammlung Rodney Searight; Objektnr. SD.1077, http://collections.vam.ac.uk/item/O152637/nazareth-watercolour-van-de-velde/ (30.05.2020). Dies entspricht keinem Motiv des Palästina-Albums.

Rijksmuseum Amsterdam
Gezicht op het kasteel St. Louis te Sidon; Objektnr. RP-T-1892-A-2708. Entspricht dem Motiv von Albumblatt Nr. 6; http://hdl.handle.net/10934/RM0001.COLLECT.294899 (30.05.2020).

Andere Kunstwerke van de Veldes in öffentlichen Sammlungen

Kunstsammlung der Universitätsbibliothek Leiden
Dennen in heuvelachtig terrein, Zeichnung ohne Angabe von Material und Format, von Hand des Künstlers datiert auf 3. November 1835; Sammlung Schotel Vreedenburgh Welcker im Bestand der Universitätsbibliothek Leiden, PK-T-AW-2877; http://hdl.handle.net/1887.1/item:1549050 (30.05.2020).

Weitere Werke van de Veldes aus anderen Schaffensphasen befinden sich darüber hinaus in folgenden Sammlungen:
Rijksmuseum Amsterdam, Tropenmuseum Amsterdam, Scheepvaartmuseum Amsterdam (Originale

des Java-Albums), Sammlung der Universitätsbibliothek Leiden, Teylersmuseum Haarlem, Société des Arts Genève – Musée de l'Athenée, Institut Henri Dunant Genf, sowie diverse private Sammlungen.

Eine Übersicht über Literatur und Bestände zu van de Velde bietet auch https://rkd.nl/en/explore/artists/79767 (30.05.2020).

Archivalia

Digitale Sammlungen der Niederlande (amtliche und biographische Quellen)

Geburtseintrag Charles William Meredith van de Velde, Gemeentebestuur van Leeuwarden 1811–1914, geboorteregister 1818, registratienr. 3367, aktenr. 265, suppl. nr. 1–13; https://www.wiewaswie.nl/nl/detail/37206548 (30.01.2020).

Heiratsanzeige Jeannette van de Velde und J. van Coppenaal, Buitenzorg 1847; Bestand Familieadvertenties des Centrum voor familiegeschiedenis, https://www.wiewaswie.nl/en/detail/38586976 (30.01.2020).

Todesanzeige J. van Coppenaal, Buitenzorg 1850; Familieadvertenties, Centrum voor familiegeschiedenis, https://www.wiewaswie.nl/en/detail/38586988 (30.01.2020).

Meldeeinträge Jeanette van Coppenaal und Familie, Haarlem; Noord-Hollands Archief Haarlem, bevolkingsregister Haarlem 1849–1859, toegangsnr. 2295, Gemeentebestuur van Haarlem, inventarisnr. 2659, Bl. 150, https://noord-hollandsarchief.nl/bronnen/archieven (30.04.2020).

Todesanzeige Charles William Meredith van de Velde (I) 1898; Familieadvertenties, Centrum voor familiegeschiedenis, van de Velde (periode tot 1970), 110 pg./Fiche 7121-7122, Gescande Familieadvertenties tot 1970, Bl. 0034; https://cbgverzamelingen.nl (30.01.2020).

Militärregister-Eintrag Charles William Meredith van de Velde (II); Noord-Hollands Archief Haarlem, Militie – Lotingsregisters, Bloemendaal, archief 23, inventarisnr. 218, 1902; https://www.wiewaswie.nl/en/detail/47398457 (30.01.2020).

Porträtfoto Charles William Meredith van de Velde (II), Fotocollectie Veenhuijzen, Centrum voor familiegeschiedenis; https://cbgverzamelingen.nl (14.01.2020).

Sterbeeintrag Charles William Meredith van de Velde (II) 1964, Burgerlijke Stand Harlingen, Tresoar, deel 3101, overlijdensregister 1964, archiefnr. 30–15, inventarisnr. 3101, aktenr. 0062; via https://allefriezen.nl (14.01.2020).

Archive in den Niederlanden

Marine-Stammbuch Charles William Meredith van de Velde, Nationaal Archief Den Haag, Stamboeken Marine, toegangnr. 2.12.14, inventarisnr. 2; http://proxy.handle.net/10648/9df58b2a-979b-1be0-1211-694d05e0bf17 (30.01.2020).

Van de Velde, Charles William Meredith: *Gezigten uit Neêrlands Indië* – Manuskript, Zeichnungen und Aquarelle nebst Anweisungen für den Lithographen von van de Veldes Hand; Collectie Het Scheepvaartmuseum Amsterdam, Hs 1359 / NII [volgnr. 00703]), Bildmaterial S.2931(03) 01–39.

Briefe Harriet Tinnes an Harco Theodorus und Henriette Sara Hora Siccama 1854–1869, Nationaal Archief Den Haag, Collectie 066 De Constant Rebecque (1925–1966), 1802–1941, toegangnr. 2.21.008.01, inventarisnr. 241. Laut Findbuch Briefe Alexine Tinnes (in Abschrift), es handelt sich jedoch richtig um Briefe der Mutter Harriet; http://www.gahetna.nl/archievenoverzicht/pdf/NL-HaNA_2.21.008.01.ead.pdf (30.01.2020).

Autobiografie van I[saac]. Esser voltooid 1 december 1879, Historisch Documentatiecentrum voor het Nederlands Protestantisme, Vrije Universiteit Amsterdam, collectie 089, familiepapieren Esser, nr. 53.

Universität Erfurt, Forschungsbibliothek Gotha, Sammlung Perthes Gotha (FBG-SPA)

Korrespondenz Charles William Meredith van de Velde mit Verlag Justus Perthes [ca. 1855–1865], SPA MFV 009.

Korrespondenz Titus Tobler mit Verlag Justus Perthes, SPA MFV 141.

Korrespondenz Hermann Eberhardt, Kupferstecher in Eisenach, mit Verlag Justus Perthes, SPA MFV 051.

Schriftleitung Petermanns Mitteilungen, SPA ARCH PGM.

Kontobücher des Verlags Justus Perthes, SPA ARCH FFA VAB 1 (1854–1869) und 2 (1869–1874).

The National Archives, Kew

British Foreign Office Correspondence, Consul James Finn, Jerusalem [...]; Case of Peter Meshullam (Mr. Finn), vol. 1 (1862); The National Archives, Kew, FO 78/1712; https://discovery.nationalarchives.gov.uk/details/r/C2518615 (30.01.2020).

Archiv des Internationalen Roten Kreuzes, Genf (ICRC Archives)

Korrespondenz Charles William Meredith van de Velde mit Comité International de Secours aux Blessés; ICRC Archives, AF B copies de letters, Bd. 1, 1864.

Porträt C. W. M. van de Velde, ca. 1863, ICRC Archives, Portraits des Premiers Adeptes de la Croix-Rouge, Bd. I (cote AF 681), V-P-HIST-E-05504.

Internationale genealogische Plattformen

Fotodokumentation Grabstein Adèle und Élie Abt, Cimetière des Champs Bruley, Besançon, Frankreich; Friedhofsdatenbank im Portal Geneanet, https://de.geneanet.org/friedhof/collection/13209-cimetiere-des-champs-bruley (30.01.2020).

Fotodokumentation Grabstein Philip Jean Carabet, Anglo-American Cemetery Beirut, Beirut, Libanon; Friedhofsdatenbank Find A Grave, https://de.findagrave.com/memorial/161041356/philip-jean-carabet (30.01.2020).

Fotodokumentation Grabstein Peter Meshullam, Mt. Zion Protestant Cemetery, Jerusalem, Israel; Friedhofsdatenbank Billion Graves, https://nl.billiongraves.com/grave/Peter-Meshullam/19084014 (30.01.2020).

Online-Ausstellungen

The Holy Land in Tranquility: Palestine and Lebanon as Seen in Lithographic Landscapes from the Mid-Nineteenth Century. Scenery of the Regions Surveyed and Depicted by a Multitalented Former Officer from the Netherlands. Ausst. 12.05.–20.06.2014, Tokyo University of Foreign Studies, Research Institute for Languages and Cultures of Asia and Africa (ILCAA); http://www.aa.tufs.ac.jp/paleb2014/eng/exhibition.html (10.06.2020).

Literatur und Karten

N.N.: Al-Majdal, Tiberias; in: Wikipedia, The Free Encyclopedia; https://en.wikipedia.org/wiki/Al-Majdal,_Tiberias (06.03.2020).

N.N.: Ontvangst von Gelden, in: *De Vereeniging Christelijke Stemmen* 7 (1853), S. 752, 830.

N.N.: Narrative of a Journey Through Syria and Palestine [Rez.], in: *The Athenaeum* 1854 (July 29, 1854), S. 935–936.

N.N.: The Holy Land [Sammel-Rez.], in: *Blackwood's Edinburgh Magazine* 76, Nr. 467 (Sept. 1854), S. 243–255.

N.N.: Our Epilogue on Books. Literature, Science, etc. [Sammel-Rez.], in: *The British Quarterly Review* 20, Nr. 40 (Oct 1, 1854), S. 580.

N.N.: Select Theological and Literary Intelligence[; Scotland] [Sammel-Rez.], in: *Bibliotheca Sacra and American Biblical Repository* 44, Nr. 11 (1854), S. 854–856.

N.N.: Van de Velde on Palestine [Rez.], in: *The Edinburgh Christian Magazine* 6 (1855), S. 186–191.

N.N.: Narrative of a Journey Through Syria and Palestine [Rez.], in: *Evangelical Christendom: Its State and Prospects* 3 (1855), S. 288.

N.N.: Narrative of a Journey through Syria and Palestine in 1851 and 1852 [Rez.], in: *The Rambler. A Catholic Journal and Review*. New Series 2 (1854), S. 274–275.

N.N.: Geography and Biography of the Old Testament [Sammel-Rez.], in: *The London Quarterly Review* [American Edition] 106 (Oct. 1859), S. 203–231.

N.N.: Obituary [C. W. M. Van de Velde], in: *The Times*, 24.03.1898, S. 10.

N.N.: Mishandeling, in: *Nieuws van den Dag voor Nederlandsch-Indië* 18, Nr. 163 (16.07.1913), S. 2.

Arnold, Friedrich August: Map of the Holy Land [Rez.], in: *Neue Jahrbücher für Philologie und Pädagogik* 80 (1859), S. 251–256.

Ders.: C. W. M. van de Velde: Map of the Holy Land und Karte von Palästina [Rez.], in: *Neue Jahrbücher für Philologie und Pädagogik* 94 (1866/36. Jg.), S. 403–404.

Artcurial: *Maîtres anciens & du XIXe siècle: tableaux, dessins, sculptures, cadres anciens et de collection: mardi 14 février 2017* (Auktions-Kat.), Paris 2017; https://issuu.com/artcurialbpt/docs/3152?e=6268161/12789934 (13.02.2020).

Bätschmann, Oskar: *Entfernung der Natur: Landschaftsmalerei, 1750–1920*, Köln: DuMont 1989.

Ballantine, James (Hg.): *The Life of David Roberts, Compiled from His Journals and Other Sources*, Edinburgh: Black 1866.

Ballenthin, Sven: Commander Mansell vermisst Küsten und Meerestiefen; in: Weigel, *Das Heilige Land in Gotha*, S. 76–77.

Bastin, John/Brommer, Bea: *Nineteenth Century Prints and Illustrated Books of Indonesia. With Particular Reference to the Print Collection of the Tropenmuseum Amsterdam*, Utrecht: Spectrum 1979.

Baud, Jean Chrétien/Rochussen, Jan Jacob/Baud, Willem Abraham: *De semi-officiële en particuliere briefwisseling tussen J.C. Baud en J.J. Rochussen 1845–1851 en enige daarop betrekking hebbende andere stukken*. 3 Bde., Leiden: van Gorcum 1983.

Beecher Stowe, Harriet: *Uncle Tom's Cabin; or, Life Among the Lowly*, Boston/Cleveland: Jewett 1852.

Ben-Arieh, Yehoshua: *The Rediscovery of the Holy Land in the 19th Century*, Jerusalem/Detroit: Magnes/Wayne State Univ. Press 1979.

Berger, Peter L./Luckmann, Thomas: *Die gesellschaftliche Konstruktion der Wirklichkeit. Eine Theorie der Wissenssoziologie*, Frankfurt/M.: Fischer 1980 (zuerst Garden City 1966).

Berghaus, Heinrich: *Karte von Syrien den Manen Jacotin's und Burckhardts gewidmet*, Gotha: Perthes 1835 (Atlas von Asia; 5).

Ders.: *Physikalischer Atlas oder Sammlung von Karten, auf denen die hauptsächlichsten Erscheinungen der anorganischen und organischen Natur nach ihrer geographischen Verbreitung und Vertheilung bildlich dargestellt sind.* 2 Bde., Gotha: Perthes 1845–1848.

Blondel[, Antoine Lucien]: *Carte du Liban d'après les reconnaissances de la brigade topographique du corps expéditionnaire de Syrie en 1860–1861, dressée au Depôt de la Guerre*, Paris: Lemercier 1862.

Blumberg, Arnold (Hg.): *A View from Jerusalem, 1849–1858. The Consular Diary of James and Elizabeth Anne Finn*, Rutherford u.a.: Fairleigh Dickinson Univ. Press, 1980.

Bohr, Jörn: *Raum als Sinnordnung bei Ernst Cassirer*, Erlangen: filos 2008.

Ders.: Über das Hinsehen und das Absehen von Landschaft, in: Kirchhoff, Thomas/Trepl, Ludwig (Hg.): *Vieldeutige Natur. Landschaft, Wildnis und Ökosystem als kulturgeschichtliche Phänomene*, Bielefeld: Transcript 2009.

Bonar, Andrew Alexander, u.a.: *Narrative of a Mission of Inquiry to the Jews from the Church of Scotland in 1839*, Edinburgh: Whyte 1842.

Bosma, Ulbe/Raben, Remco: *Being „Dutch" in the Indies: A History of Creolisation and Empire, 1500–1920*. Athens, OH: Ohio Univ. Press 2008.

Brevern, Jan von: *Blicke von Nirgendwo: Geologie in Bildern bei Ruskin, Viollet-le-Duc und Civiale*, München: Fink 2012.

Brown, Iem (Hg.): *The Territories of Indonesia*, London/New York: Routledge 2009.

Buk-Swienty, Tom: *Schlachtbank Düppel: 18. April 1864. Die Geschichte einer Schlacht*, Berlin: Osburg 2011.

Butticaz, Emile: Van de Velde, Charles-William-Mérédith (s.v.), in: Brun, Carl (Hg.): *Schweizerisches Künstler-Lexikon*, Frauenfeld: Huber 1913, Bd. 3: S–Z, S. 360.

Burke, Edmund: *A Philosophical Enquiry into the Origin of Our Ideas of the Sublime and Beautiful*, London: Dodsley 1757.

Cassirer, Ernst: *Substanzbegriff und Funktionsbegriff: Untersuchungen über die Grundfragen der Erkenntniskritik*. Text und Anm. bearb. von Reinold Schmücker, Hamburg: Meiner 2000 (Gesammelte Werke 6; zuerst Berlin 1910).

Ders.: *Philosophie der symbolischen Formen*. 3 Bde., Berlin: Cassirer 1923–1929. Bd. 1: Die Sprache, 1923; Bd. 2: Das mythische Denken, 1925; Bd. 3: Phänomenologie der Erkenntnis, 1929.

Ders.: Mythischer, ästhetischer und theoretischer Raum, in: Dünne, Jörg/Günzel, Stephan (Hg.): *Raumtheorie. Grundlagentexte aus Philosophie und Kulturwissenschaften*, Frankfurt/M.: Suhrkamp 2006, S. 485–500 (zuerst in: *Vierter Kongreß für Ästhetik und allgemeine Kunstwissenschaft*, hg. von Hermann Noack, Stuttgart 1931, S. 21–36, 50–54).

Ders.: *Versuch über den Menschen*, Hamburg: Meiner 1996 (zuerst New Haven/London 1944).

Comment, Bernard: *Das Panorama. Die Geschichte einer vergessenen Kunst*, Berlin: Nicolai 2000.

Conder, Claude Reignier/Kitchener, Horatio Herbert: *Map of Western Palestine in 26 Sheets from Surveys Conducted for the Committee of the Palestine Exploration Fund [...] During the Years 1872–77*, London: Palestine Exploration Fund 1880.

Curtius, Ernst Robert: *Europäische Literatur und lateinisches Mittelalter*, 11. Aufl., Bern/München: Francke 1993 (zuerst ebd. 1948).

Daston, Lorraine/Galison, Peter: *Objektivität*, Frankfurt/M.: Suhrkamp 2007.

Davis, John: *The Landscape of Belief: Encountering the Holy Land in Nineteenth-Century American Art and Culture*, Princeton: Princeton Univ. Press 1996.

Demhardt, Imre Josef: *Der Erde ein Gesicht geben: Petermanns Geographische Mitteilungen und die Anfänge der modernen Geographie in Deutschland*, hg. von Schloss Friedenstein/Universitäts- und Forschungsbibliothek Erfurt/Gotha, Gotha: Univ. 2006.

Doosry, Yasmin (Hg.): *Von oben gesehen. Die Vogelperspektive* [Ausst.-Kat., Germanisches Nationalmuseum Nürnberg 20.11.2014–22.02.2015], Nürnberg: Germanisches Nationalmuseum 2014.

Driver, Felix: *Geography Militant. Cultures of Exploration and Empire*, Oxford: Blackwell 2001.

Dumont d'Urville, Jules: *Voyage au pole sud et dans l'Océanie sur les corvettes l'Astrolabe et la Zélée [...]. Histoire du voyage*. 10 Bde., Paris: Gide 1842–1846.

Edney, Matthew H.: *Mapping an Empire. The Geographical Construction of British India, 1765–1843*, Chicago/London: Chicago Univ. Press 1997.

Eekhoff, W[opke].: *Friesland in 1815. Historische bijzonderheden omtrent de deelneming der Friezen aan de volkswapening en de krijgsbedrijven bij Quatrebras en Waterloo*, Leeuwarden: Palstra 1865.

Eisenberg, Laura Zittrain: *My Enemy's Enemy: Lebanon in the Early Zionist Imagination, 1900–1948*, Detroit: Wayne State Univ. Press 1994.

Ellis, Markman: The Spectacle of the Panorama, in: British Library (Hg.): *Picturing Places* [Internetpublikation], London 2017; https://www.bl.uk/picturing-places/articles/the-spectacle-of-the-panorama (30.01.2020).

Essner, Cornelia: *Deutsche Afrikareisende im neunzehnten Jahrhundert: Zur Sozialgeschichte des Reisens*, Stuttgart: Steiner 1985.

Ewald, Heinrich: Übersicht der 1854–55 erschienenen schriften zur Biblischen wissenschaft [!], in: *Jahrbücher der Biblischen wissenschaft* 7 (1855), S. 101–221.

Ders.: Übersicht der 1859–1860 erschienenen schriften [!], in: *Jahrbücher der Biblischen wissenschaft* 10 (1869), S. 124–294.

Faehndrich, Jutta: Am See Genezareth 1851: Charles William Meredith van de Velde zeichnet biblische Geschichte, in: Weigel, *Das Heilige Land in Gotha*, S. 89.

Dies.: Gotha 1868: Theodor Menke konzentriert Bibelkarten, in: Weigel, *Das Heilige Land in Gotha*, S. 128–131.

Dies.: The Land and the Map: C. W. M. van de Velde's Map of the Holy Land, in: Goren/dies./Schelhaas: *Mapping the Holy Land*, S. 55–106.

Felsch, Philipp: *Wie August Petermann den Nordpol erfand*, München: Luchterhand 2010.

Fischer, Stéphane/Stahl Gretsch, Laurence-Isaline/Zein, Maha (Red.): „T'es où?" Ausst.-Kat. Genf, Musée d'histoire des sciences de la Ville de Genève 2016; https://doc.rero.ch/record/306097 (05.06.2020).

Galazka, Guy: Stillness and Motion. Depicting the Urban Landscape of Palestine in the 19th Century, in: *Quest. Issues in Contemporary Jewish History* 6 (2013), S. 90–115.

Gertz, Jan Christian/Gaß, Erasmus (Hg.): *Ortsangaben der Bibel (odb)*, http://www.odb.bibelwissenschaft.de (10.06.2020).

Gladstone, Penelope: *Travels of Alexine. Alexine Tinne 1835–1869*, London: Murray 1970.

Goren, Haim: Sacred, But Not Surveyed. 19th Century Surveys of Palestine, in: *Imago Mundi* 54 (2002), S. 87–110.

Ders.: *„Zieht hin und erforscht das Land". Die deutsche Palästinaforschung im 19. Jahrhundert*, Göttingen: Wallstein 2003.

Ders.: *Dead Sea Level. Science, Exploration and Imperial Interests in the Near East*, London/New York: Tauris 2011.

Ders./Faehndrich, Jutta/Schelhaas, Bruno: *Mapping the Holy Land: The Foundation of a Scientific Cartography of Palestine*, London/New York: Tauris 2017.

Ders.: Edward Robinson, Eli Smith and the Cartography of Berghaus and Kiepert, in: Ders./Faehndrich/Schelhaas: *Mapping the Holy Land*, S. 5–53.

Ders.: *‚The Loss of a Minute is Just so Much Loss of Life'. Edward Robinson and Eli Smith in the Holy Land*, Turnhout: Brepols 2020.

Ders./Schelhaas, Bruno: Kiepert's Maps after Robinson and Smith: Revolution in Re-Identifying the Holy Land in the Nineteenth Century, in: Grunwald, Susanne, u.a. (Hg.): *Mapping Ancient Identities. Methodisch-kritische Reflexionen zu Kartierungspraktiken*, Berlin: Edition Topoi 2018, S. 137–148.

Gregory, Derek: Performing Cairo: Orientalism and the City of the Arabian Nights, in: AlSayyad, Nezar/Biermann, Irene A./Rabbat, Nasser (Hg.): *Making Cairo Medieval*, New York: Lexington 2005.

G. [Grove, George]: *Palestine. A Dictionary of the Bible, Comprising its Antiquities, Geography, and Natural History*, Boston: Little, Brown & Co. 1863.

Gründer, Horst: *Christliche Heilsbotschaft und weltliche Macht. Studien zum Verhältnis von Mission und Kolonialismus*. Gesammelte Aufsätze, hg. von Franz-Joseph Post, Thomas Küster und Clemens Sorgenfrey, Münster: LIT 2004.

Guillaume-Rey, E[mmanuel].: Examen de quelques parties de la carte de la Palestine de M. van de Velde [Rez.], in: *Bulletin de la Société de géographie de Paris* 17 (1859), S. 198–204.

Guiterman, Helen/Llewellyn, Briony (Hg.): *David Roberts* [Ausst.-Kat., Barbican Art Gallery, London, 06.11.1986–04.01.1987], Oxford: Phaidon Press 1986.

Halbwachs, Maurice: *La Topographie légendaire des Évangiles en Terre Sainte: Étude de mémoire collective*, Paris: Presses univ. de France 1941.

Hashash, Yali: Gender, Religion, and Secularism in the English Mission Hospital of Jerusalem, 1844–1880, in: *Journal of Levantine Studies* 7 (2017), S. 9–34.

Hauser, Julia: *German Religious Women in Late Ottoman Beirut: Competing Missions*, Leiden/Boston: Brill 2015.

Heldring, Ottho Gerhard: Brieven uit Palestina, in: *De Vereeniging Christelijke Stemmen* 6 (1852), S. 149–150.

Hess, Moses: Rom und Jerusalem, die letzte Nationalitätsfrage: Briefe und Noten, Leipzig: Wengler 1862.

Hobsbawm, Eric/Ranger, Terence (Hg.): *The Invention of Tradition*, Cambridge: Cambridge Univ. Press 1983.

De Hond, Jan: *Verlangen naar het Oosten. Oriëntalisme in de Nederlandse cultuur, ca. 1800–1920*, Leiden: Primavera 2008.

Holthaus, Stephan: *Fundamentalismus in Deutschland: Der Kampf um die Bibel im Protestantismus des 19. und 20. Jahrhunderts*, Bonn: Verlag für Kultur und Wissenschaft 1993.

Honecker, Martin: Dominium terrae, in: Betz, Hans Dieter, u.a. (Hg.): *Religion in Geschichte und Gegenwart: Handwörterbuch für Theologie und Religionsgeschichte* (RGG), 4., völlig neu bearb. Aufl., Tübingen: Mohr Siebeck 1998–2007; Bd. 2 (1999), S. 936.

Jacobs, Michael (Hg.): *The Painted Voyage. Art, Travel and Exploration 1564–1875*, London: British Museum 1995.

Jones, Yolande: British Military Surveys of Palestine and Syria 1840–1841, in: *The Cartographic Journal* 10 (1973), S. 29–41.

Käsemann, Ernst: Gottesdienst im Alltag der Welt. Zu Römer 12, in: Ders.: *Exegetische Versuche und Besinnungen* 2, Göttingen: Vandenhoeck & Ruprecht 1964, S. 198–204.

Kangler, Gisela: *Der Diskurs über Wildnis*, Bielefeld: Transcript 2018.

Kant, Immanuel: *Beobachtungen über das Gefühl des Schönen und Erhabenen*, Königsberg: Kanter 1764.

Khatib, Hisham: *Jerusalem, Palestine & Jordan in the Archives of Hisham Khatib*. Foreword by Sarah Searight, London: Gilgamesh 2013.

Kiepert, Heinrich: *Karte von Palästina, vorzüglich nach den Itinerarien von E. Robinson und E. Smith 1838*, Halle/S.: Buchhandlung des Waisenhauses 1840.

Ders.: Übersichts-Karte von Palästina und Phönicien, vorzüglich nach den Messungen und Beobachtungen von Ed. Robinson und Ely [!] Smith, in: Robinson/Smith: *Neuere Biblische Forschungen*.

Kirchhoff, Markus: *Text zu Land. Palästina im wissenschaftlichen Diskurs, 1865–1920*, Göttingen: Vandenhoeck & Ruprecht 2005.

Kitchin, Rob/Gleeson, Justin/Dodge, Martin: Unfolding Mapping Practices: A New Epistemology for Cartography, in: *Transactions of the Institute of British Geographers* 38 (2012), Nr. 3, S. 480–496.

Kitto, John: *Palestine: The Physical Geography and Natural History of the Holy Land*, London: Knight 1841.

Klaassen, M. J. C.: *Adelborstenopleiding te Delft – Medemblik – Breda, 1816–1857*, [Den Helder]: Centrale Reproductie Inrichting der Koninklijke Marine 1979.

Köhlerschmidt, Antje: *Alexandrine Tinne (1835–1869) – Afrikareisende des 19. Jahrhunderts. Zur Geschichte des Reisens*, Magdeburg: Univ. Diss. 1993.

Köhnke, Klaus Christian: Über einige Grundbegriffe ‚kulturwissenschaftlicher Regionenforschung'. In: *Kulturwissenschaftliche Regionenforschung. Jahrbuch des SFB 417* 1 (2001), S. 25–37.

Ders./Kösser, Uta: *Prägnanzbildung und Ästhetisierung in Bildangeboten und Bildwahrnehmungen*, Leipzig: Universitätsverlag 2001 (Leipziger Studien zur Erforschung von regionenbezogenen Identifikationsprozessen; 6).

Krämer, Gudrun: *Geschichte Palästinas. Von der osmanischen Eroberung bis zur Gründung des Staates Israel*, München: Beck 2002.

Kuhn, Thomas S.: *The Structure of Scientific Revolutions*, Chicago: Univ. of Chicago Press 1962.

Lamartine, Alphonse de: *Souvenirs, impressions, pensées et paysages, pendant un voyage en Orient (1832–1833), ou Notes d'un voyageur*. NT: *Voyage en Orient*, Paris: Gosselin 1835.

Lane, Chris: Chromolithography; in *Antique Prints Blog*, 12.06.2009; http://antiqueprintsblog.blogspot.com/2009/06/chromolithography.html (30.01.2020).

Latour, Bruno/Woolgar, Steve: *Laboratory Life. The Social Construction of Scientific Facts*, Princeton: Princeton Univ. Press (zuerst ebd. 1979).

Lewy, Mordechay: Jerusalem unter der Haut. Zur Geschichte der Jerusalemer Pilgertätowierung, in: *Zeitschrift für Religion und Geistesgeschichte* 55 (2003), S. 1–39.

Van Lieburg, Fred: Het Rode Kruis en het diakonessenwezen, in: Ders. (Hg.): *Opwekking van de natie: Het protestantse Réveil in Nederland*, Hilversum: Verloren 2012, S. 145–148.

Lindner, Christine Beth: *Negotiating the Field: American Protestant Missionaries in Ottoman Syria, 1823 to 1860*, Edinburgh: Univ. of Edinburgh 2009; http://www.levantineheritage.com/pdf/CB-Lindner-PhD-2009.pdf (30.01.2020).

Löffler, Roland: *Protestanten in Palästina: Religionspolitik, sozialer Protestantismus und Mission in den deutschen evangelischen und anglikanischen Institutionen des Heiligen Landes 1917–1939*, Stuttgart: Kohlhammer 2008.

De Loos-Haaxman, Jeanne: *Verlaat rapport Indië: Drie eeuwen westerse schilders, tekenaars, grafici, zilversmeden en kunstnijveren in Nederlandsch Indië*, s'Gravenhage: Mouton 1968.

Lyell, Charles: *Principles of Geology*. 3 Bde., London: Murray 1830–1833.

Makdisi, Ussama: Reclaiming the Land of the Bible. Missionaries, Secularism, and Evangelical Modernity, in: *American Historical Review* 102 (1997), S. 680–713.

Malte-Brun, Victor Adolphe: Map of the Holy Land [Rez.], in: *Nouvelles annales des voyages* 18 (6) (1859), S. 353–365.

Mangold, Sabine: *Eine „weltbürgerliche Wissenschaft" – Die deutsche Orientalistik im 19. Jahrhundert*, Stuttgart: Steiner 2004 (Pallas Athene; 11).

Mansell, Arthur Lukis/Hull, Thomas A.: *Mediterranean. Coast of Syria, Sheet 2: Markhab to Ras-en-Nakúra*, London: Admiralty 1864; sowie Mansell, Arthur Lukis: *Mediterranean. Coast of Syria, Sheet 3. Ras-en-Nakúra to El Arish*, London: Admiralty 1864–1865 [Druckjahr nach British Library, UIN: BLL01004940890 sowie BLL01004940897].

Marquardt, Editha: *Visiotype und Stereotype. Prägnanzbildungsprozesse bei der Konstruktion von Region in Bild und Text*, Köln: Halem 2005.

Meier, Axel: *Die kaiserliche Palästinareise 1898: Theodor Herzl, Großherzog Friedrich I. von Baden und ein deutsches Protektorat in Palästina*, Konstanz: Hartung-Gorre 1998.

Menke, Theodor: *Bibelatlas in 8 Blättern*, Gotha: Perthes 1868.

Möller, Reinhard M.: *Situationen des Fremden. Ästhetik und Reiseliteratur im späten 18. Jahrhundert*, Paderborn: Fink 2016.

Moscrop, John James: *Measuring Jerusalem. The Palestine Exploration Fund and British Interests in the Holy Land*, New York: Leicester Univ. Press 2000.

Müller, Monika: *Tabor*, in: Bauks, Michaela/Koenen, Klaus/Alkier, Stefan (Hg.): *Das wissenschaftliche Bibellexikon im Internet* (WiBiLex), Stuttgart: Deutsche Bibelgesellschaft 2008, https://www.bibelwissenschaft.de/stichwort/32198/ (10.04.2020).

Naili, Falestin: The Millenarist Settlement in Artas and its Support Network in Britain and North America, 1845–1878, in: *Jerusalem Quarterly* 45 (2011), S. 43–56.

Navari, Leonora: *Greece and the Levant. The Catalogue of the Henry Myron Blackmer Collection of Books and Manuscripts*, London: Maggs 1989 [auch der ‚Blackmer' genannt].

Negev, Avraham (Hg.): *Archäologisches Bibel-Lexikon*, Neuhausen-Stuttgart: Hänssler 1991.

[Netscher, Pieter Marinus:] *Répertoire des cartes du royaume des Pays-Bas et des colonies néerlandaises*, hg. vom Institut Royal des Ingénieurs Néerlandais. Den Haag: van Langenhuysen/Nijhoff 1865 [auch der ‚Netscher' genannt].

Noack, Lilian und Dieter: *Cost of Living in Daumier's Time*; https://www.daumier.org/biography/cost-of-living-in-daumiers-time/ (10.04.2020).

Osterhammel, Jürgen: *Kolonialismus. Geschichte, Formen, Folgen*. 4. Aufl. München: Beck 2003 (zuerst ebd. 1995).

Ders.: *Die Verwandlung der Welt. Eine Geschichte des 19. Jahrhunderts*, München: Beck 2009.

Pappé, Ilan: Zionism as Colonialism: A Comparative View of Diluted Colonialism in Asia and Africa; in: *South Atlantic Quarterly* 107 (2008), S. 611–633; https://doi.org/10.1215/00382876-2008-009 (30.01.2020).

Payne, Anne: Travellers Abroad, in: British Library (Hg.), *Picturing Places* [Internetpublikation], London 2017; https://www.bl.uk/picturing-places/articles/travellers-abroad (30.01.2020).

Perry, Yaron: *Juden-Mission: Die Arbeit der „London Society for Promoting Christianity Amongst the Jews" im 19. Jahrhundert in Palästina*, Basel: Univ. Basel 2006.

Perthus, Sophie/Faehndrich, Jutta: Visualizing the Map-Making Process. Studying 19th Century Holy Land Cartography with MapAnalyst, in: *e-Perimetron* 8 (2013), Nr. 2, S. 60–84; http://www.e-perimetron.org/vol_8_2/perthus_faehndrich.pdf (30.01.2020).

Piller, Gudrun/Söll-Tauchert, Sabine/Suter, Daniel/Wollmann, Therese: *Scheich Ibrahim: Der Basler Kaufmannssohn Johann Ludwig Burckhardt (1784–1817) und seine Reisen durch den Orient*. Mit Kartenmaterial von Thomas Hofmeier und Oskar Kaelin, hg. vom Historischen Museum Basel, Basel: Merian 2017.

Porter, Josias Leslie: *Five Years in Damascus*, London: Murray 1856.

Ders.: *Map of Damascus, Hauran, Anti-Libanon*, in: Ders.: Five Years in Damascus.

Ders.: *A Handbook for Travellers in Syria and Palestine. Concluding an Account of the Geography, History, Antiquities, and Inhabitants of these Countries, the Peninsula of Sinai, Edom, and the Syrian Desert. With Detailed Descriptions of Jerusalem, Petra, Damascus, and Palmyra. Maps and Plans.* 2 Bde., London/Paris: Murray/Galignani 1858 (Murray's Handbook).

Qleibo, Ali H.: Serendipity in Artas – Portrait of a Palestinian Village, in: *Levant Letters* (2014), Nr. 1, S. 1–6; http://www.fime.fi/serendipity-in-artas-portrait-of-a-palestinian-village (30.01.2020).

Ratschiller, Linda/Wetjen, Karolin (Hg.): *Verflochtene Mission. Perspektiven auf eine neue Missionsgeschichte*, Köln u.a.: Böhlau 2018.

Reenders, Hommo: *Alternatieve zending. Ottho Gerhard Heldring (1804–1876) en de verbreiding van het christendom in Nederlands-Indië*, Kampen: Kok 1991.

Ders.: Het Réveil en het Heilige Land (1830–1875), in: *Jaarboek voor de geschiedenis van het Nederlands protestantisme na 1800* 2 (1994), S. 50–73.

Ritter, Carl: *Die Erdkunde im Verhältniß zur Natur und zur Geschichte des Menschen, oder allgemeine, vergleichende Geographie, als sichere Grundlage des Studiums und Unterrichts in physikalischen und historischen Wissenschaften.* 2 Theile, Berlin: Reimer 1817–1818 [Erstauflage; die zweite, erheblich erw. Aufl. in 19 Teilbden., zwei davon Palästina gewidmet (16.1 und 16.2), erschien erst 1852; siehe https://de.wikisource.org/wiki/Carl_Ritter (03.05.2020)].

Roberts, David: *The Holy Land, Syria, Idumea, Arabia, Egypt and Nubia. From Drawings Made on the Spot by David Roberts. With Historical Descriptions by George Croly. Lithographed by Louis Haghe.* 5 Bde., London: Day & Son 1842–1849.

Roberts, David: *Das Heilige Land: Gestern und heute. David Roberts' Reisetagebuch* [mit Texten von Fabio Bourbon und Fotografien von Antonio Attini], Köln: Karl Müller 2001.

Robinson, Edward/Smith, Eli: *Biblical Researches in Palestine, Mount Sinai and Arabia Petrae. A Journal of Travels in the Year 1838*, Boston: Crocker & Brewster 1841.

Dies.: *Palästina und die südlich angrenzenden Länder: Tagebuch einer Reise im Jahre 1838 in Bezug auf die biblische Geographie unternommen von E. Robinson und E. Smith; mit neuen Karten und Plänen in 5 Blättern; nach den Originalpapieren und mit historischen Erläuterungen hg. von Eduard Robinson.* 3 Bd. in 5 Teilbd.; Bd. 1, 2, 3.1, 3.2, Kartenbd., Halle: Buchhandlung des Waisenhauses 1841–1842 [dt. Fassung von dies., *Biblical Researches*].

Dies.: *Later Biblical Researches in Palestine and the Adjacent Regions. A Journal of Travels in the Year 1852*, London: Murray 1856.

Dies.: *Neuere Biblische Forschungen in Palästina und in den angränzenden [!] Ländern. Tagebuch einer Reise im Jahre 1852. Nach den Original-Papieren mit historischen Erläuterungen hg. von Eduard Robinson*, Berlin: Reimer 1857.

Rödiger, Emil: Wissenschaftlicher Jahresbericht (über das Jahr 1854), in: *Zeitschrift der Deutschen Morgenländischen Gesellschaft* 9 (1855), S. 321–356.

Rombach, Johannes H.: Two Great Figures in Red Cross History, in: *International Review of the Red Cross* 16 (1962), S. 351–361.

Ders.: Charles W. M. van de Velde and Henry Dunant, in: *Bulletin de la Société Henry Dunant* 2 (1977), S. 1–5.

Ders.: Charles William Meredith van de Velde (1818–1898): een der eerste gedelegeerden van het Rode Kruis, in: *Universeel* 3 (1978), Nr. 4, S. 98–101.

Ders.: *De voornaamste bronnen en literatuur met betrekking tot het leven en de aktiviteiten van Charles William Meredith van de Velde (Leeuwarden 1818 – Menton 1898).* Ts., Alkmaar: Selbstverlag 1979; im Bestand des RKD (Rijksbureau voor Kunsthistorische Documentatie) Den Haag, Signatur 19E/NED/MON/ / VELDE C/Romb voo.

Ders.: C.W.M. van de Velde (1818–1898), tekenaar, reiziger enz., in: *De negentiende eeuw* 4 (1980), Nr. 2–3, S. 108–121.

Ders.: Varia. Noogmals C. W. M. van de Velde, in: *De negentiende eeuw* 5 (1981), Nr. 3, S. 161f.

S., H.: Karte von Palästina [Rez.], in: *Blätter für das bayrische Gymnasialschulwesen* 2 (1866), S. 314.

Said, Edward W.: *Orientalism*, London u.a.: Routledge & Kegan Paul 1978.

Schama, Simon: *Der Traum von der Wildnis. Natur als Imagination*, München: Kindler 1996 (zuerst New York 1995).

Schelhaas, Bruno: August Petermann's Palestine Maps, in: Goren/Faehndrich/ders.: *Mapping the Holy Land*, S. 107–137.

Scholten, Hendrik Jacobus: *Musée Teyler à Haarlem. Catalogue raisonnée des dessins des écoles française et hollandaise*, Haarlem: Les Héritiers Loosjes 1904.

Schunka, Alexander: Das Rohe, das Gekochte – und das Kochrezept. Kartenkommentare des 19. Jahrhunderts als historische Quellen, in: Siegel, Steffen/Weigel, Petra (Hg.): *Die Werkstatt des Kartographen. Materialien und Praktiken visueller Welterzeugung*, München: Fink 2011, S. 143–160.

Shepherd, Naomi: *The Zealous Intruders. The Western Rediscovery of Palestine*, London: Collins 1987.

Simmel, Georg: Die Ruine. Ein kunsthistorischer Versuch; in: *Der Tag*, No. 96 vom 22. Februar 1907, Erster Teil: Illustrierte Zeitung (Berlin); http://socio.ch/sim/verschiedenes/1907/ruine.htm (28.03.2019).

Ders.: Philosophie der Landschaft, in: Ders.: *Aufsätze und Abhandlungen 1909–1918 I*, hg. von Rüdiger Kramme und Angela Rammstedt, Frankfurt/M.: Suhrkamp 2001, S. 471–482 (zuerst 1913).

Ders.: *Philosophie des Geldes*, hg. von David P. Frisby und Klaus Christian Köhnke, Frankfurt/M.: Suhrkamp 1989 (Georg Simmel Gesamtausgabe; 6).

Slaby, Jan: Sklaven der Leidenschaft? Überlegungen zu den Affektlehren von Kant und Hume, in: Stephan, Achim/Walter, Henrik (Hg.): *Natur und Theorie der Emotion*, Paderborn: mentis 2003, S. 287–308.

Smidt, Wolbert: Die philosophische Kategorie des Läppischen und die Verurteilung der Afrikaner durch Kant; in: *Stichproben. Wiener Zeitschrift für kritische Afrikastudien* 4 (2004), Nr. 6, S. 43–60; https://stichproben.univie.ac.at/fileadmin/user_upload/p_stichproben/Artikel/Nummer06/Nr6_Smidt.pdf (20.01.2020).

Smiles, Sam: Turner's Topographical Watercolours, in: British Library (Hg.): *Picturing Places* [Internetpublikation], London 2017; https://www.bl.uk/picturing-places/articles/turners-topographical-watercolours (20.01.2020).

Smith, James: *De vredebode voor geloovige lijders, op het ziekbed, en in tijden van verdrukking en benaauwdheid. Naar het Engelsch door C. W.M. van de Velde*, Kapstadt: Marais 1850.

Sonderegger, Arno: Einleitung: Rassistische Dimensionen afrikanischer Gegenwart und Geschichte, in: *Stichproben. Wiener Zeitschrift für kritische Afrikastudien* 4 (2004), Nr. 6, S. 7–20; https://stichproben.univie.ac.at/fileadmin/user_upload/p_stichproben/Artikel/Nummer06/Nr6_Einleitung.pdf (30.01.2020).

Sotheby's (Hg.): *The Library of Henry Myron Blackmer II: Sold by Order of the Executor; Days of Sale Wednesday 11th, Thursday 12th, Friday 13th October 1989*, London: Sotheby's 1989 (The Blackmer Collection).

Stephan, Inge: *Johann Gottfried Seume als politischer Schriftsteller. Ein Beitrag zur Spätaufklärung in Deutschland*, Hamburg 1973 (Univ. Diss.).

Stolz, Gerd: Louis Appia und Charles van de Velde – Die beiden ersten Rotkreuz-Delegierten der Weltgeschichte 1864 in Schleswig-Holstein und Dänemark, in: *Natur- und Landeskunde* 120 (2013), S. 26–41.

Sydow, Emil von: Der kartographische Standpunkt Europa's in den Jahren 1865 und 1866, mit besonderer Rücksicht auf den Fortschritt der topographischen Spezial-Arbeiten im J[ahr]. 1865 (Schluss) [Sammel-Rez.], in: *Mittheilungen aus Justus Perthes' Geographischer Anstalt* 13 (1867), S. 140–145.

TenZythoff, Gerrit J.: *Sources of Secession: The Netherlands Hervormde Kerk on the Eve of the Dutch Immigration to the Midwest*, Grand Rapids, MI: Eerdmans 1987.

Thomson, William McClure: *The Land and the Book or Biblical Illustrations Drawn from the Manners and Customs, the Scenes and the Scenery of the Holy Land, Bd. I: South Palestine and Jerusalem; Bd. II: Central Palestine and Phoenicia*, New York: Harper 1859.

Tobler, Titus: *Bibliographia geographica Palaestinae. Zunächst kritische Uebersicht gedruckter und ungedruckter Beschreibungen der Reisen ins heilige Land*, Leipzig: Hirzel 1867.

Tuchman, Barbara W.: *Bible and Sword. England and Palestine from the Bronze Age to Balfour*, New York: New York Univ. Press 1956.

Twain, Mark: *The Innocents Abroad*, New York/Oxford: Oxford Univ. Press 1986 (zuerst Hartford, Conn. 1869).

Vanaf het hoogste punt: landmeten in Mesdags Tijd, Ausst. Studierender der TU Delft unter Leitung von Ramon Hanssen, Lehrstuhl Geodesy and Satellite Earth Observation, mit Beständen der Sondersammlung der TU Delft Library; Panorama Mesdag, Den Haag, 31.03.–22.09.2019; https://www.tudelft.nl/library/over-the-library/tu-delft-library-presenteert/landmeten-in-mesdags-tijd/ (04.05.2020).

Van de Velde, Charles William Meredith: *Kaart van de Eilanden beoosten Java onder opzigt der Commissie tot het verbeteren der Indische Zeekarten [...], ontworpen en te zamengesteld [...] 1839*, Amsterdam 1842. Ein Ex. im Bestand der British Library: Cartographic Items Maps 88720.(1.).

Ders.: *Kaart van het Eiland Java te zamengesteld uit officiele bronnen*, Leiden 1845.

Ders.: *Gezigten uit Neêrlands Indië naar de natuur geteekend en beschreven*, Amsterdam: Buffa [1843–1845]. Reprint Amsterdam: Buijten & Schipperheyn 1979.

Ders.: *Vues de Java, Sumatra, Borneo, Celebes et autres possessions hollandaises dans les Grandes Indes, dessinées d'après nature*, Amsterdam: Buffa 1846.

Ders.: Wat Jezus voor ons heeft gedaan, in: *Magdalena* 1 (1853), S. 12–17.

Ders.: *Reis door Syrie en Palestina in 1851 en 1852*. 2 Bde., Utrecht: Kemink 1854.

Ders.: *Narrative of a Journey through Syria and Palestine in 1851 and 1852*. 2 Bde., Edinburgh/London: Blackwood 1854.

Ders.: *Reise durch Syrien und Palästina in den Jahren 1851 und 1852. Aus dem Niederdeutschen übersetzt von K. Göbel, Pfarrer in Erlangen*. 2 Bde., Leipzig: Weigel 1855–1856.

Ders.: *Le pays d'Israël. Collection de cent vues prises d'après nature dans la Syrie et la Palestine, pendant son voyage d'exploration géographique en 1851 et 1852*, Paris: Renouard 1857; https://archive.org/details/cwm-van-de-velde-le-pays-d-israel-1857 (20.06.2020).

Ders./Tobler, Titus: *Plan of the Town and Environs of Jerusalem, Constructed from the English Ordnance Survey and Measurements of Dr. T. Tobler [...]. With Memoir by Dr. Titus Tobler. Engraved by Biedermann, Eberhardt and Stichardt*, Gotha: Perthes 1858.

Ders.: *Map of the Holy Land. From His Own Surveys in 1851 & 1852, from those Made in 1841 by Majors Robe and Rochfort Scott, Lieut. Symonds [...] and from the Results of the Researches Made by Lynch, Robinson, Wilson, Burckhardt, Seetzen & c. Engraved by Eberhardt and by Stichardt*, Gotha: Perthes 1858.

Ders.: *Memoir to Accompany the Map of the Holy Land constructed by C. W. M. van de Velde*, Gotha: Perthes 1858.

Ders.: *Map of the Holy Land – Constructed by C. W. M. Van de Velde [...] from His Own Surveys in 1851, 52 & 62; from those Made in 1841 by Majors Robe, Rochfort Scott, & Lieut. Symonds [...] from the Triangulations Made in 1860–62 under Direction of Commr. A. L. Mansell, R.N.; and from the Researches of Robinson, Wetzstein and Other Travellers. Engraved by Eberhardt and Stichardt*, Gotha: Perthes 1865 [2. Aufl.]

Ders.: *Karte von Palästina. Deutsche Ausgabe nach der 2. Auflage der ‚Map of the Holy Land'. Farbendruck von C. Hellfarth in Gotha*, Gotha: Perthes 1866.

Ders.: C. W. M. Van de Velde's letzte Reise in Palästina, 1861/62, und Bericht über die neue Auflage seiner Karte des Heiligen Landes, in: *Mittheilungen aus Justus Perthes' Geographischer Anstalt* 11 (1865), S. 188–191, 215–224, 296–305.

Ders.: *Notes on the Map of the Holy Land by C.W.M. van de Velde, Second Edition*, Gotha: Perthes 1865 [engl. Fassung von ders.: *C. W. M. Van de Velde's letzte Reise in Palästina*].

Ders.: *De Nederlandsche ambulance te Versailles, gedurende September, October en November 1870*, Utrecht: Kemink 1871.

De Vries, Dirk: De kaart van Palestina door C.W.M. van de Velde (1858): een ‚autoriteitsstuk', in: van der Krogt, Peter (Hg.): *‚Capita selecta' uit de geschiedenis van de kartografie*, Amersfoort: Nederlandse Vereniging voor Kartografie 1996, S. 15–26.

Weigel, Petra (Hg.): *Das Heilige Land in Gotha. Der Verlag Justus Perthes und die Palästinakartographie im 19. Jahrhundert*, Gotha: Verlag der Forschungsbibliothek 2014.

Wheatley-Irving, Linda: Holy Land Photographs and Their Worlds. Francis Bedford and the ‚Tour in the East', in: *Jerusalem Quarterly* 31 (2007), S. 79–96.

Whitelam, Keith W.: The Land and the Book: Biblical Studies and Imaginative Geographies of Palestine, in: *Postscripts. The Journal of Sacred Texts and Contemporary Worlds* 4 (2008), Nr. 1, S. 71–84.

Willink, Robert Joost: *The Fateful Journey. The Expedition of Alexine Tinne and Theodor von Heuglin in Sudan (1863–1864). A Study of Their Travel Accounts and Ethnographic Collections*, Amsterdam: Amsterdam Univ. Press 2011.

Witztum, Eliezer/Kalian, Moshe: The „Jerusalem Syndrome" – Fantasy and Reality. A Survey of Accounts from the 19th Century to the End of the Second Millennium, in: *The Israel Journal of Psychiatry and Related Sciences* 36 (1999), S. 260–271.

Wolff, Philipp: Karte von Palästina von C. W. M. Van de Velde. Deutsche Ausgabe nach der zweiten Auflage der ‚Map of the holy land' [Rez.], in: *Jahrbücher für deutsche Theologie* 11 (1867), S. 767–769.

Wolffe, John: The Evangelical Alliance in the 1840s: An Attempt to Institutionalise Christian Unity; in: *Studies in Church History* 23 (1986), S. 333–346.

Yetkiner, Cemal: After Merchants, Before Embassadors: Protestant Missionaries and Early American Experience in the Ottoman Empire, 1820–1860, in: Criss, Nur Bilge, u.a. (Hg.): *American Turkish Encounters: Politics and Culture, 1830–1989*, Newcastle upon Tyne: Cambridge Scholars 2011, S. 8–34.

Zeidler, Jürgen: *Lithographie und Steindruck*, Stuttgart: Christophorus 2008.

Zeuge-Buberl, Uta: *Die Mission des American Board in Syrien im 19. Jahrhundert: Implikationen eines transkulturellen Dialogs*, Stuttgart: Steiner 2016.

Zimmermann, Carl: *Atlas von Palaestina und der Sinai-Halbinsel*; zu Ritter, *Die Erdkunde*, Berlin: Reimer 1850.

Zohar, Motti: A City Hit by an Earthquake: An HGIS Approach to Reconstructing the Damage in Tiberias (Israel) in 1837, in: *International Journal of Geographical Information Science* 31 (2016), Nr. 1, S. 81–99.

Zeitleiste Charles William Meredith van de Velde

04.12.1818	Geboren in Leeuwarden als Sohn des Sanitätsoffiziers der niederländischen Marine Johannes van de Velde und Cornelia Maria, geb. Jonquière
16.11.1832	Eintritt in die niederländische Marine, Ausbildung am *Koninklijk Instituut voor de Marine* in Medemblik
1832	Frühestes Kunstwerk in öffentlichen Sammlungen, aus dem Besitz seines Zeichenlehrers Petrus Johannes Schotel
01.10.1838–01.05.1841	Dienst auf der Korvette *Triton* in Niederländisch-Ostindien, u.a. beim Hydrographischen Büro in Batavia (Jakarta)
Feb. 1839	Begegnung mit dem französischen Forschungsreisenden Dumont D'Urville in Ambon (Molukken)
1841	Rückkehr in die Niederlande; Kommission zur Verbesserung der Schiffbarkeit der Zuiderzee und anderer Binnengewässer
1842–1845	Karten der Sundainseln (1842) und der Insel Java (1845)
31.05.1843	Aus familiären Gründen aus dem aktiven Dienst ausgeschieden
1843–1845	Java-Album *Gezigten uit Neêrlands Indië* erscheint in Amsterdam
31.12.1846	Abschied von der Marine auf eigenen Wunsch
Ende 1845–Ende 1847	Zivilbeamter beim Statistischen Büro der niederländischen Kolonialverwaltung in Buitenzorg (Bogor, Insel Java)
1848	Missionsaufenthalt Ceylon (Sri Lanka)
1850	Missionsaufenthalt Kapstadt
04.11.1851–23.06.1852	Vermessungsreise ins Heilige Land, per Schiff von Marseille nach Beirut
1852	Nach der Rückkehr Wohnung bei seiner verwitweten Schwester Jeanette van Coppenaal in Haarlem
1854	Reisebeschreibung Niederländisch und Englisch, 1855/56 Deutsch
07.06.1855	Erster Brief an Verlag Justus Perthes, Gotha, aus London
07.08.1855	Aufenthalt in Gotha zur Besprechung der Karte
Juni–Aug. 1857	Zweiter (oder weiterer) Aufenthalt in Gotha
Nov. 1858	*Map of the Holy Land* erscheint bei Perthes in Gotha
Sept. 1861	Bei Henri Dunant in Genf
31.11.1861–20.05.1862	Zweite Palästinareise als Gesandter des *Syrian Asylum Committees*, um die Lage der maronitischen Christen im Lande zu erkunden
Juli 1862	Bei Henri Dunant in Genf
26.10.1863	Niederländischer Delegierter bei der Gründung des *Comité international de secours aux blessés* in Genf, später *Comité international de la Croix-Rouge*
13.03.–10.05.1864	Mit Louis Appia erster Gesandter des Roten Kreuzes im Deutsch-Dänischen Krieg an den Düppeler Schanzen
Juni 1865	Zweite Auflage der *Map of the Holy Land* erscheint in Gotha
1866	*Karte von Palästina*, deutsche Fassung der zweiten Auflage
April 1866	Letzter Kontakt mit dem Verlag Justus Perthes
31.08.–03.12.1870	Leiter der Niederländischen Ambulanz in Versailles während des Deutsch-Französischen Kriegs; dafür Medaille des Niederländischen Roten Kreuzes; Verdienstkreuz von Bayern, Preußischer Kronenorden 3. Klasse
1883	Rijksmuseum lehnt den Ankauf der Palästina-Aquarelle ab
1890er Jahre	Aufenthalt in Korsika, zahlreiche Landschaftsaquarelle
20.03.1898	Tod in Menton, Beisetzung in Besançon

Lokale Missionskontakte auf van de Veldes Reise 1851/52 (zu Abb. 4)

Ort	Name (alternative Namensform)	Missionsgesellschaft
Abeih	Calhoun, Simeon	ABCFM
Beirut	Lowndes, Isaac	BFBS; Reisegefährte von Malta bis Beirut
	Hurter, Georg	ABCFM
	deForest, Henry	ABCFM
	Smith, Eli	ABCFM
	Whiting, George, Dr.	ABCFM
	Kalley, Robert Reid, Dr.	unabhängig; zu Beginn Reisegefährte
Damaskus	Porter, Josias Leslie	IPM
	Paulding, Dr. J. G.	IPM
Hâsbeiya, Sidon	Wortabet, John	ABCFM
	Thomson, William jun.	ABCFM
	van Dyck (Dijk), Cornelius	ABCFM
Jerusalem	Crawford, Henry	LJS
	Nicolajsen, Hans (Nicolayson, John)	LJS
	Reichardt, Henry	LJS
	Finn, James	LJS, britischer Konsul
	Gobat, Samuel	CMS, preußisch-englischer Bischof
	MacGowan, Edward	LJS
	Sandretzky, Carl (Sandreczki)	CMS
Safed, Nazareth	Klein, Friedrich August	CMS
Schemlân	Thomson, William McClure	ABCFM
	Thomson, William jun.	ABCFM
	van Dyck (Dijk), Cornelius	ABCFM
	Kalley, Robert Reid, Dr.	unabhängig; zu Beginn Reisegefährte
	Scott, John Gordon	Fabrikant, mit ABCFM assoziiert
	Carabet, Philip Jean	Missionsschüler der ABCFM; Dragoman

Missionsgesellschaften

ABCFM: American Board of Commissioners for Foreign Missions.
BFBS: British and Foreign Bible Society.
CMS: Church Missionary Society.
IPM: Irish Presbyterian Mission.
LJS: London Society for Promoting Christianity among the Jews – London Jews Society.
Aufgrund der lokalen Zuordnung sind Dopplungen möglich.

Abbildungsnachweis

Frontispiz

Van de Velde, *Reise durch Syrien und Palästina*, beigebunden.

Abbildungen im Fließtext

Abb. 1: ICRC Archives, Portraits des Premiers Adeptes de la Croix-Rouge, Vol. I (cote AF 681), V-P-HIST-E-05504, Charles William Meredith Van De Velde. – Abb. 2: Fotocollectie Veenhuijzen, Centrum voor familiegeschiedenis; https://cbgverzamelingen.nl. – Abb. 3: Bestand Familieadvertenties, Centrum voor familiegeschiedenis, van de Velde (periode tot 1970), 110 pg./Fiche 7121-7122, Bl. 0034; https://cbgverzamelingen.nl. – Abb. 4, 5, 8: Kartographie und Visualisierung Jan David Schmidt, Münster. – Abb. 6: Van de Velde, *Le pays d'Israël*, Detail (Privatbesitz). – Abb. 7: Van de Velde, *Le pays d'Israël*, Ex. Bibliothèque nationale et univ. de Strasbourg. – Abb. 9: Univ. Erfurt, Forschungsbibliothek Gotha, Sammlung Perthes, FBG–SPA MFV 009, Bl. 436. – Abb. 10: Van de Velde, *Map of the Holy Land*, Gotha 1858, Sektion 8 (Ausschnitt). – Abb. 11: Van de Velde, *Karte von Palästina*, Gotha 1866, Sektion 8 (Ausschnitt). – Abb. 12: Van de Velde, *Map of the Holy Land*, Gotha 1858, Sektion 5 (Ausschnitt). – Abb. 13: Eigene Arbeit der Autorin. – Abb. 14: Kartographie und Visualisierung Jan David Schmidt, Münster, unter Verwendung von van de Velde, *Map of the Holy Land*, Gotha 1858. Aufgrund der historischen Komplexität von Grenzziehungen in der Region können auf Abb. 4, 5, 8 und 14 weder historische noch heutige Grenzen dargestellt werden.

Farbabbildungen

Farbabb. 1–45: Van de Velde, *Le pays d'Israël.* Sofern nicht anders vermerkt: Ex. Kungliga biblioteket Stockholm, 182 E 6. Die Zahl in der Bildunterschrift ist die Nummer des Drucks im Original. Aus Platzgründen können nicht alle Lithographien des Albums abgebildet werden.
Varianten einzelner Drucke:
Farbabb. 6: Van de Velde, *Le pays d'Israël*, Ex. Bibliothèque nationale et universitaire de Strasbourg. – Farbabb. 7: Dass., Ex. Kungliga biblioteket – Sveriges nationalbibliotek Stockholm. – Farbabb. 8/9: Rijksmuseum Amsterdam, Objekt Nr. RP-T-1892-A-2708. –Farbabb. 13: SP Lohia Hand Coloured Rare Book Collection, Ref. Nr. 5721 (Variante von Farbabb. 12).
Karten:
Farbabb. 46–53: Van de Velde: *Karte von Palästina*, 2. Aufl. der *Map of the Holy Land*, Gotha 1866, Sektionen 1–8; Univ. Erfurt, Forschungsbibliothek Gotha, Sammlung Perthes, FBG–SPA 2° 316.

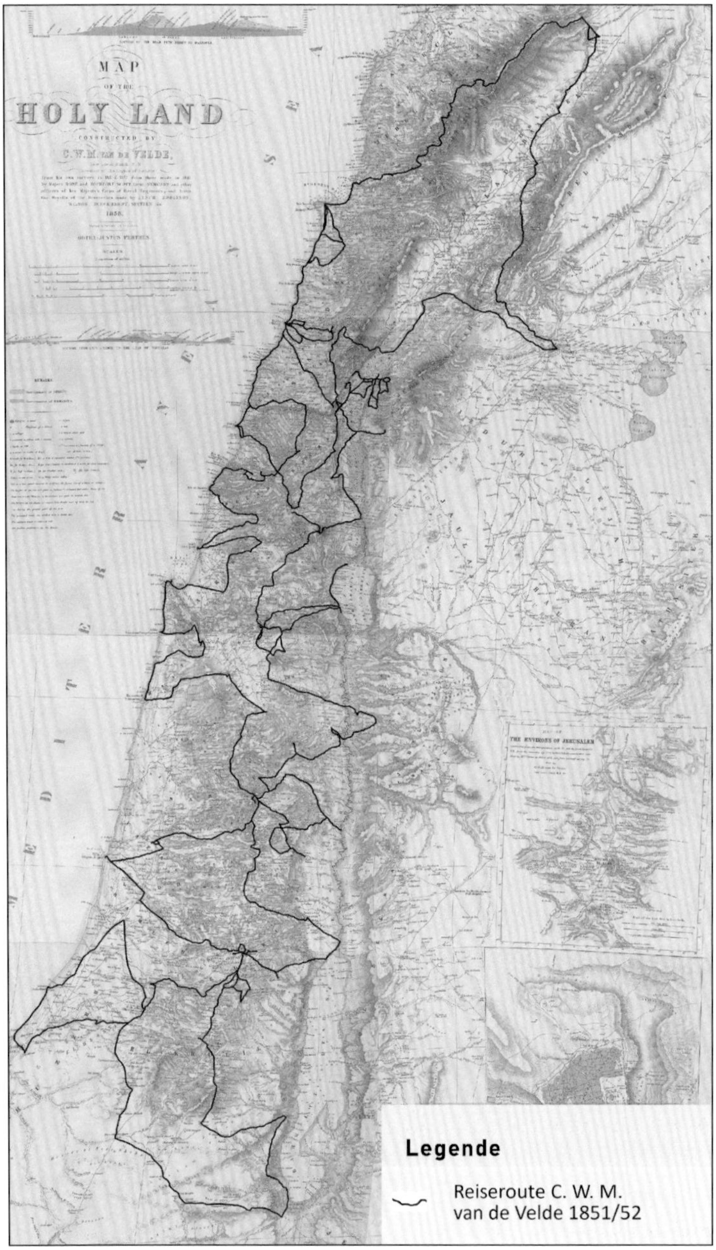

Abb. 14: Reiseroute auf der publizierten Karte.
Kartographie und Visualisierung Jan David Schmidt, Münster, unter Verwendung von Charles William Meredith van de Velde: Map of the Holy Land, Gotha: Perthes 1858

Liste aller Lithographien des Albums

Schreibweisen folgen dem Inhaltsverzeichnis (van de Velde, Le Pays d'Israël, S. vii–viii) und weichen teils von den Bildunterschriften ab (Abweichungen im Original).

1	***Beirout***, vue prise de la route de Schemlân.	Farbabb. 2
2	***Abeyh***, village dans le Liban.	Farbabb. 3
3	***En Neby-Yûnas***.	Farbabb. 5
4	***Saida (Sidon)***, vue septentrionale.	Farbabb. 4
5	***Sidon***, vue méridionale.	
6	***Le Château de saint Louis à Sidon***.	Farbabb. 6–9
7	***Sidon***, vue générale prise des jardins.	
8	***Le Nahr el-Auwly (le Bostrenus)***.	
9	***Le Nahr-Sanîk près de sa source***.	Farbabb. 10
10	***Kalât esch-Schekîf (Belfort des Croisés)***.	
11	***L'arrivée à Hâsbeiya***.	
12	***Hâsbeiya***.	Farbabb. 11
13	***Le mont Hermon***, vu de Khalwet el-Bîyad.	
14	***Le mont Hermon***, vue prise de Thelthatha.	
15	***Site près de Schuweiya*** (environs de Hâsbeiya).	Farbabb. 12/13
16	***Ruines d'un temple à Hîbarîyeh***.	
17	***Kefr-Hâmam*** (environs de Hâsbeiya).	
18	***Kalât-Aisafa***, ruines près de Kefr-Hamâm.	
19	***Le lac el-Houleh (les eaux de Merom)***.	
20	***El-Nahr Hasbâny (le Jourdain supérieur)***.	
21	***Le Hasbâny près de sa source***.	
22	***Djisr-Burghuz***, pont sur le Litany (Léontès).	Farbabb. 14
23	***Le Léontès au-dessous de Burghuz***.	
24	***Ravin du Léontès près de Belât***.	
25	***Gorge du Léontès près du Khatweh***.	Farbabb. 15
26	***La vallée du Hasbâny*** (vue méridionale prise d'Ibl).	
27	***Kalât-Hounîn***.	
28	***Bint-Djebail***.	
29	***Ruines d'une synagogue à Kefr-Berim***.	
30	***Ruines de Hazour ou Hazireh***.	
31	***Kabr-Hairan*** (tombeau de Hiram, roi de Tyr).	
32	***Râs el-Ain***, environs de Tyr.	
33	***Sour (Tyr)***, vue générale.	
34	***Ruines de Tyr*** (l'ancienne Cathédrale, partie S. E. de la ville).	
35	***Ruines près de Tyr*** (au S. de la ville).	
36	***Djisr-Kakaîyeh*** (pont sur le Léontès).	
37	***Kalât-Tibnîn*** (le château Toron des Croisés).	Farbabb. 16
38	***Ruines d'un temple à Belât*** (entre Tyr et Tibnîn).	
39	***Kalât-Schemma***.	Farbabb. 17
40	***Kalât-Karn***.	Farbabb. 20
41	***Village de Mellia***.	
42	***Kalât-Djedîn*** (environs de Saint-Jean d'Acre).	
43	***Akka*** (***Ptolemais, Saint-Jean d'Acre***).	Farbabb. 18
44	***La ville de Khaifa, au pied du mont Carmel***.	Farbabb. 22
45	***Athlît*** (Castellum Peregrinorum des Croisés).	
46	***Ain-Haud*** (village au pied du Carmel).	
47	***La plaine de Jizréhel, vue du mont Carmel***.	Farbabb. 21

48	***El-Mohraka*** (site du Sacrifice d'Élie).	
49	***Ruines à Tantoura*** (site de l'ancienne ville de Dor).	
50	***Ruines de Césarée.***	Farbabb. 23
51	***Jenîn (en-Ganim),*** tribu d'Issachar.	Farbabb. 19
52	***Sebustîyeh (Samarie).***	
53	***La vallée de Sichem.***	
54	***Nablous (Sichem) et le mont Gerizim.***	
55	***Yâfa (Japho, Joppe),*** vue septentrionale.	Titelabb.
56	***Yâfa*** (vue méridionale).	
57	***Ruines à Ludd (Lydde).***	Farbabb. 24
58	***Jérusalem et le mont des Oliviers.***	
59	***Jérusalem***, vue prise au N. E. de la ville.	Farbabb. 25
60	***Jérusalem***, vue du mont des Oliviers.	
61	***Jérusalem***, vue prise hors de la porte de Damas.	
62	***La vallée du Cédron.***	Farbabb. 26
63	***La vallée du Cédron (Gethsémané),*** vue de nuit.	Farbabb. 27
64	***El-Azarîyeh (Béthanie).***	
65	***Beit-Lahm (Beth-léhem).***	
66	***Les réservoirs de Salomon.***	
67	***El-Khalîl (Hébron).***	Farbabb. 28
68	***Le rocher de Masada et la mer Morte.***	Farbabb. 29
69	***Le désert de Judée entre Masada et ez-Zuweirah.***	Farbabb. 30
70	***Beit-Jebrîn (Eleutheropolis).***	Farbabb. 31
71	***Ghuzzeh*** (***Gaza***).	Farbabb. 32
72	***Le couvent de Mâr-Saba.***	Farbabb. 33
73	***Er-Riha***, village près du site de Jéricho.	
74	***Wady-Fasaël (le torrent de Kerith)*** (FRONTISPICE).	Farbabb. 2
75	***Kerawa***, oasis dans le Ghor.	Farbabb. 34
76	***Le Jourdain***, au passage de la route de Nablous à es-Salt.	Farbabb. 35
77	***Le Jourdain*** (passage entre Scythopolis et Pella).	
78	***Beisan (Beth-San, Scythopolis).***	
79	***En-Nazirah (Nazareth).***	Farbabb. 36
80	***Le Lac de Tibériade.***	Farbabb. 38/39
81	***El-Mejdel (Magdala),*** lac de Tibériade.	Farbabb. 37
82	***Le lac de Tibériade vu du château de Safed.***	
83	***La grotte de Banias.***	
84	***Ravin du Nahr ez-Zaharâny***, au-dessous de Djurdjoua.	
85	***Djebea***, village du Djebel-Rihân.	
86	***Chute du torrent de Djezzîn.***	Farbabb. 40
87	***El-Bekâa*** (la vallée de Cœlésyrie).	Farbabb. 41
88	***Esch-Schâm (Damas).***	Farbabb. 42
89	***La rivière Barada (l'ancienne Abana),*** vue prise près de Dummar.	
90	***Baalbec***, vue méridionale.	
91	***Baalbec***, côté oriental.	Farbabb. 43
92	***Kamoa el-Hermel*** (monument dans la plaine de Riblah).	
93	***Kamoa el-Hermel*** (profils et détails).	
94	***Merj-Ahîn*** (vallée alpestre du Liban septentrional).	Farbabb. 44
95	***Forêt dans les hautes régions du Liban.***	
96	***Les monts Hermon el Sunnîn,*** vue de la crête orientale du Liban.	
97	***Les cèdres du Liban.***	Farbabb. 45
98	***Le torrent de Bscherreh.***	
99	***Sources de l'Adonis à Afka (Apheca).***	
100	***Carte de la Palestine.***	

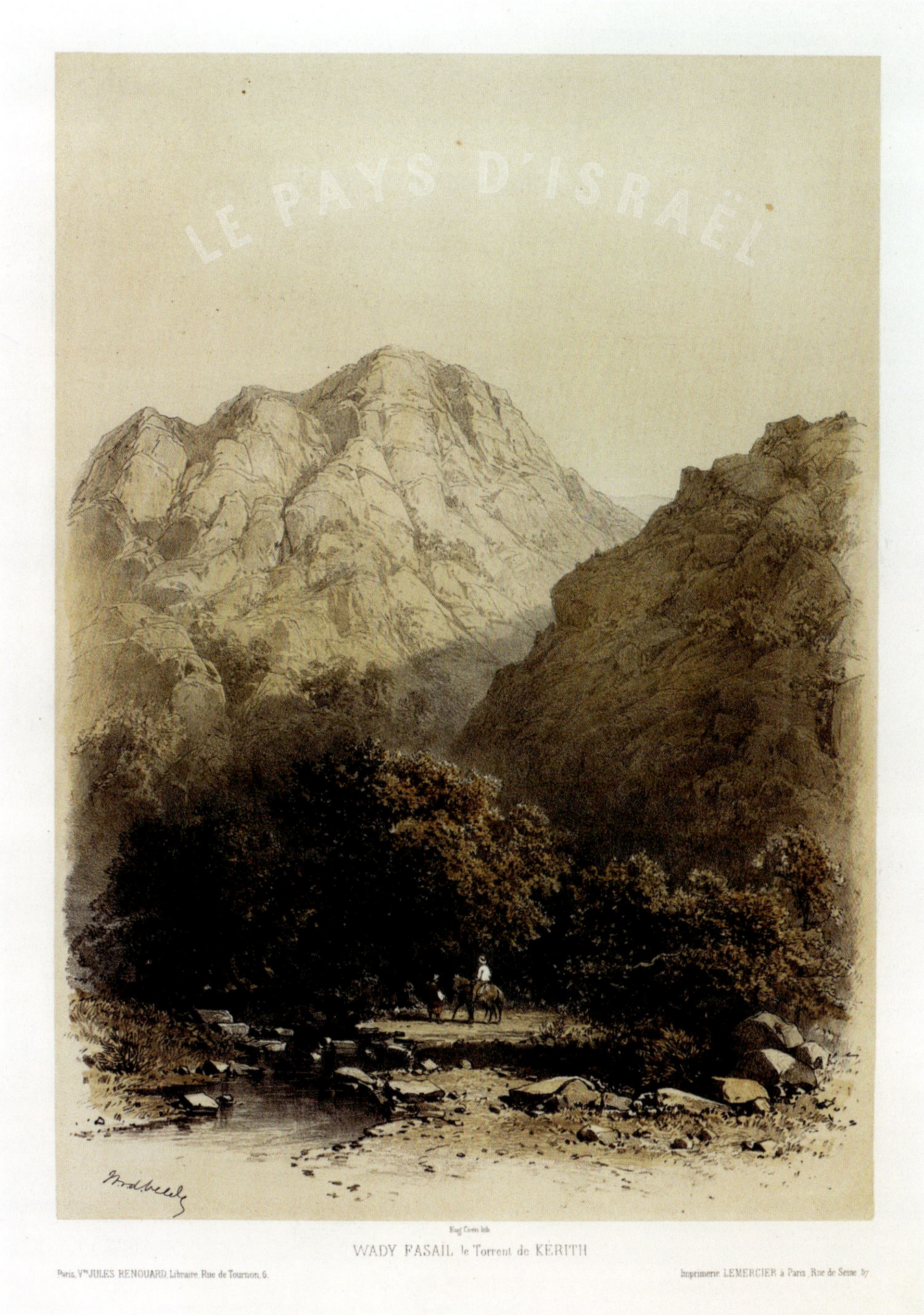

01. *74. Wady Fasail, le Torrent de Kerith*; Titelbild des Albums

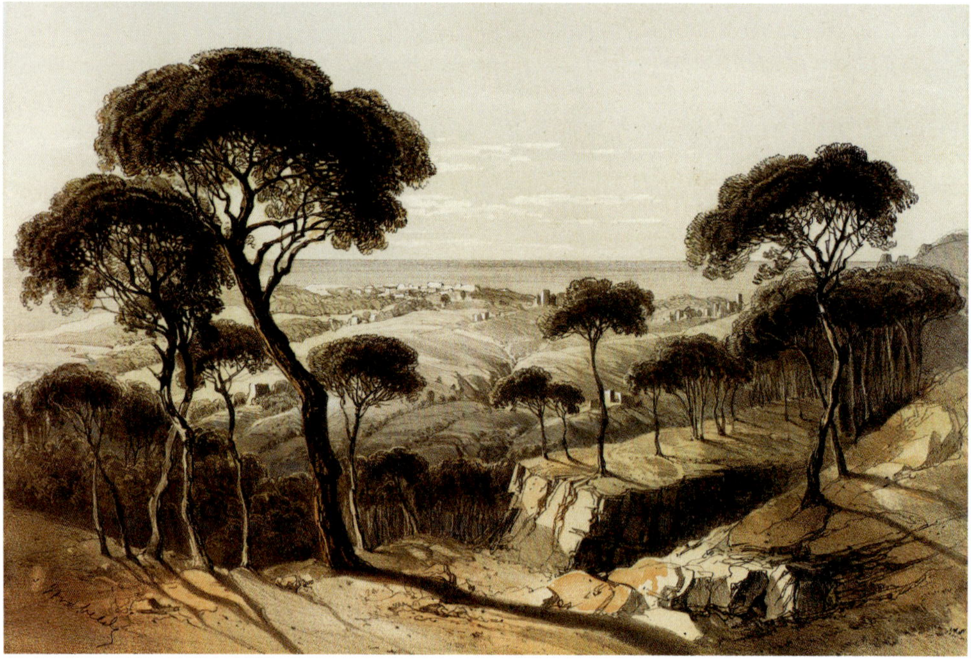

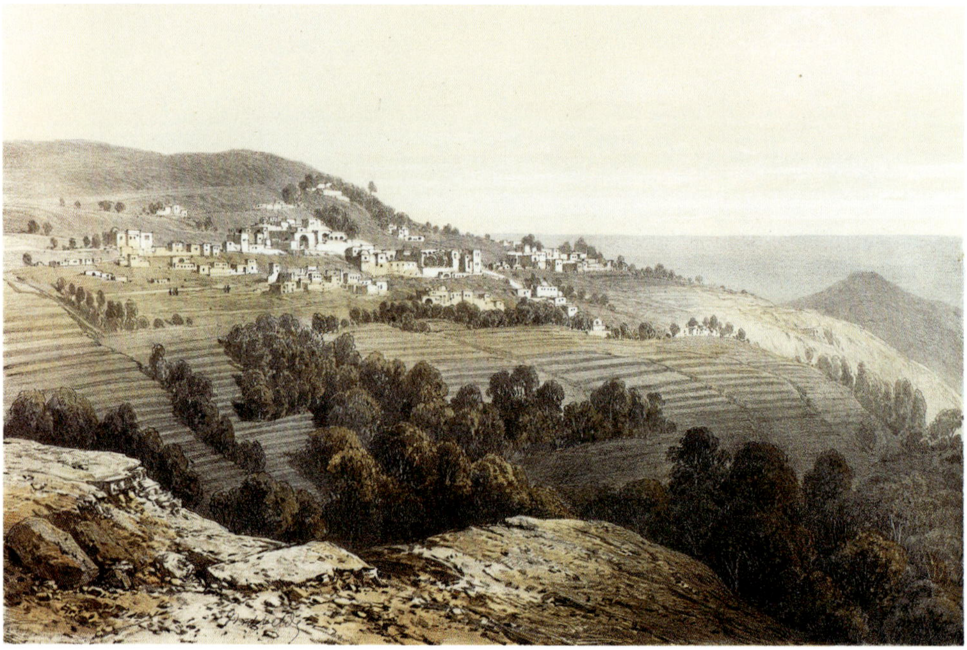

02. *1. Beirout. Vue prise de la route de Schemlân*
03. *2. Le village d'Abeyh (Mont Liban S.E. de Beirout)*

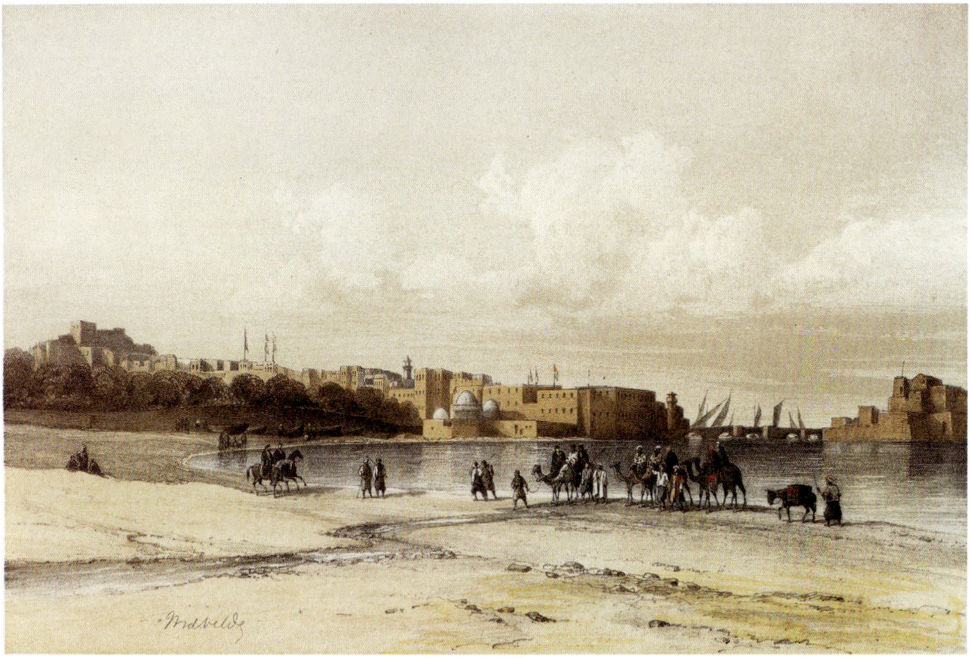

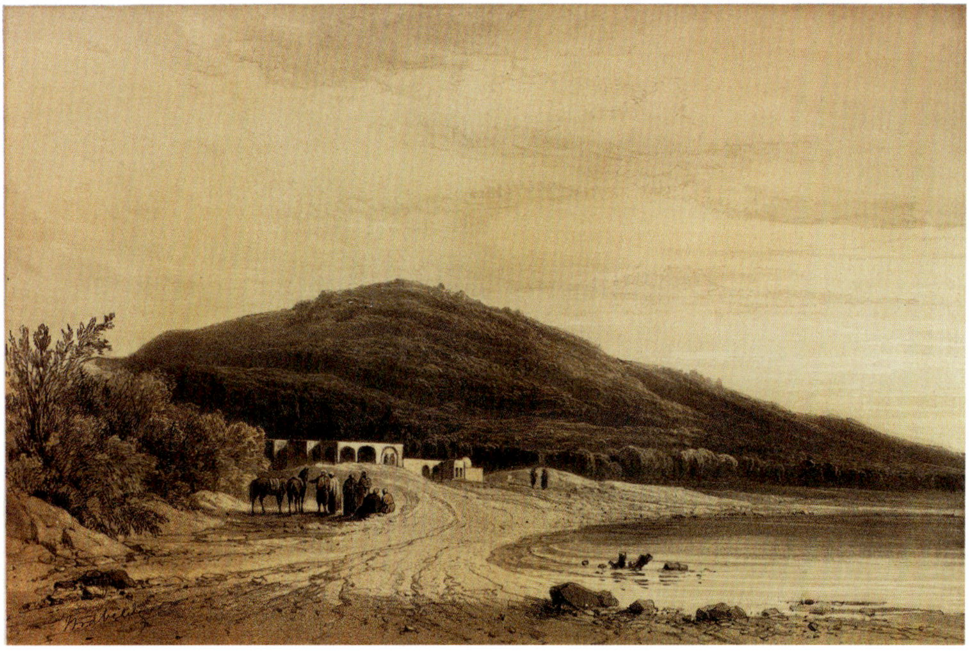

04. *4. Sidon (Saida). Vue Septentrionale*
05. *3. En-Neby Yûnas*

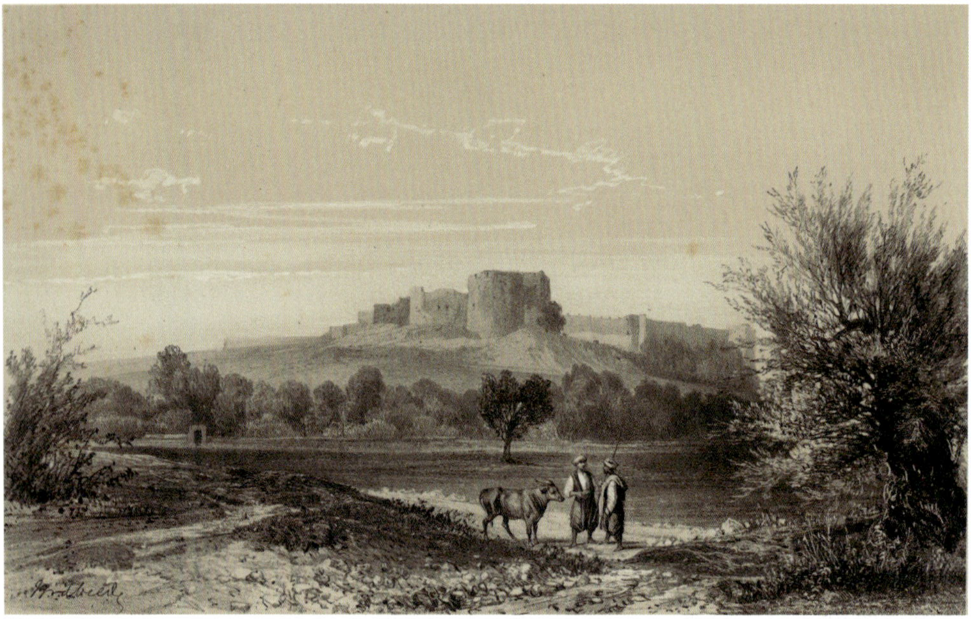

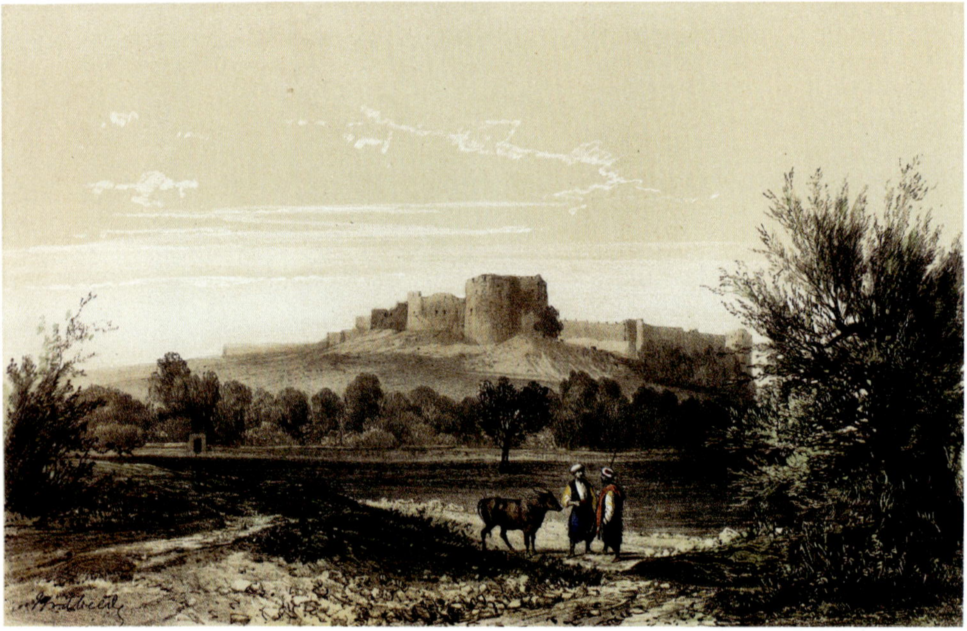

06. *6. Château de Saint Louis à Sidon*, monochrome Fassung (Le pays d'Israël, Ex. Bibliothèque nationale et universitaire de Strasbourg)

07. *6. Château de Saint Louis à Sidon*, farbige Fassung (Le pays d'Israël, ‚Édition de Luxe', Ex. Kungliga biblioteket Stockholm)

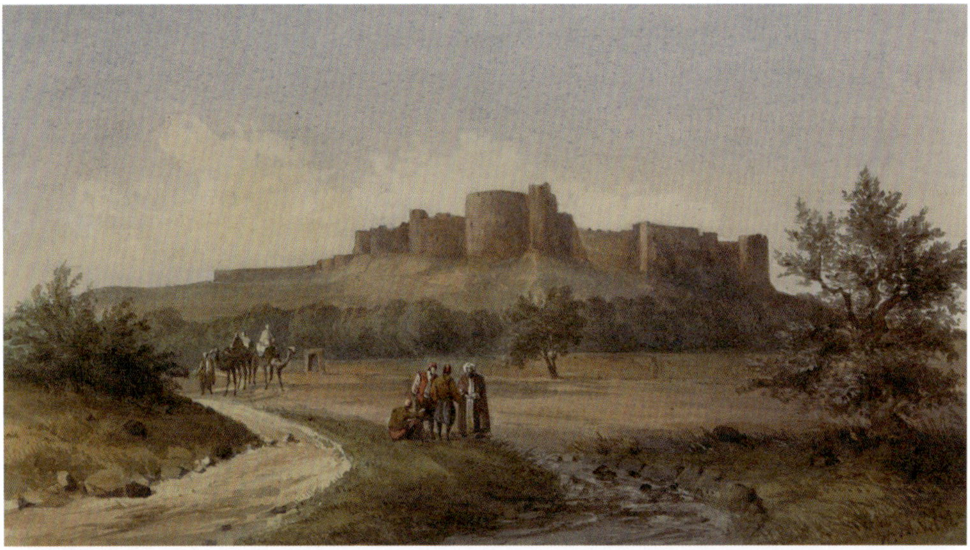

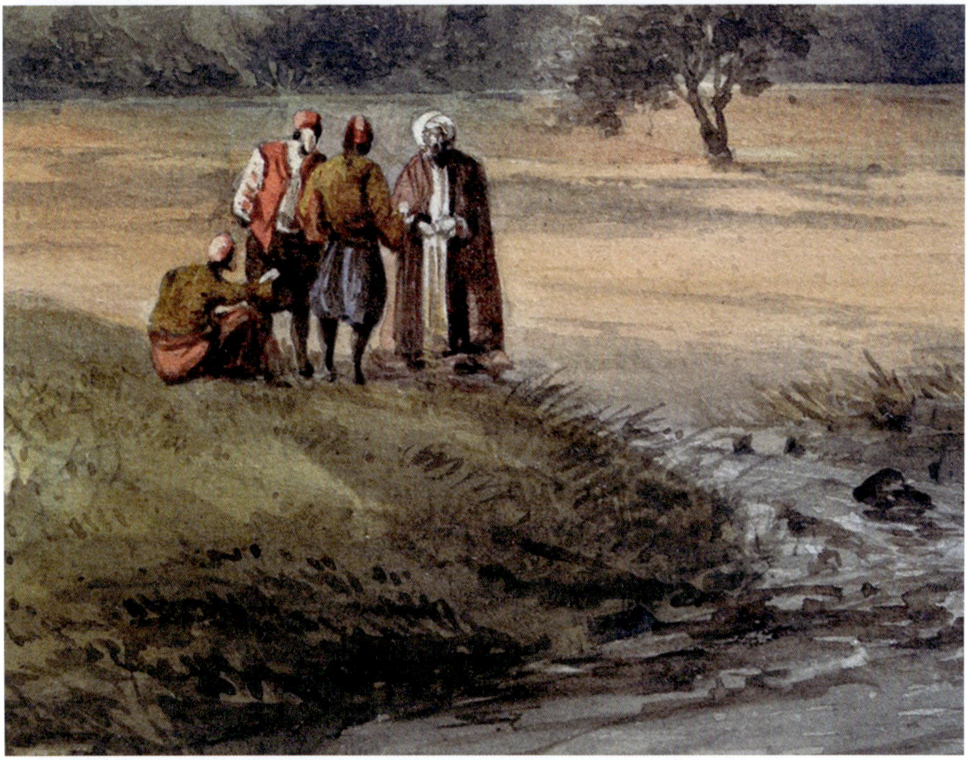

08. *Gezicht op het kasteel St. Louis te Sidon, Libanon*; Aquarell, 281mm x 181mm, Rijksmuseum Amsterdam, Jonkheer P.A. van den Velden Bequest, http://hdl.handle.net/10934/RM0001.COLLECT.294899 (25.05.2020)

09. *Gezicht op het kasteel St. Louis te Sidon*, Aquarell (wie Abb. 8), Detail

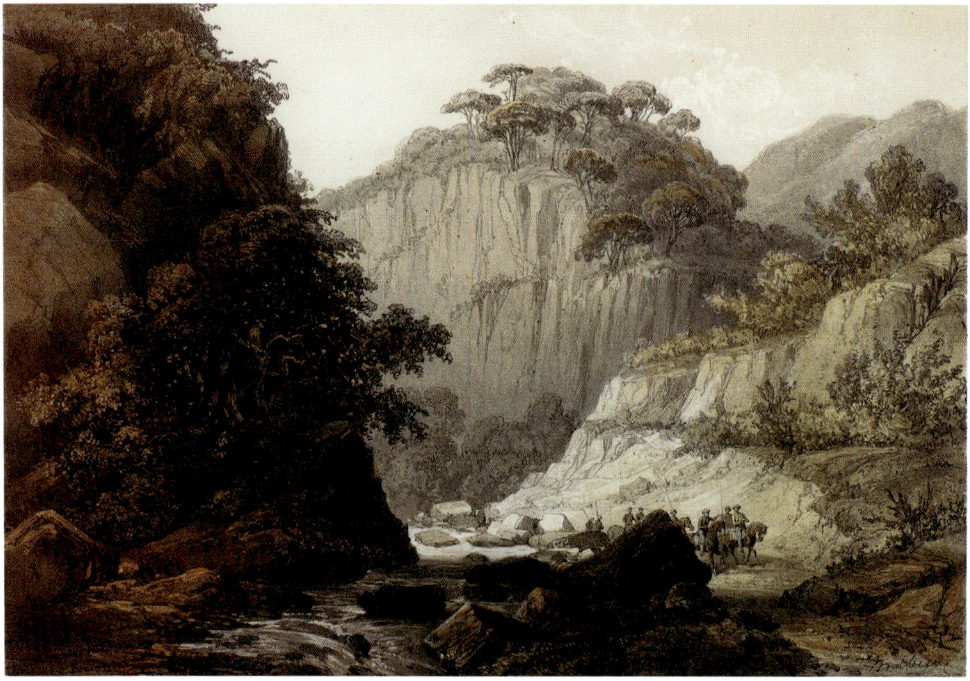

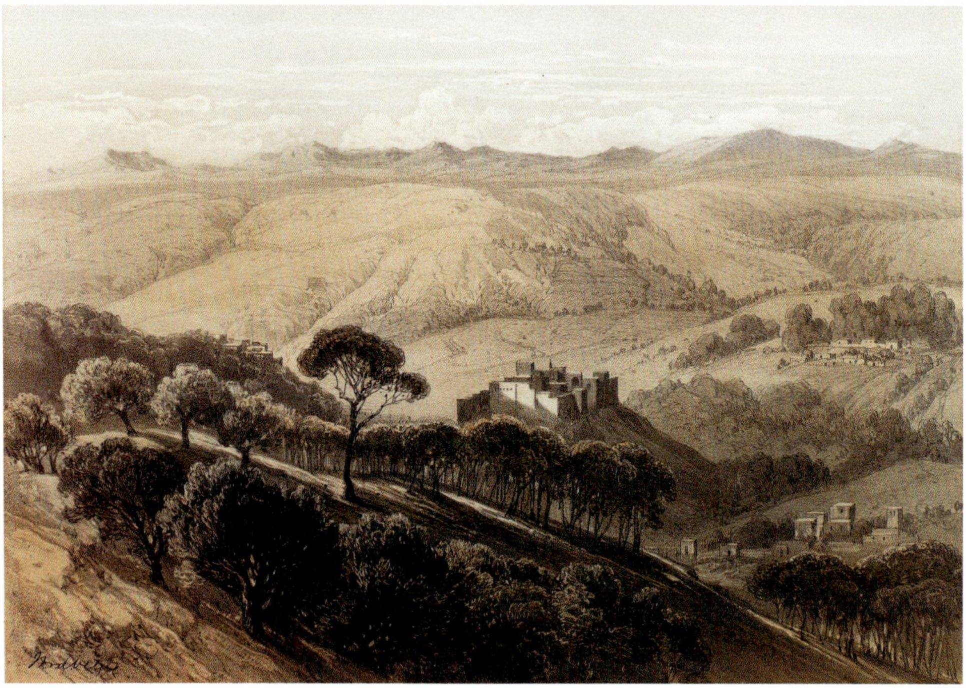

10. *9. Le Nahr-Senîk, près de sa source*
11. *12. Hâsbeiya*

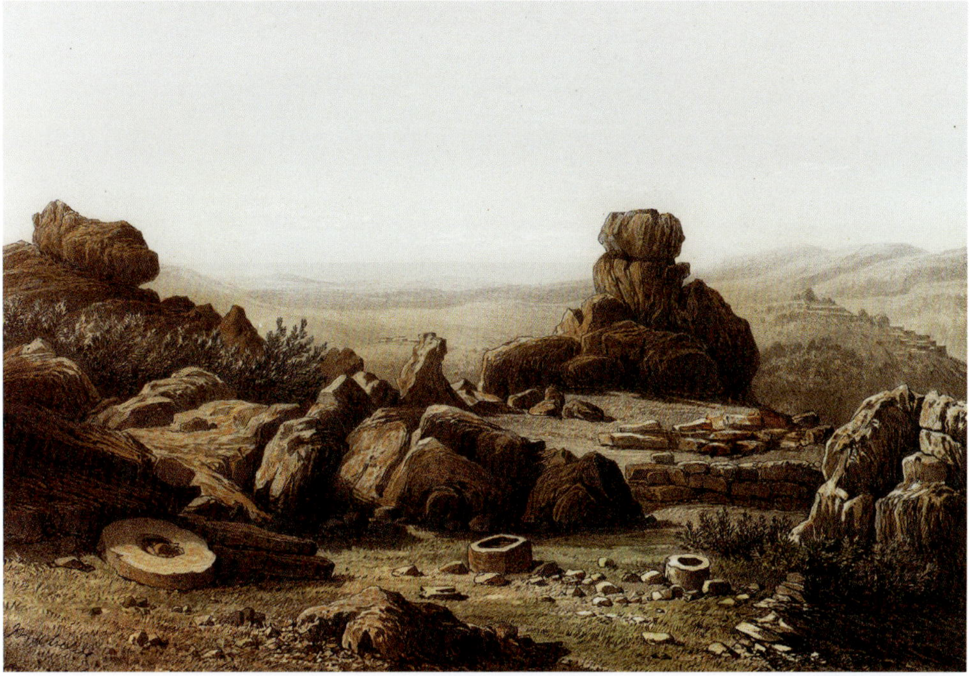

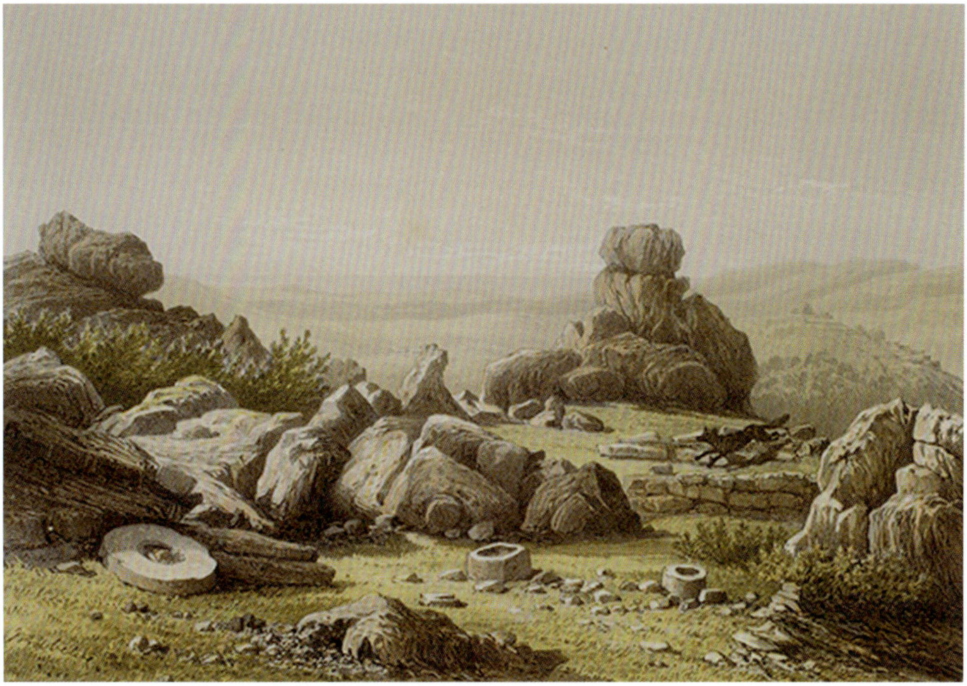

12. *15. Site près de Schuweiya (environs de Hâsbeiya)*
13. *15. Site près de Schuweiya (environs de Hâsbeiya)*, Erstfassung; SP Lohia Hand Coloured Rare Book Collection, Ref. Nr. 5721, mit freundlicher Genehmigung

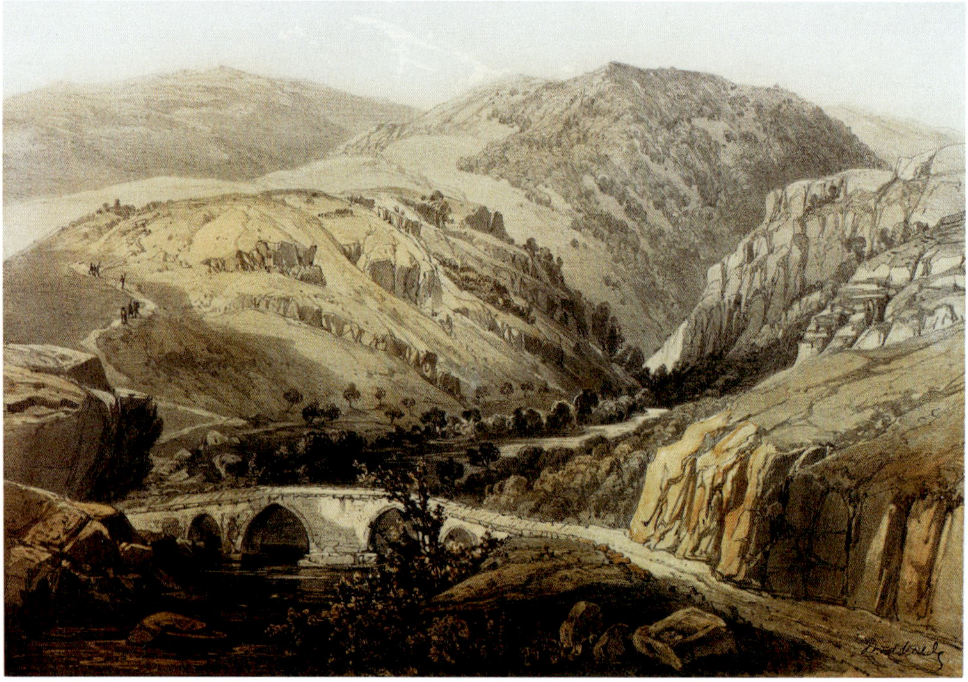

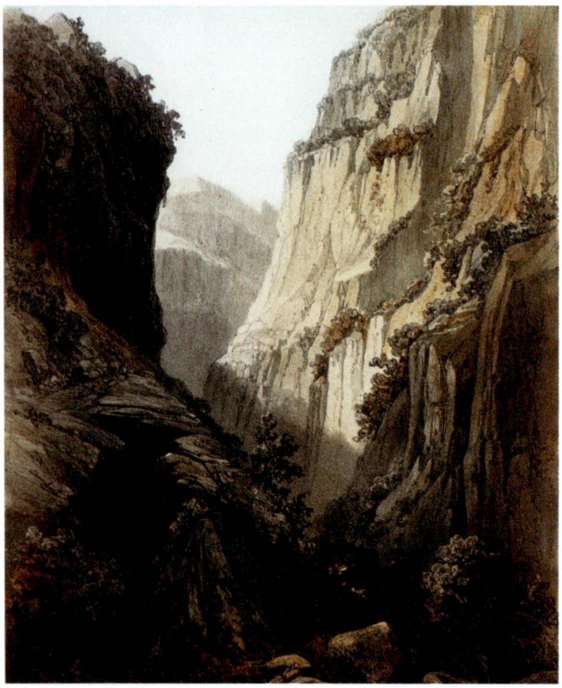

14. *22. Djisr Burghuz. Pont sûr le Litâny (Leontes)*
15. *25. Gorge du Leontès près du Khatweh*

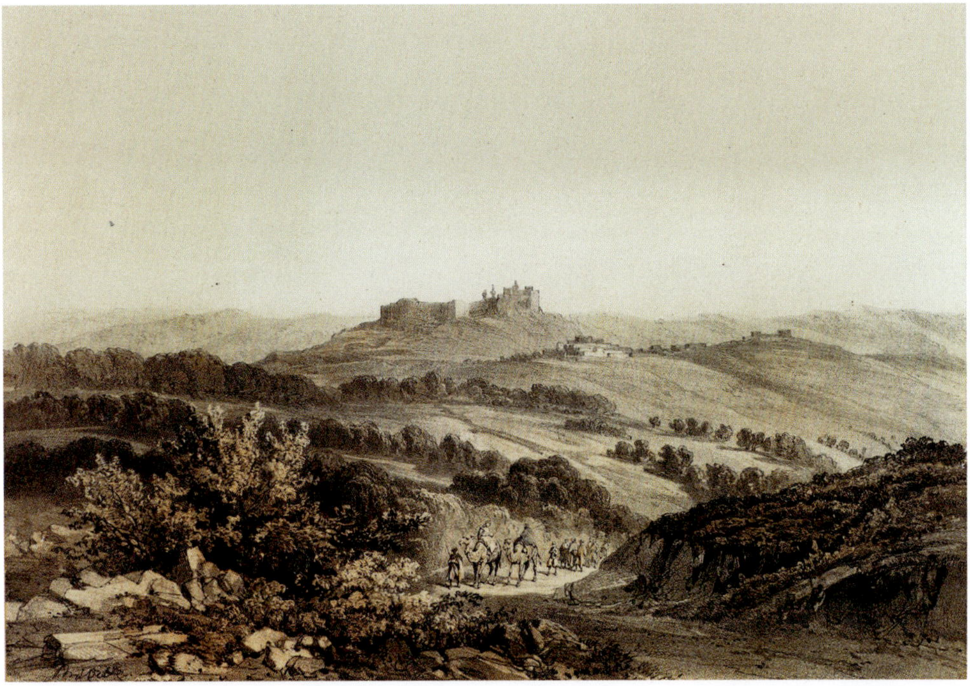

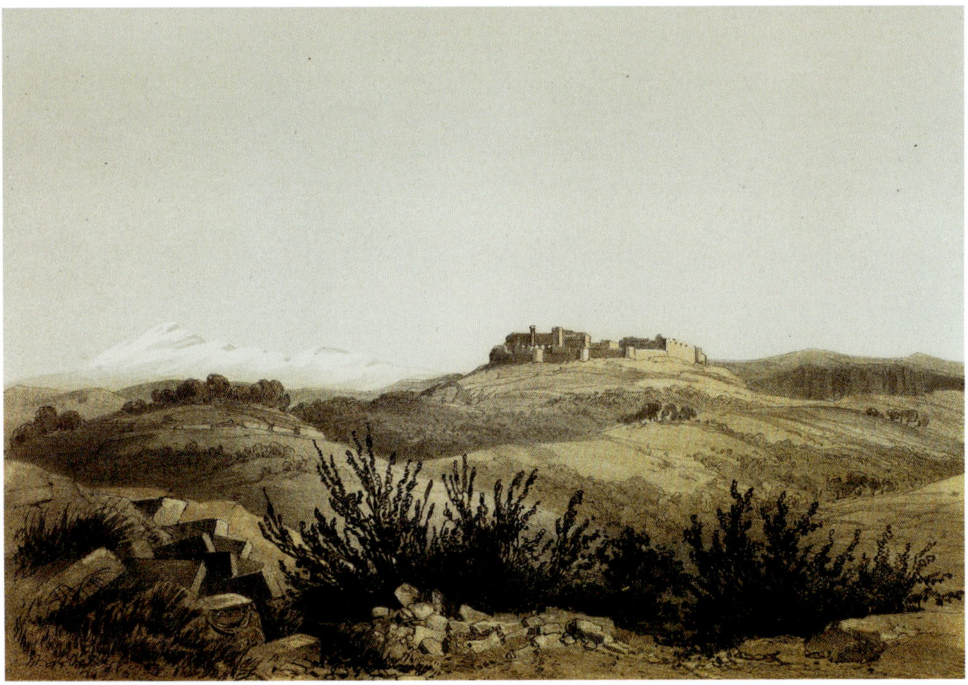

16. *37. Kalât Tibnîn (le Château Toron des Croisés)*
17. *39. Kâlat Schemma*

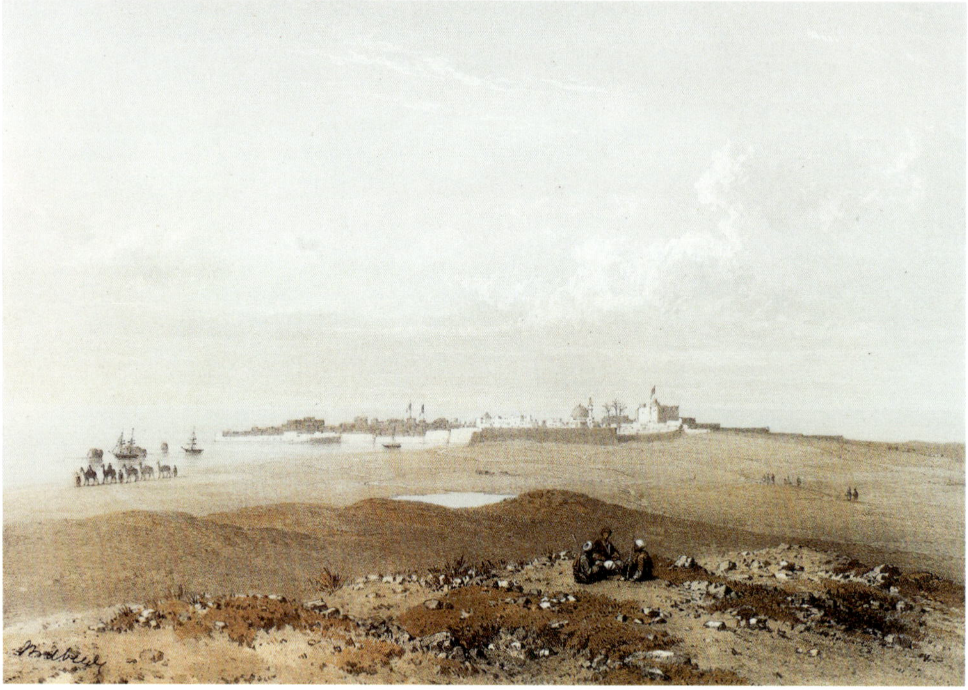

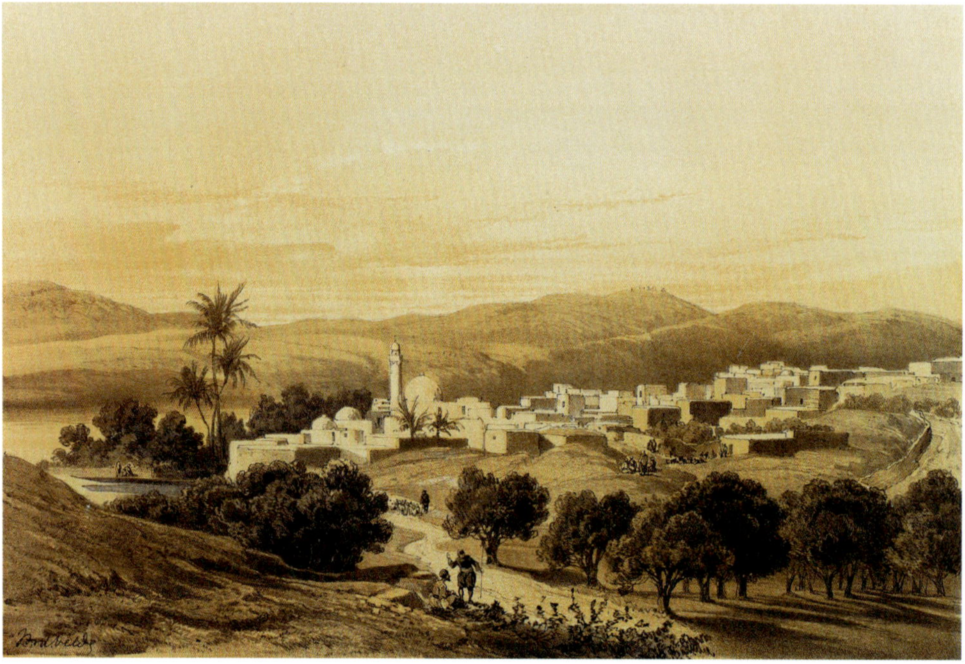

18. *43. Akka (Ptolemeis, St Jean d'Acre)*
19. *51. Jenîn en-Gannim (Tribu d'Isachar)*

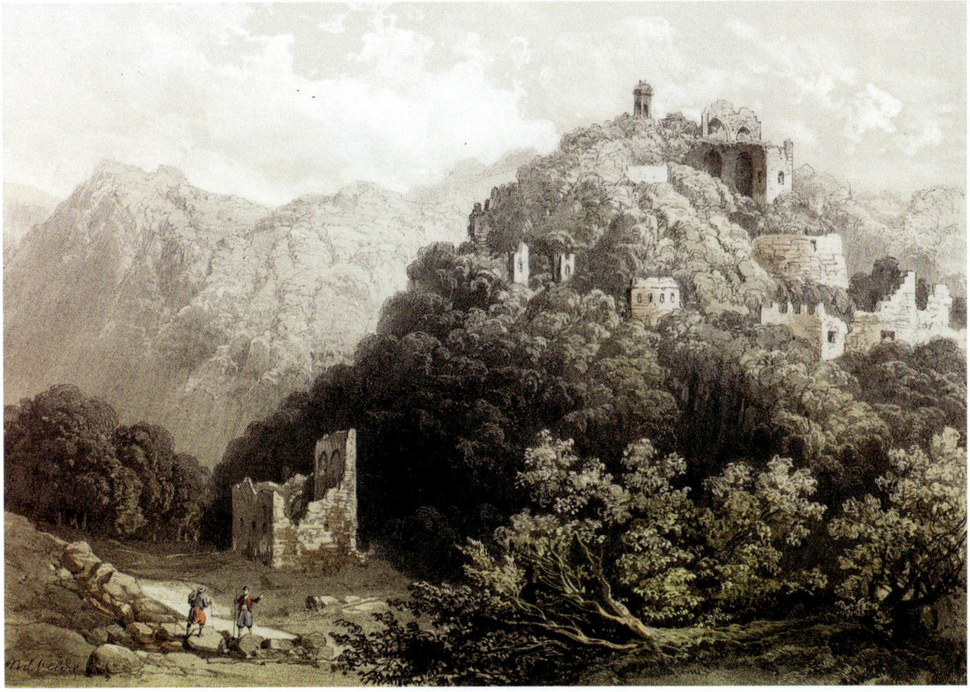

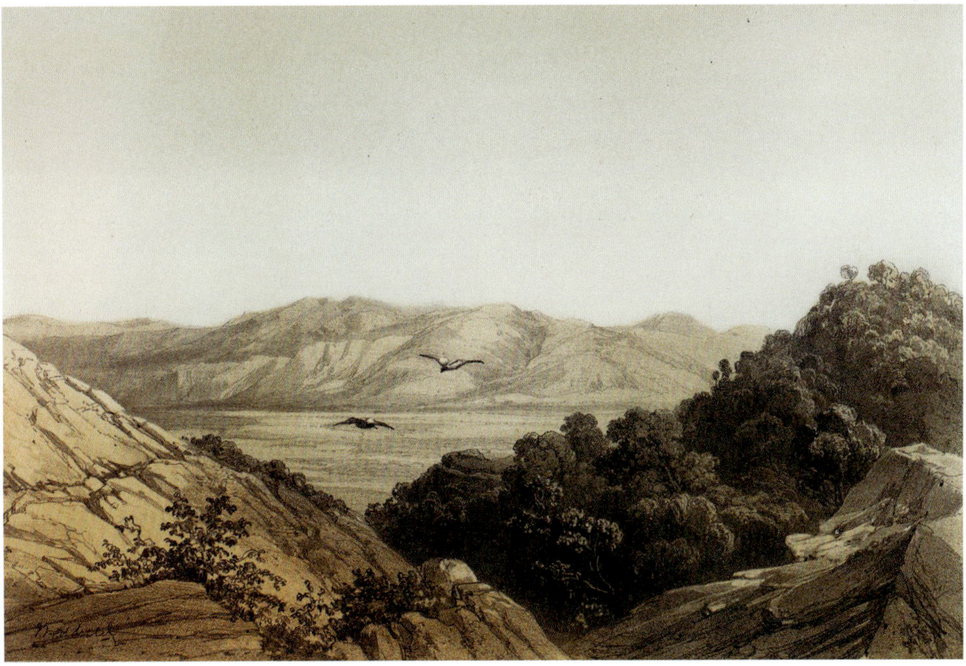

20. *40. Kalat-Karn*
21. *47. La Plaine de Jizréhel vue du Mont Carmel*

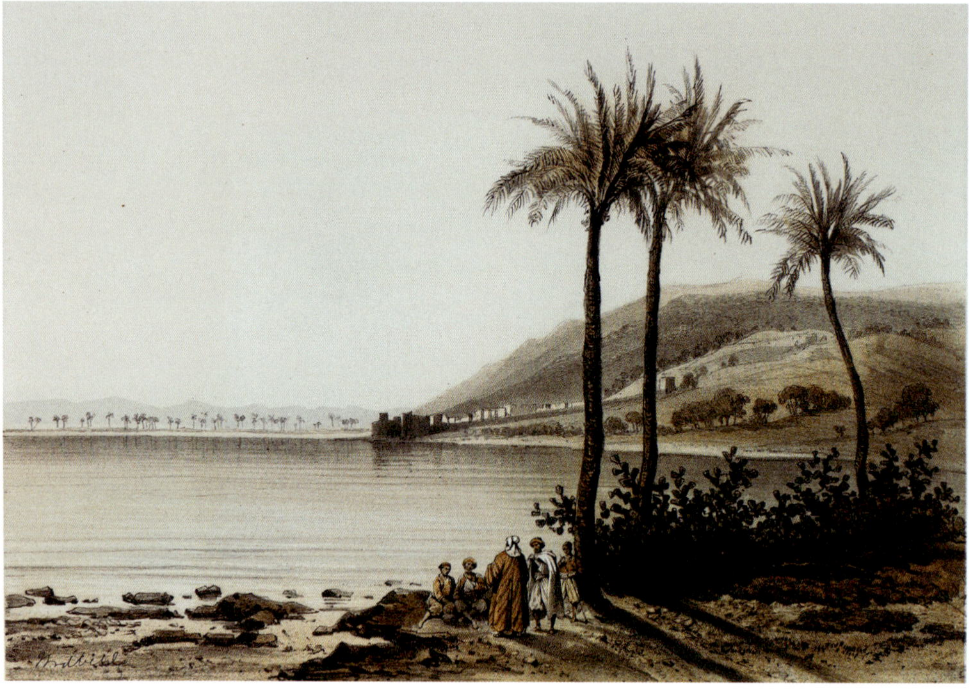

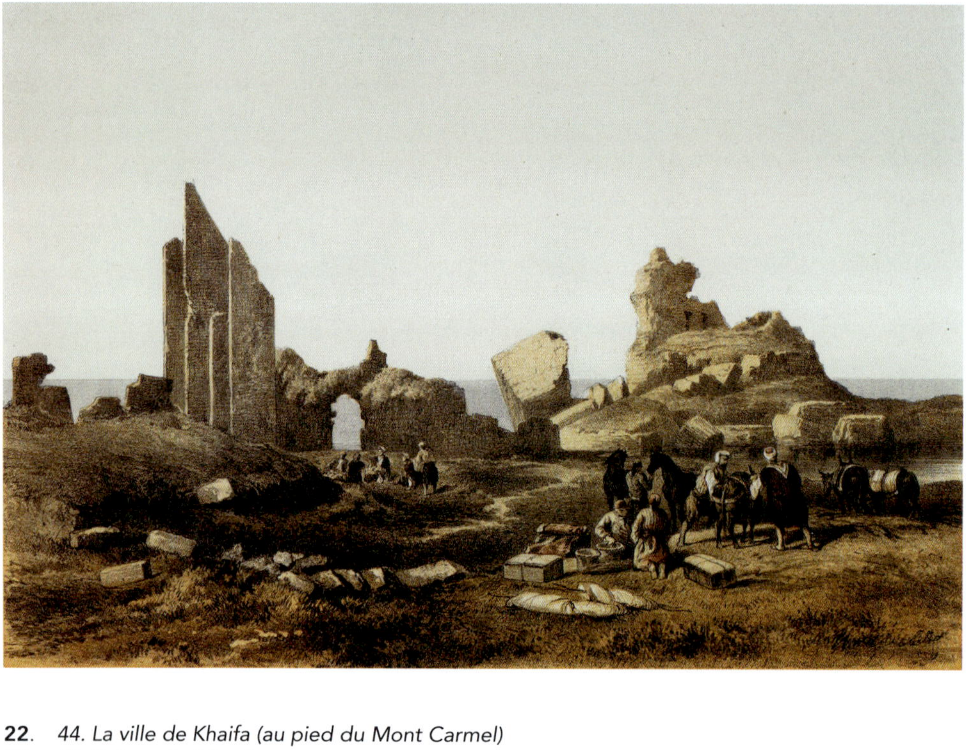

22. *44. La ville de Khaifa (au pied du Mont Carmel)*
23. *50. Ruines de Césarée*

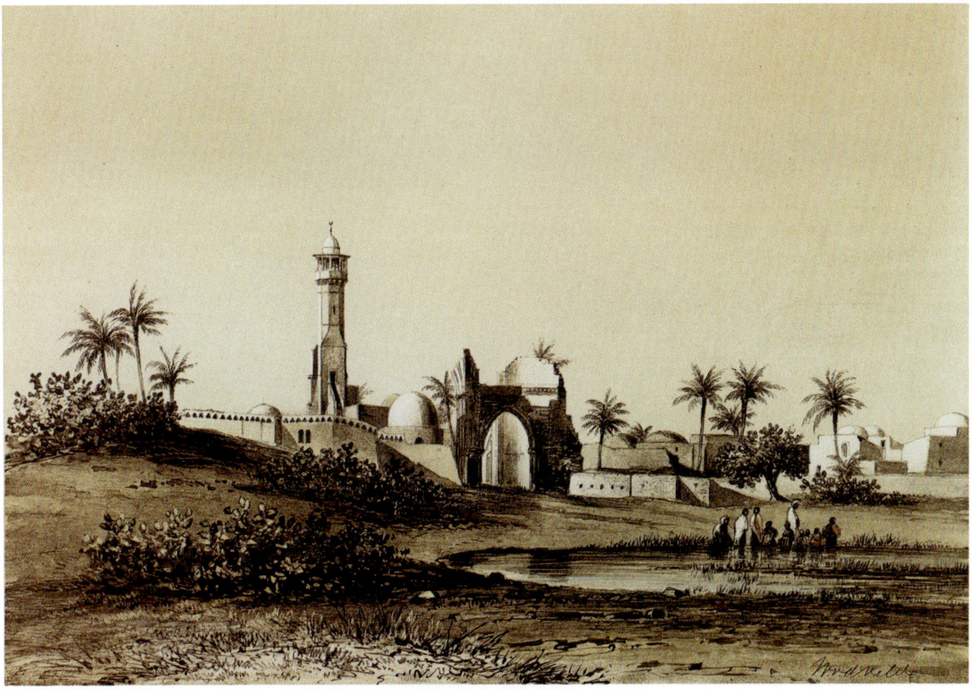

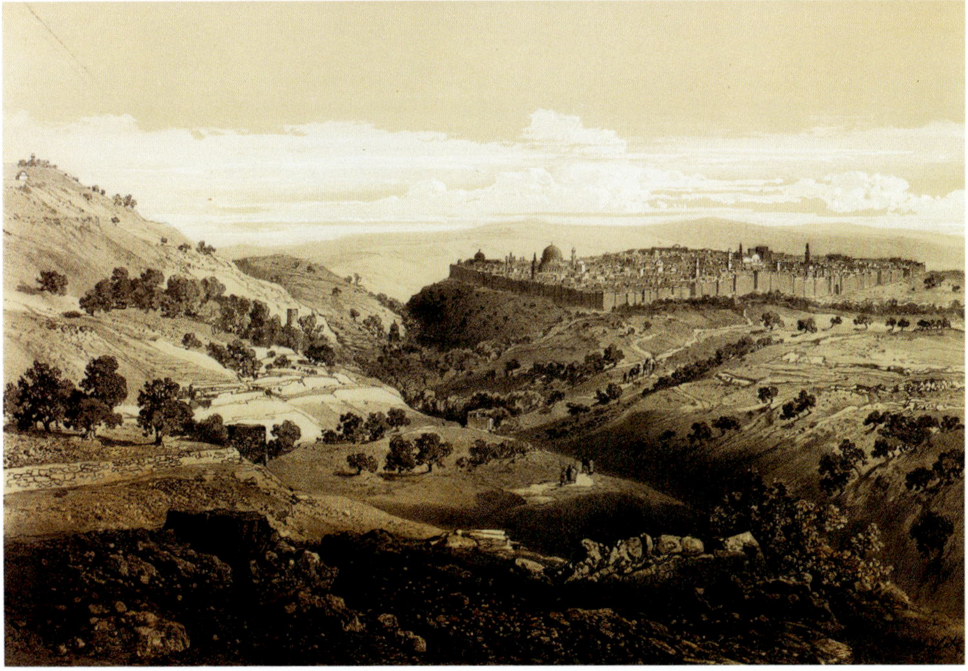

24. *57. Ruines à Ludd (Lydde)*
25. *59. Jérusalem, vue prise au N.E. de la ville*

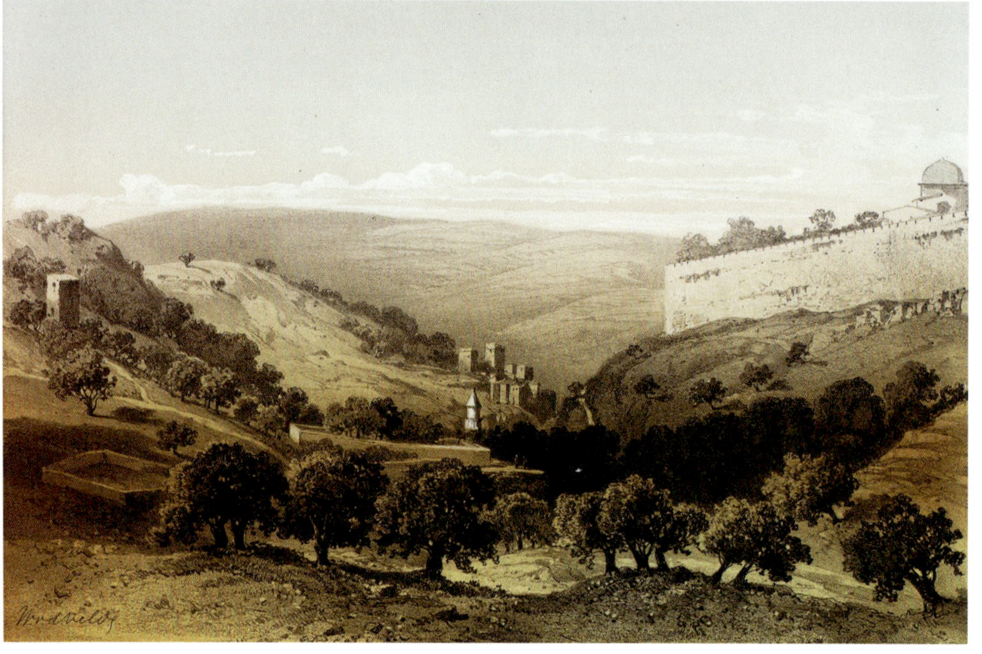

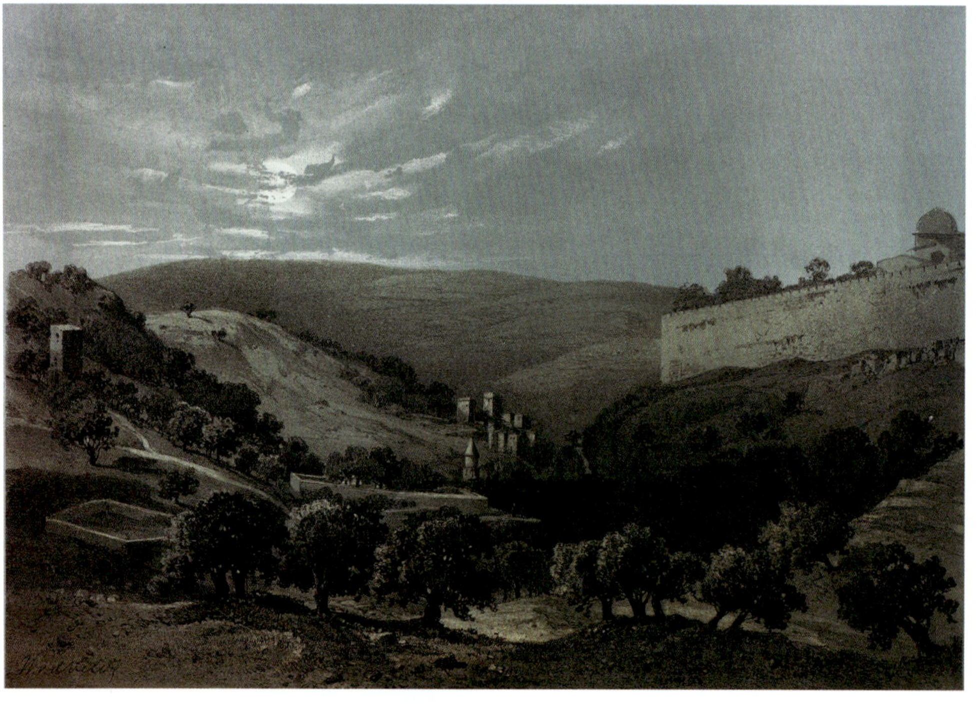

26. *62. La valée du Cédron*
27. *63. La valée du Cédron*, Nachtversion

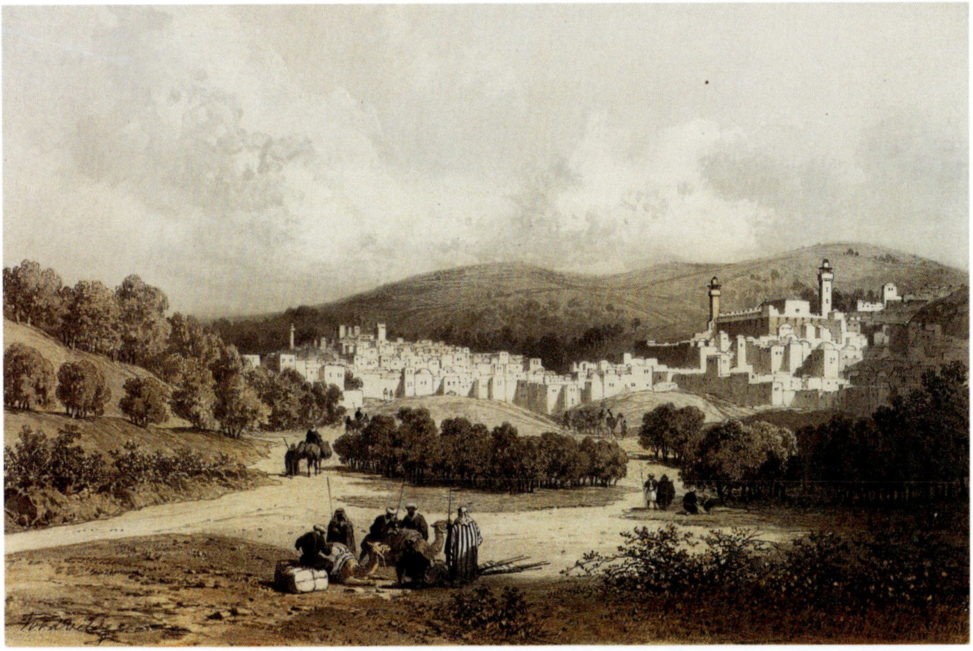

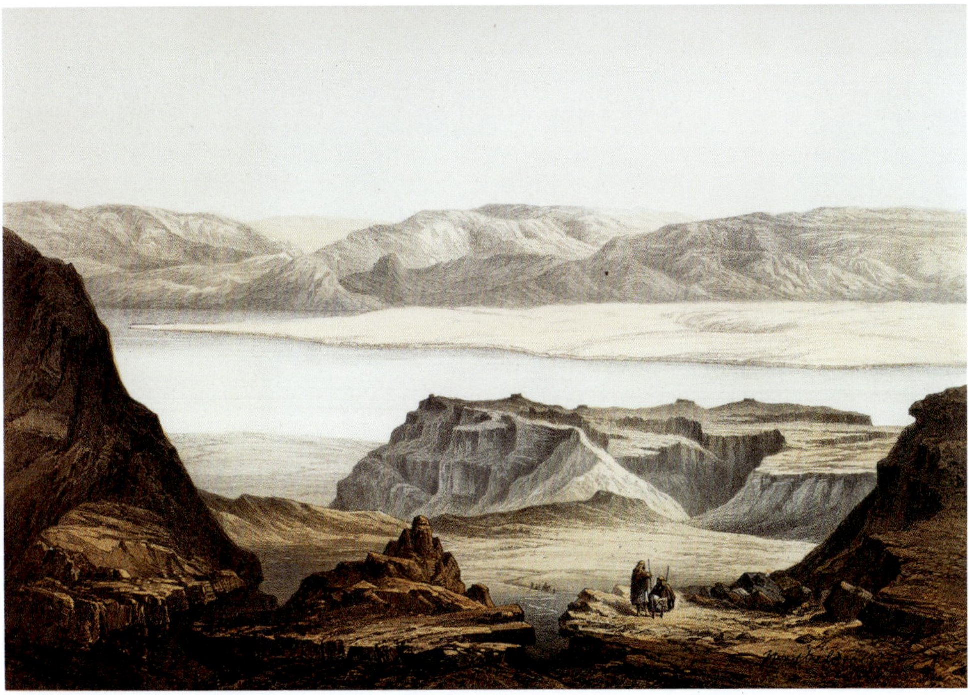

28. *67. El-Khalil (Hébron)*
29. *68. Le Rocher de Masada et la Mer Morte*

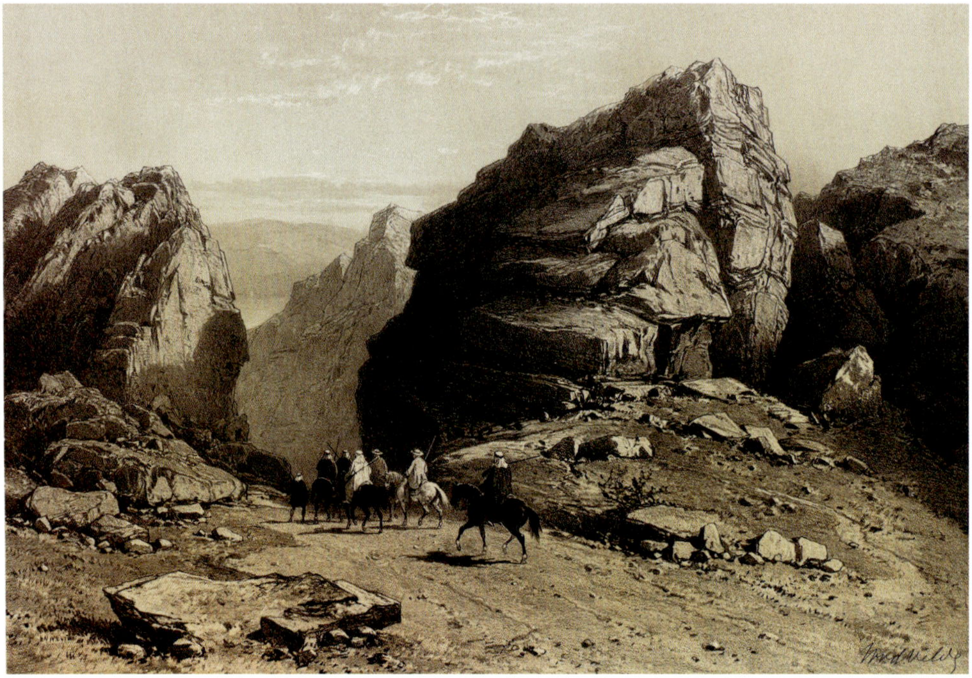

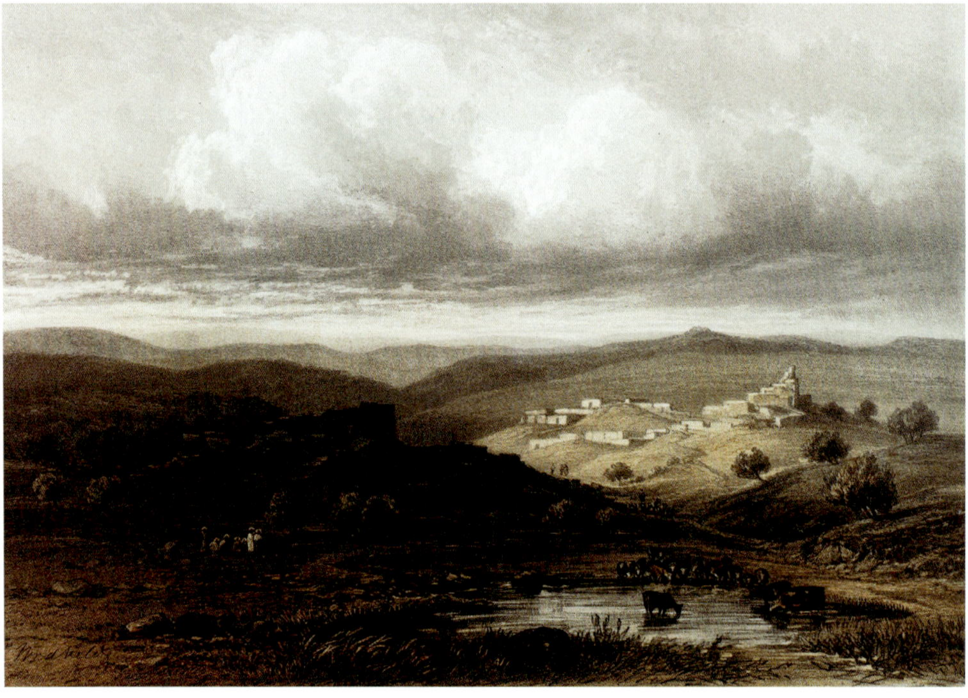

30. *69. Le Désert de Judée entre Masada et ez-Zuweirah*
31. *70. Beit-Jebrîn (Eleutheropolis)*

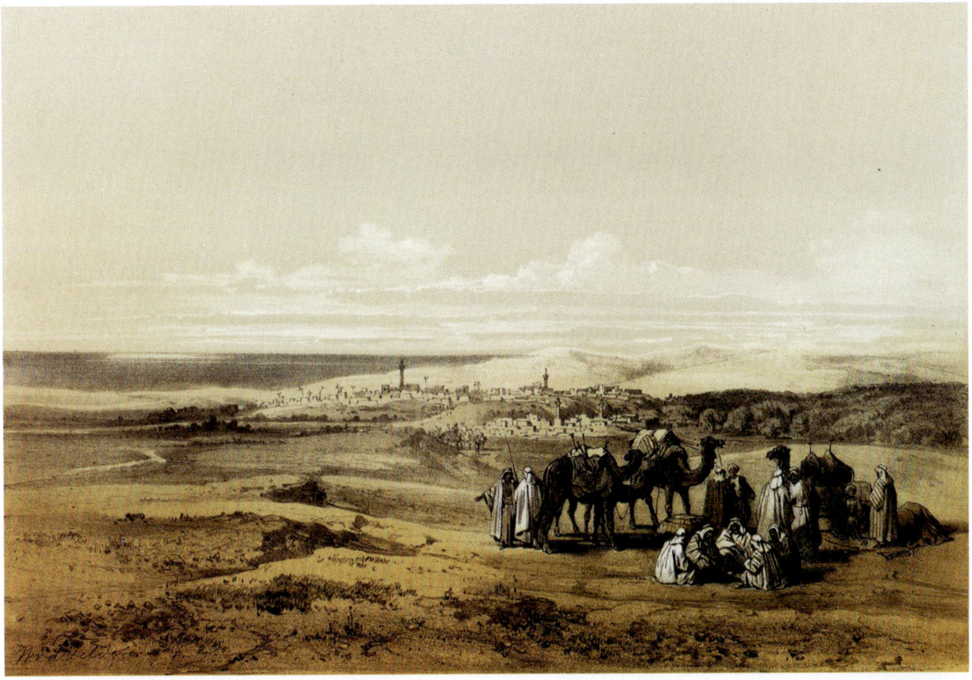

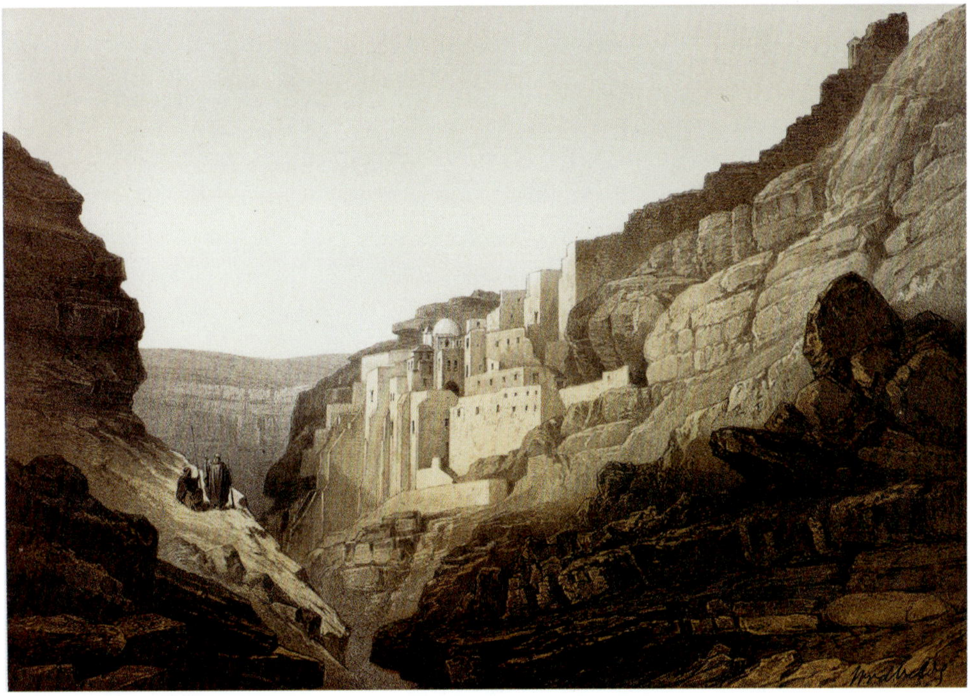

32. *71. Ghuzzeh (Gaza)*
33. *72. Le Couvent de Mar Saba*

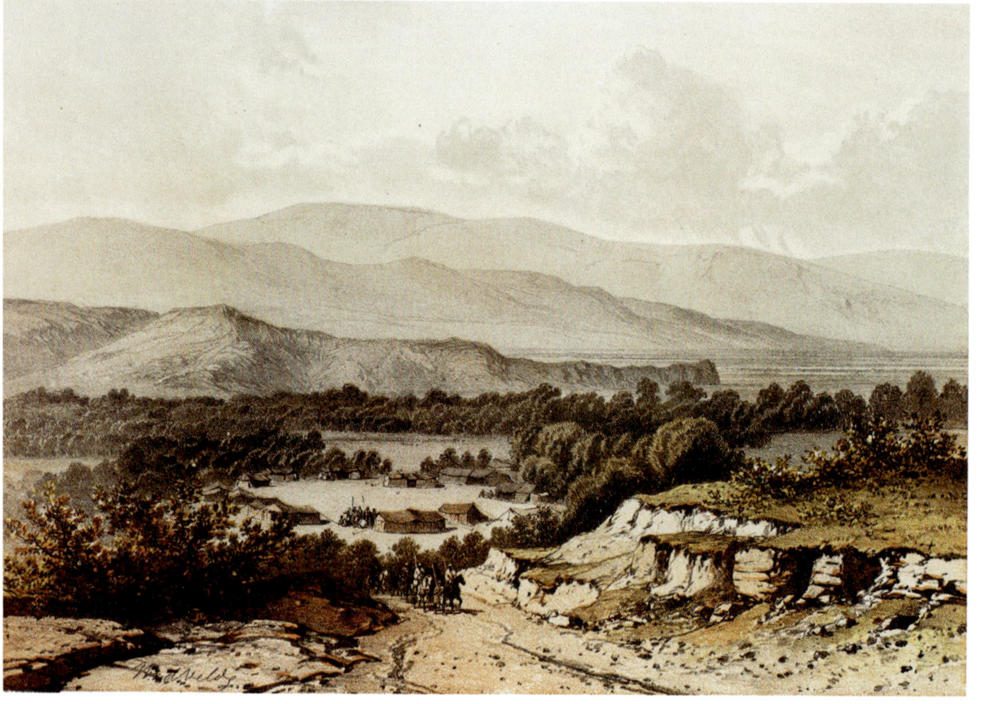

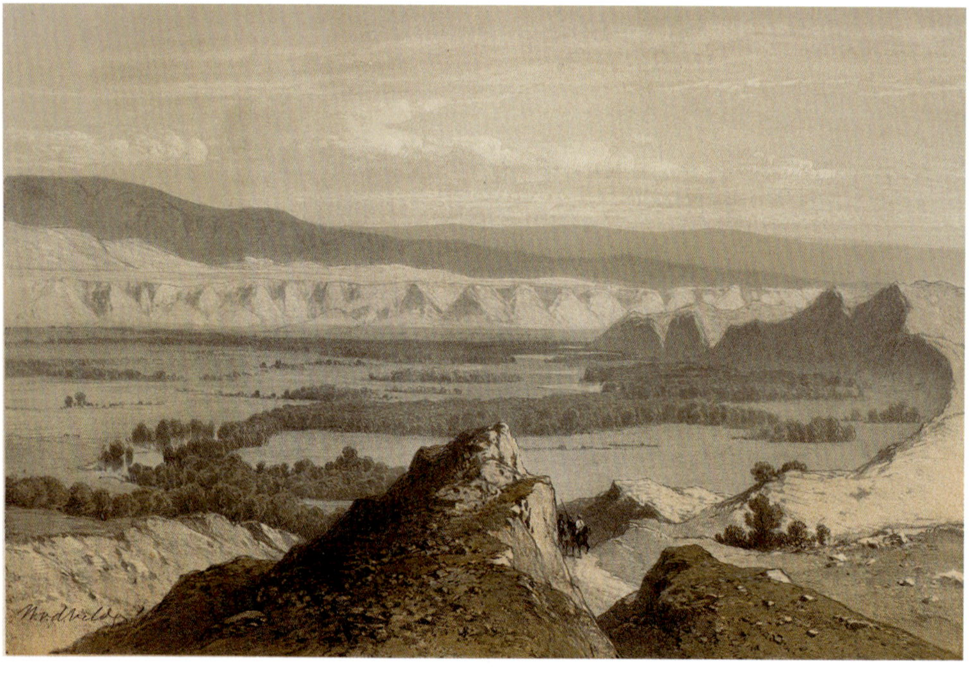

34. *75. Kerawa, oasis dans le Ghor*
35. *76. Le Jourdain, au passage de la route de Nablous à es-Salt*

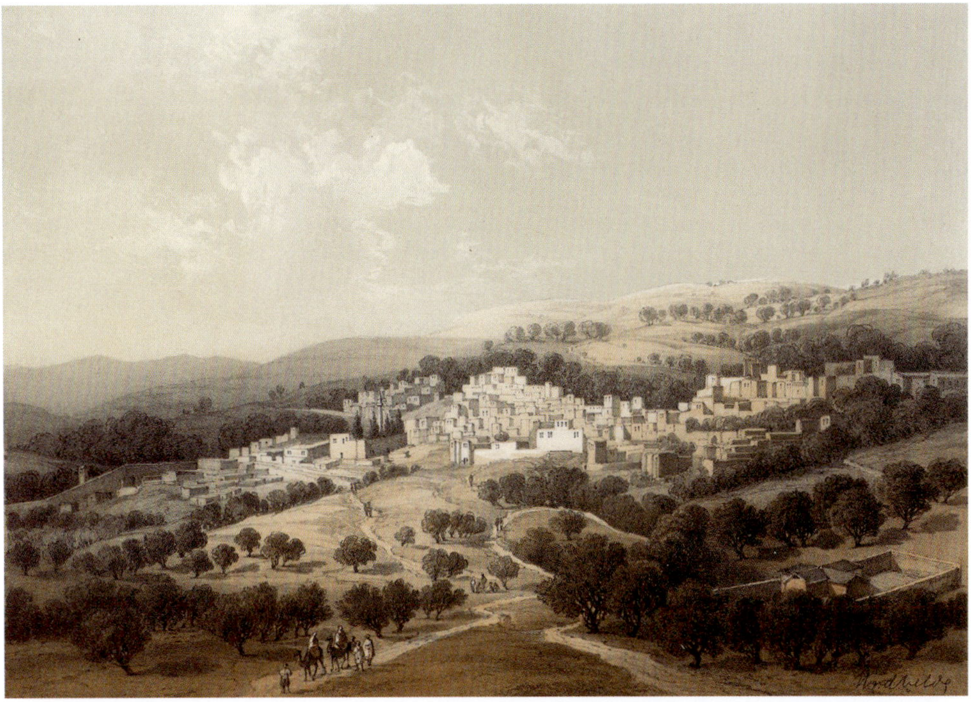

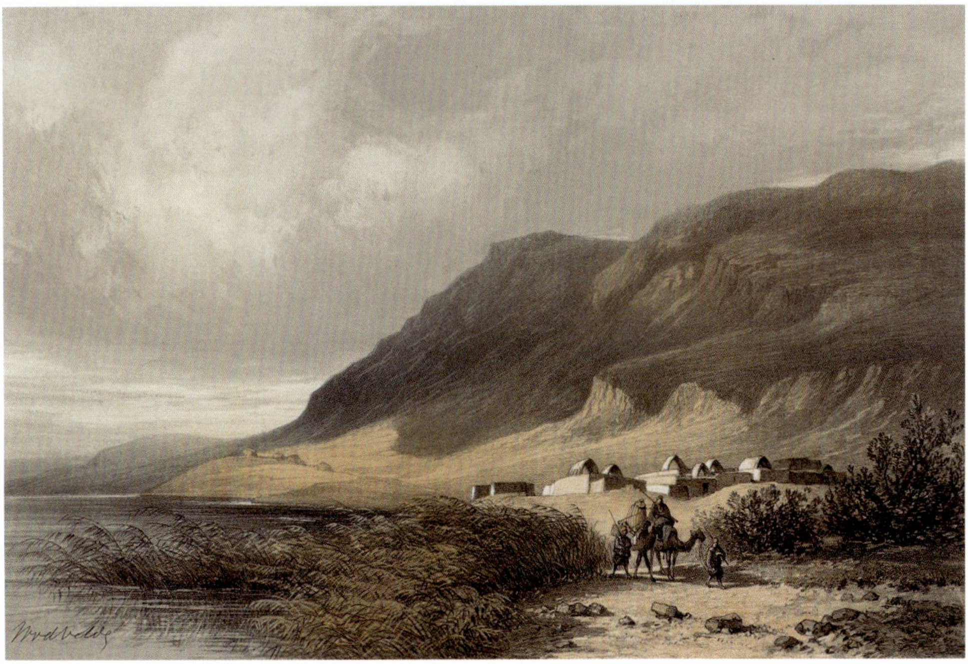

36. *79. En Nazirah (Nazareth)*
37. *81. El-Mejdel (Magdala) (Lac de Tibériade)*

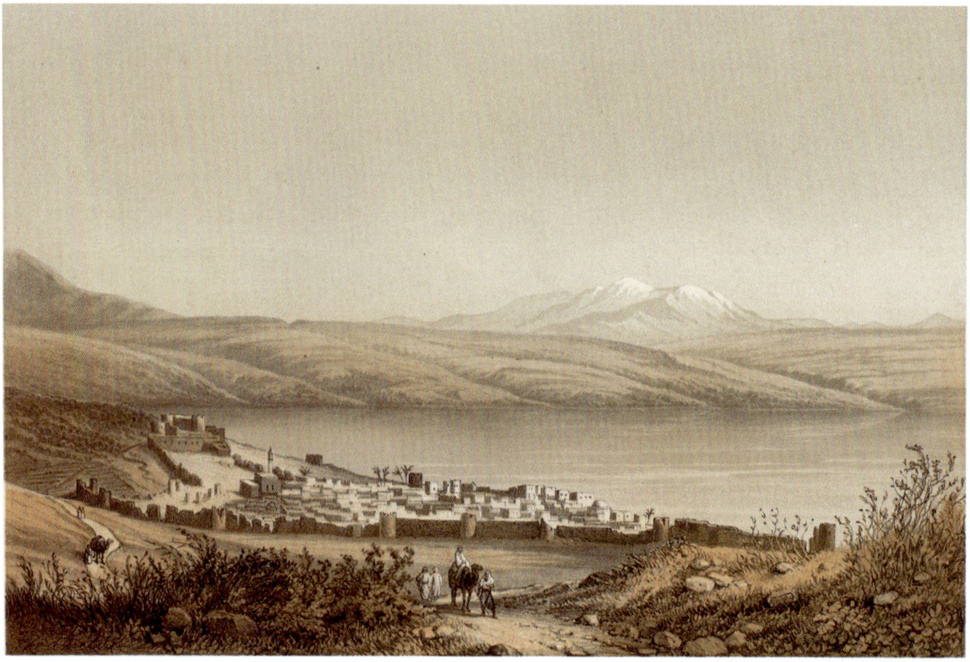

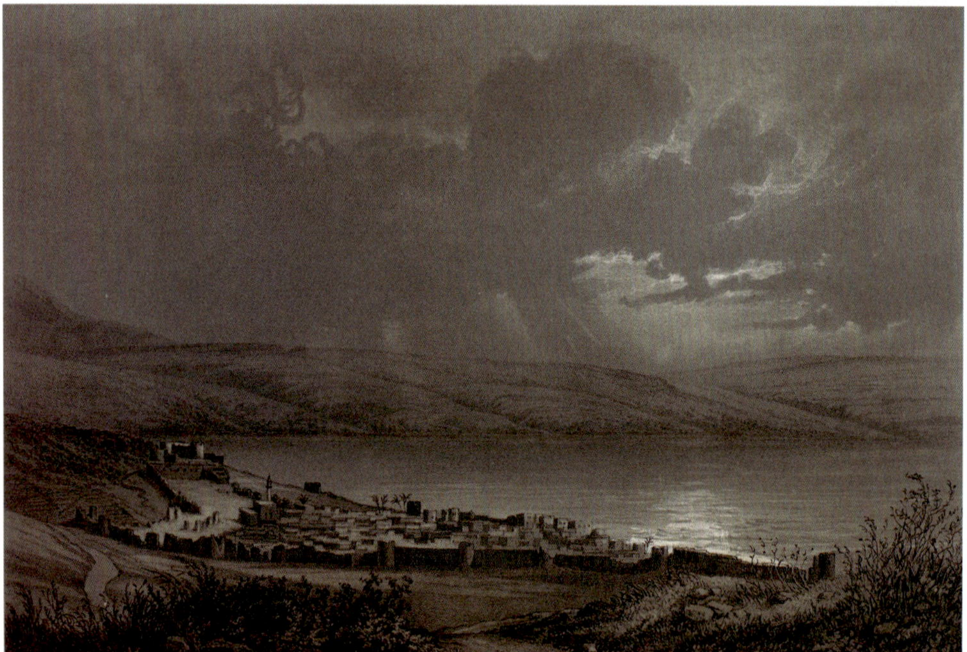

38. *80. Le Lac de Tibériade*
39. *80. Le Lac de Tibériade. La Tempête (St. Luc. VIII: 22–25)*

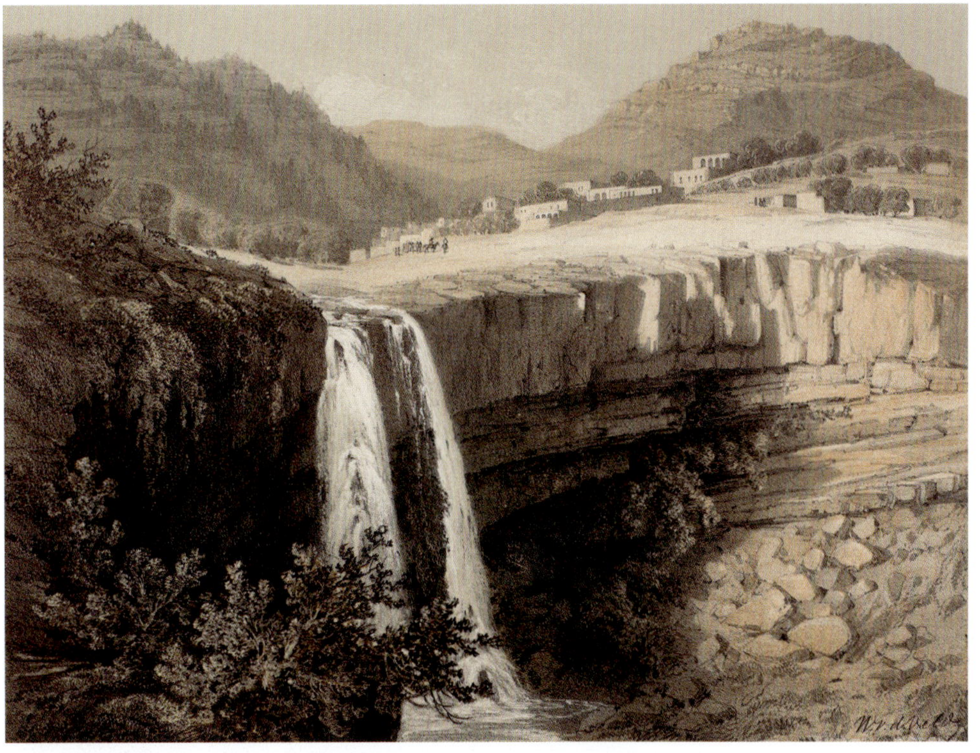

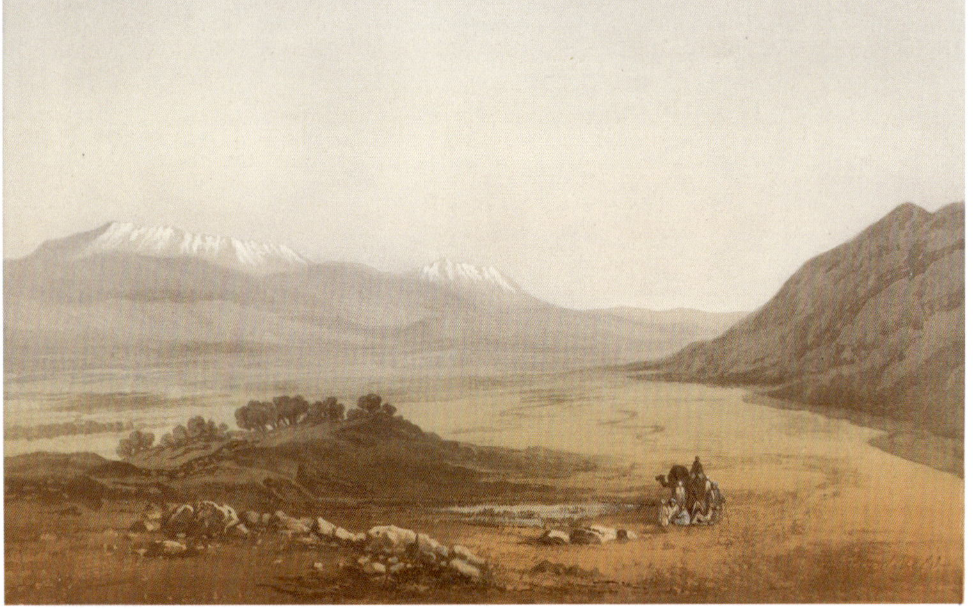

40. *86. Chûte du Torrent de Djezzîn*
41. *87. El-Bekâa. La vallée de Cœlésyrie*

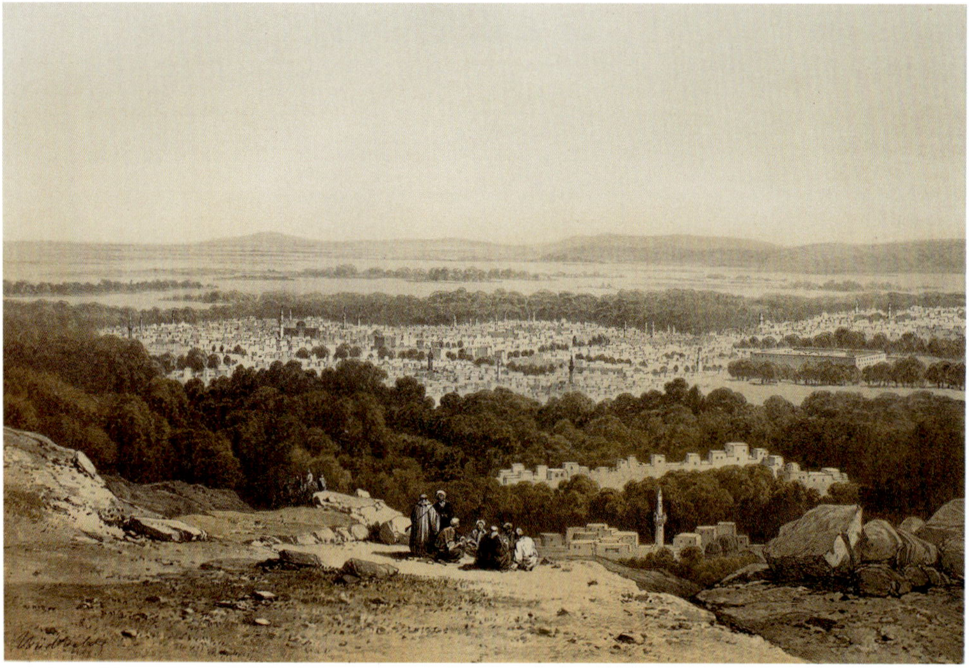

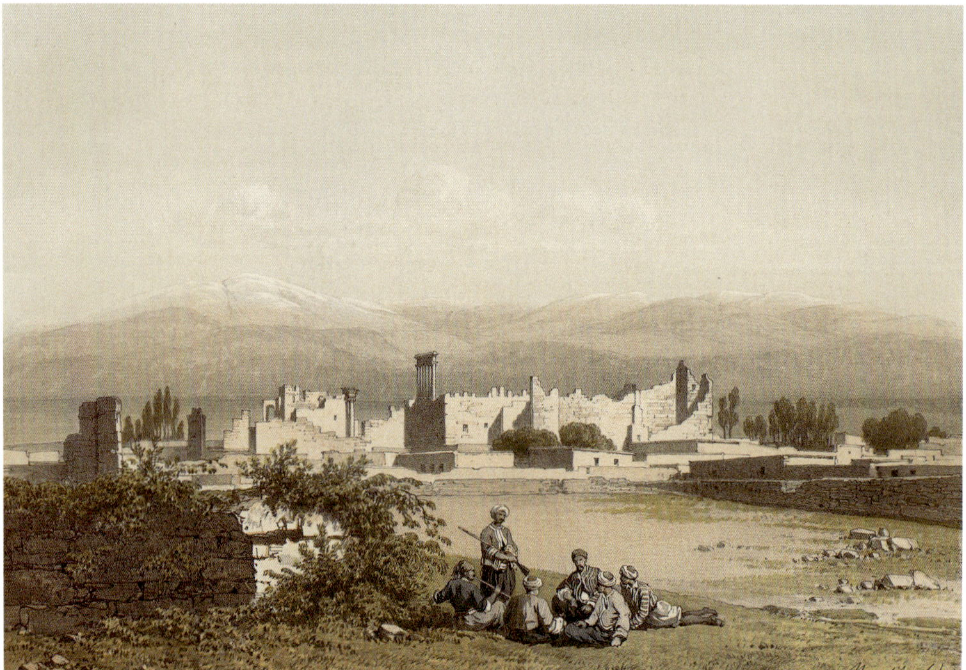

42. *88. Esch-Schâm (Damas)*
43. *91. Baalbec (côté oriental)*

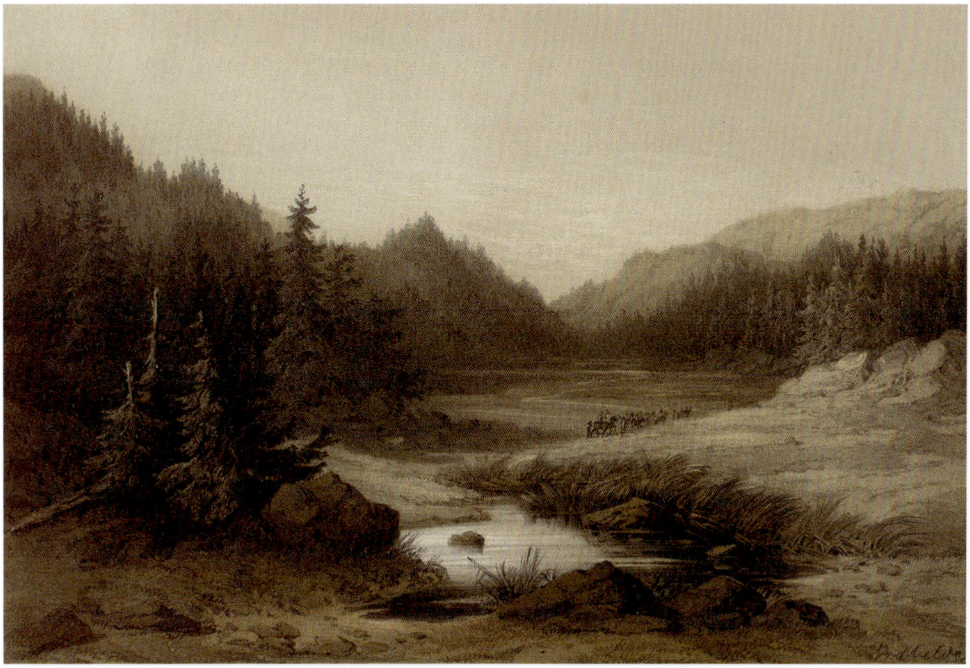

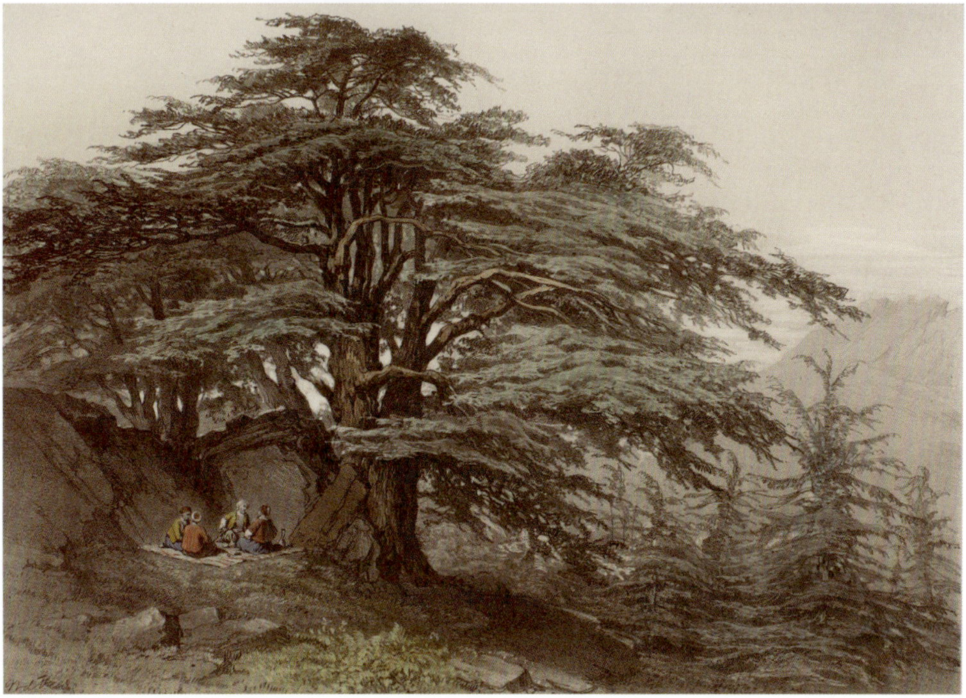

44. *94. Merj Ahîn. Vallée alpestre du Liban Septentrional*
45. *97. Les cèdres du Liban*

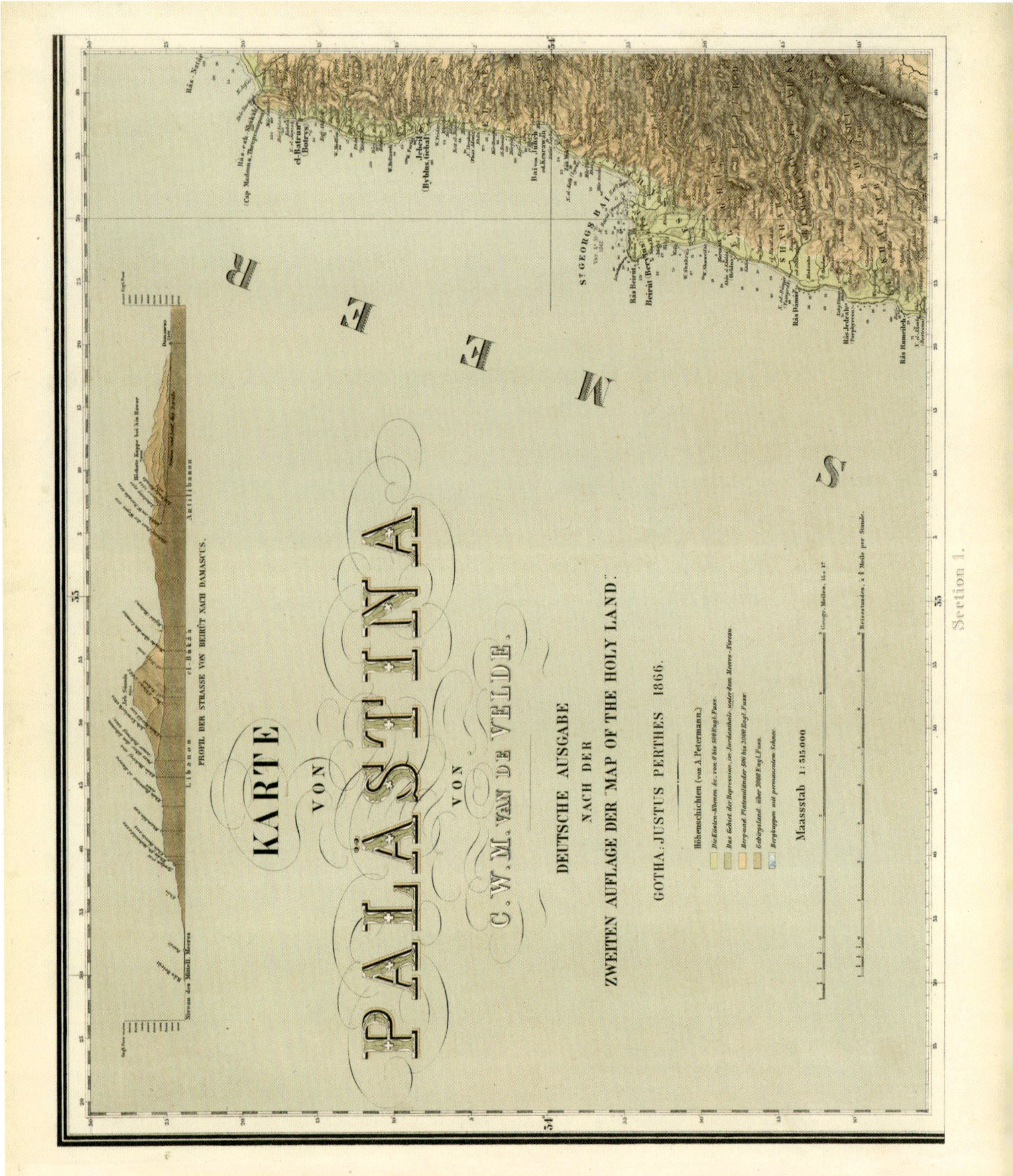

46–53. *Charles William Meredith van de Velde: Karte von Palästina, 2. Aufl. der Map of the Holy Land*

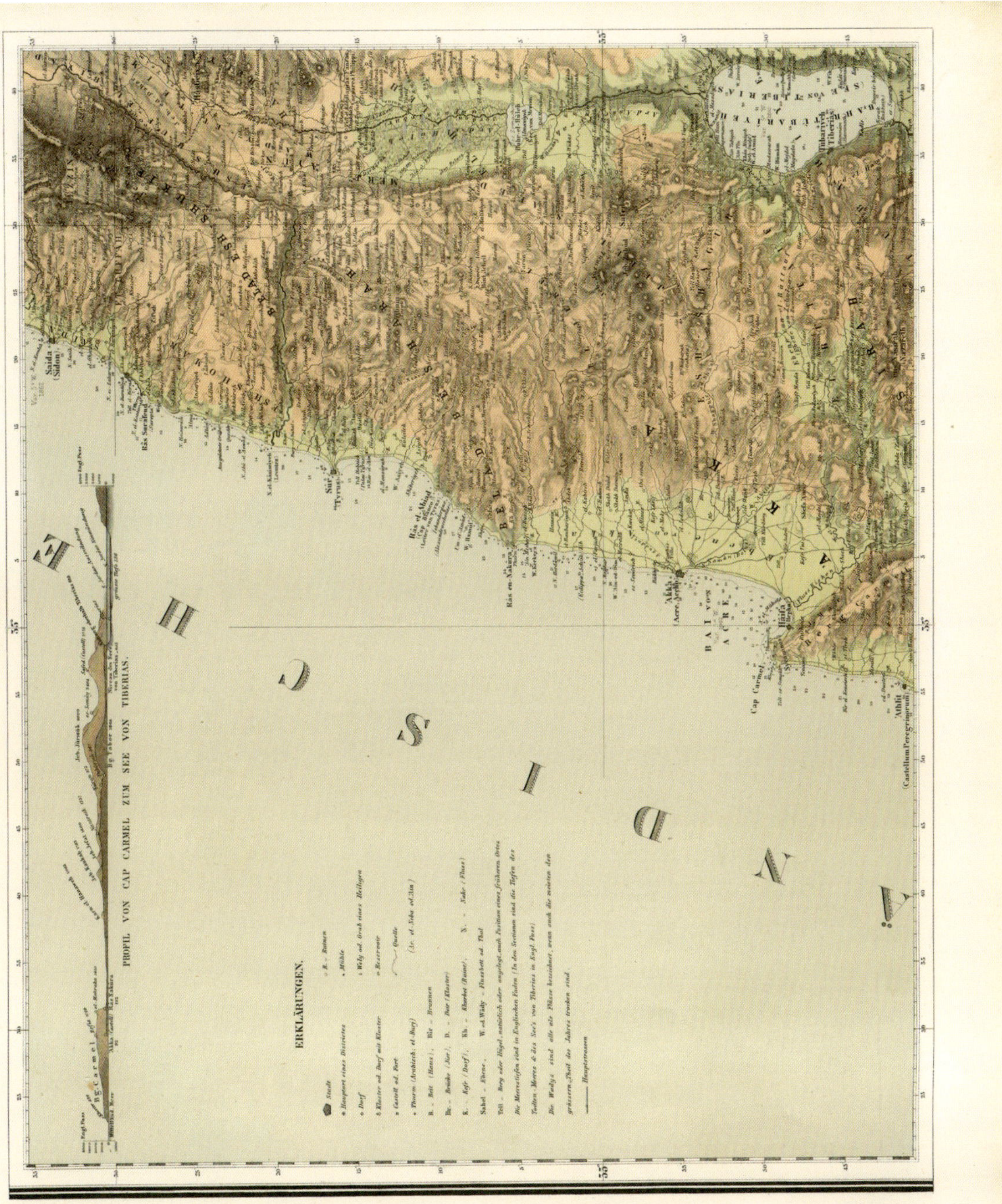
Section 3.
PROFIL VON CAP CARMEL ZUM SEE VON TIBERIAS.
ERKLÄRUNGEN.
Saida (Sidon)
Sur (Tyrus)
Akka (Acre)
Haifa
Cap Carmel
BAI VON ACRE
Tiberias

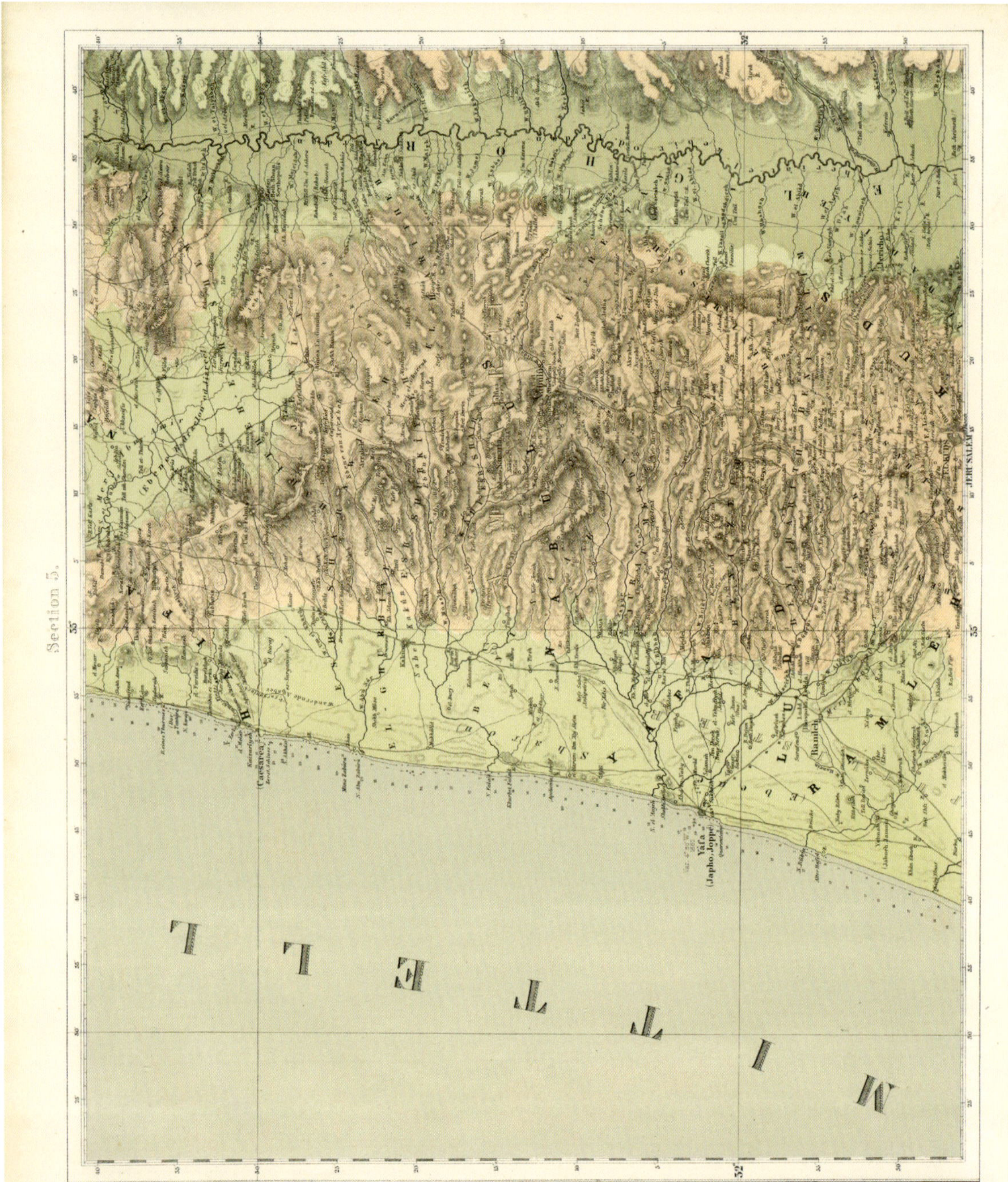
Section 5.
MITTEL
Caesarea
Yafa (Japho, Joppe)
Ramleh
JERUSALEM

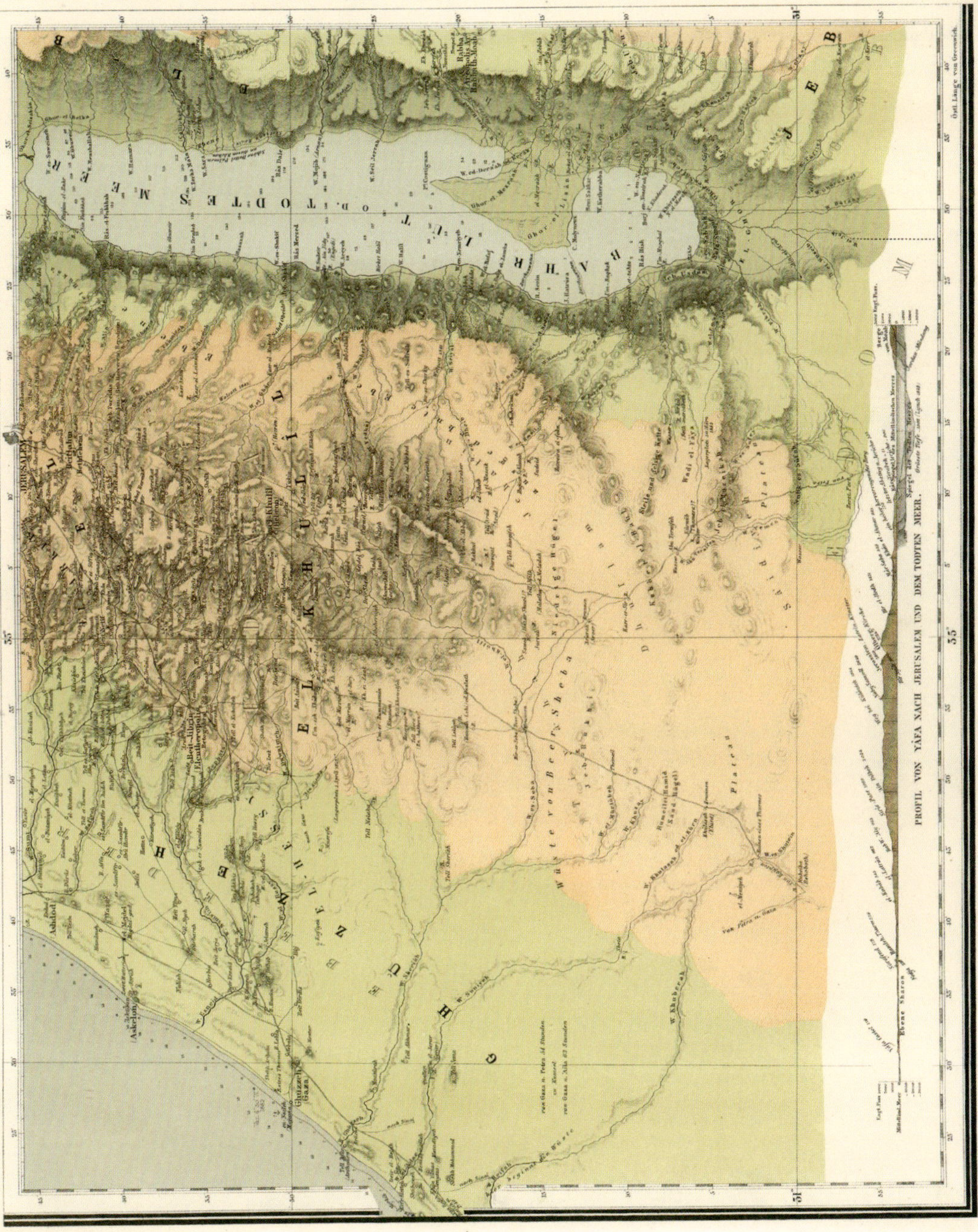
Section 7.
JERUSALEM
Wüste von Beer Sheba
TODTES MEER
PROFIL VON YAFA NACH JERUSALEM UND DEM TODTEN MEER.

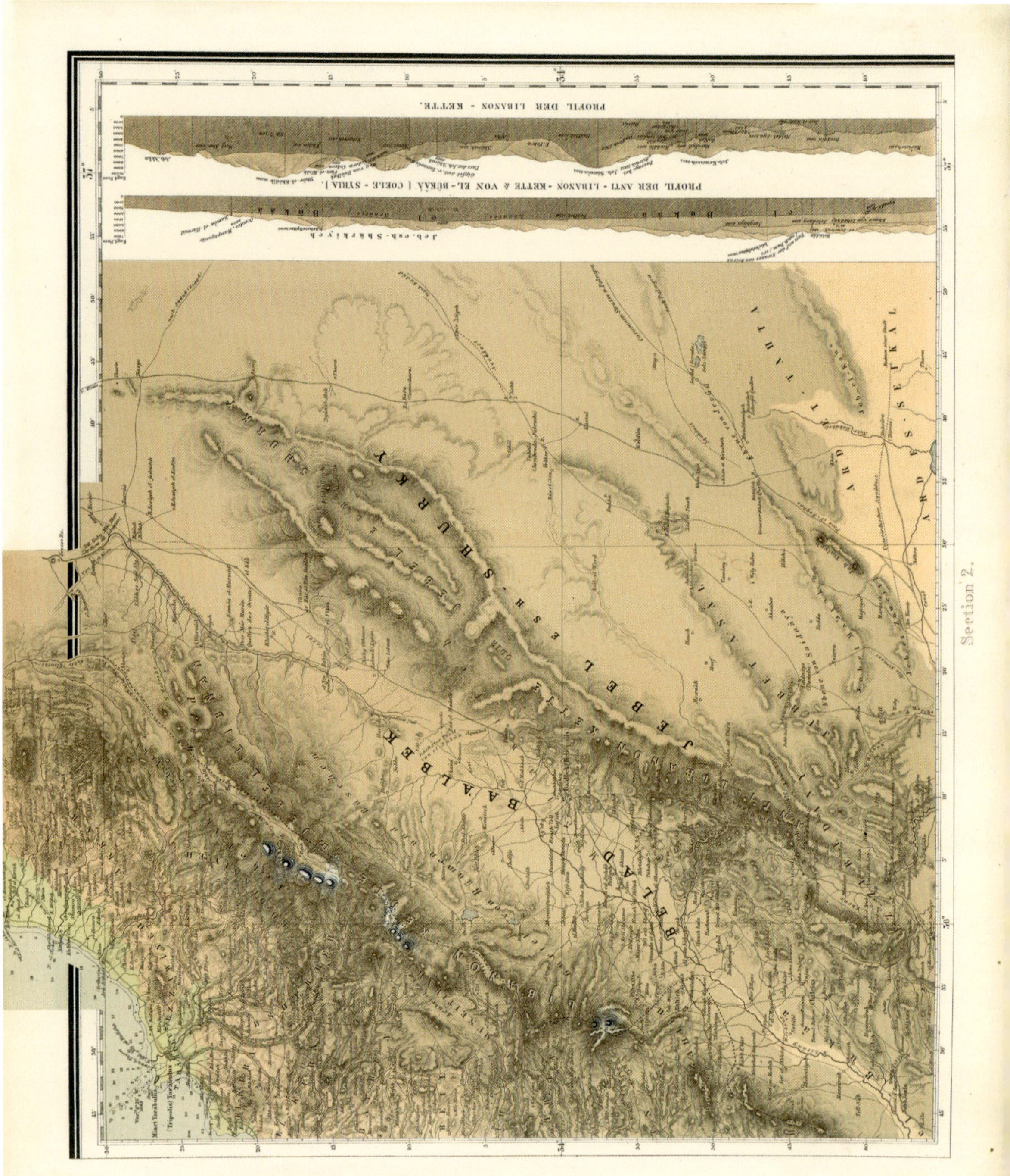
PROFIL DER LIBANON - KETTE.
PROFIL DER ANTI - LIBANON - KETTE & VON EL - BEKÂA (COELE - SYRIA).
BAALBEK
Section 2.

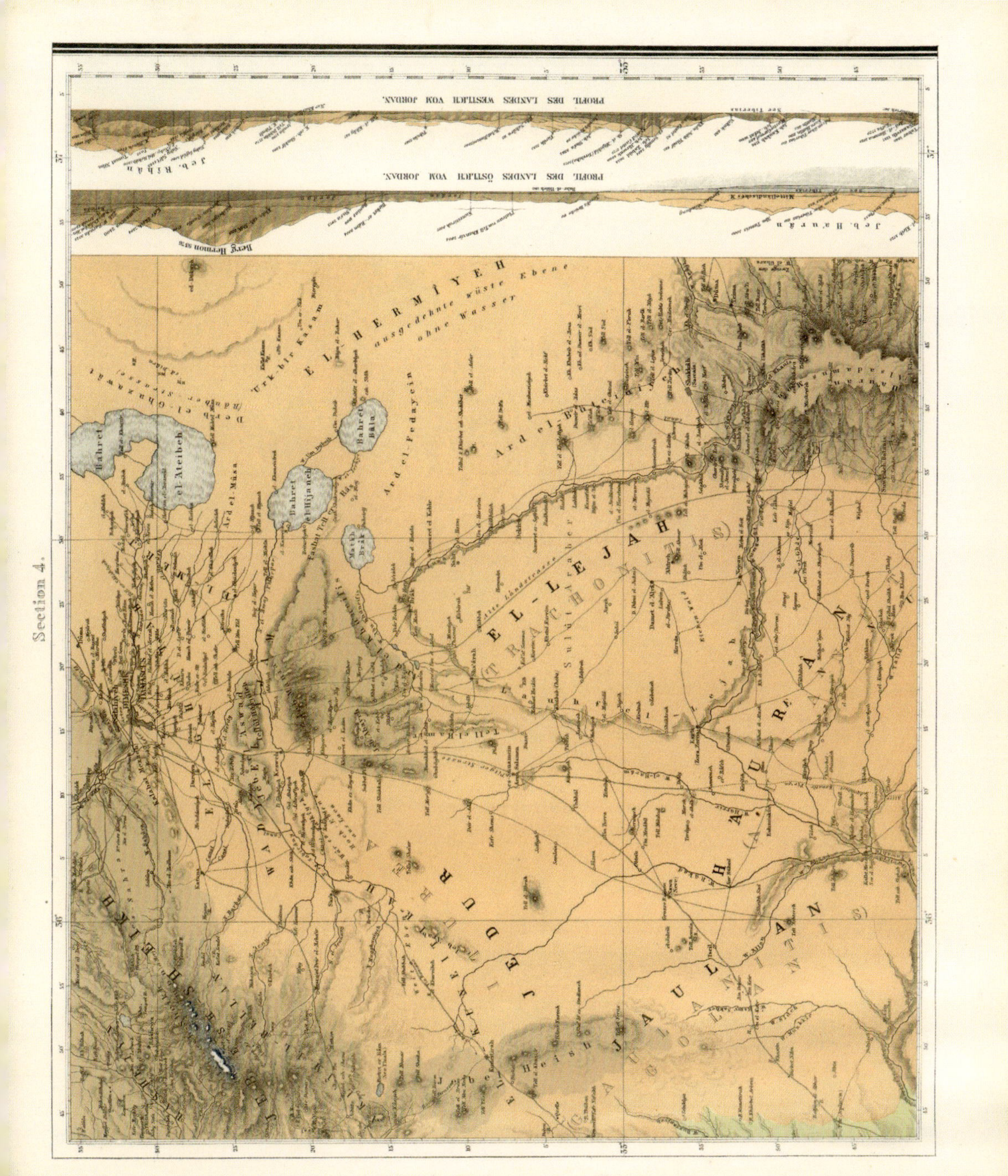
Section 4.
PROFIL DES LANDES WESTLICH VOM JORDAN.
PROFIL DES LANDES ÖSTLICH VOM JORDAN.
EL-HERMÎYEH
ausgedehnte wüste Ebene
ohne Wasser
EL-LEJAH
el-Ateibeh
Ard el-Pedayein

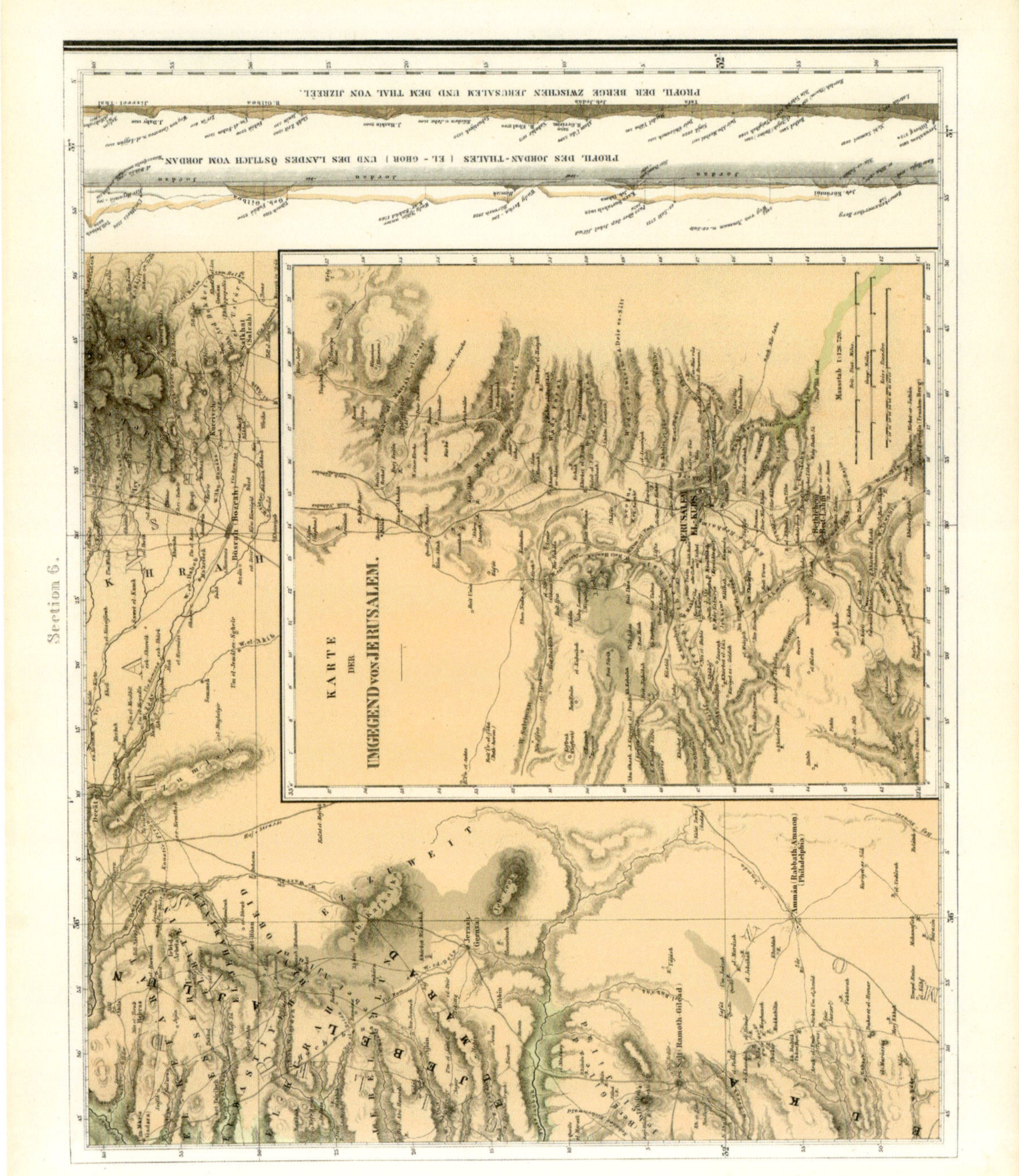
Section 6.
PROFIL DER BERGE ZWISCHEN JERUSALEM UND DEM THAL VON JIZREEL.
PROFIL DES JORDAN-THALES (EL - GHOR) UND DES LANDES ÖSTLICH VOM JORDAN.
KARTE DER UMGEGEND VON JERUSALEM.
JERUSALEM
EL-KUDS
Ammân (Rabbath-Ammon) (Philadelphia)

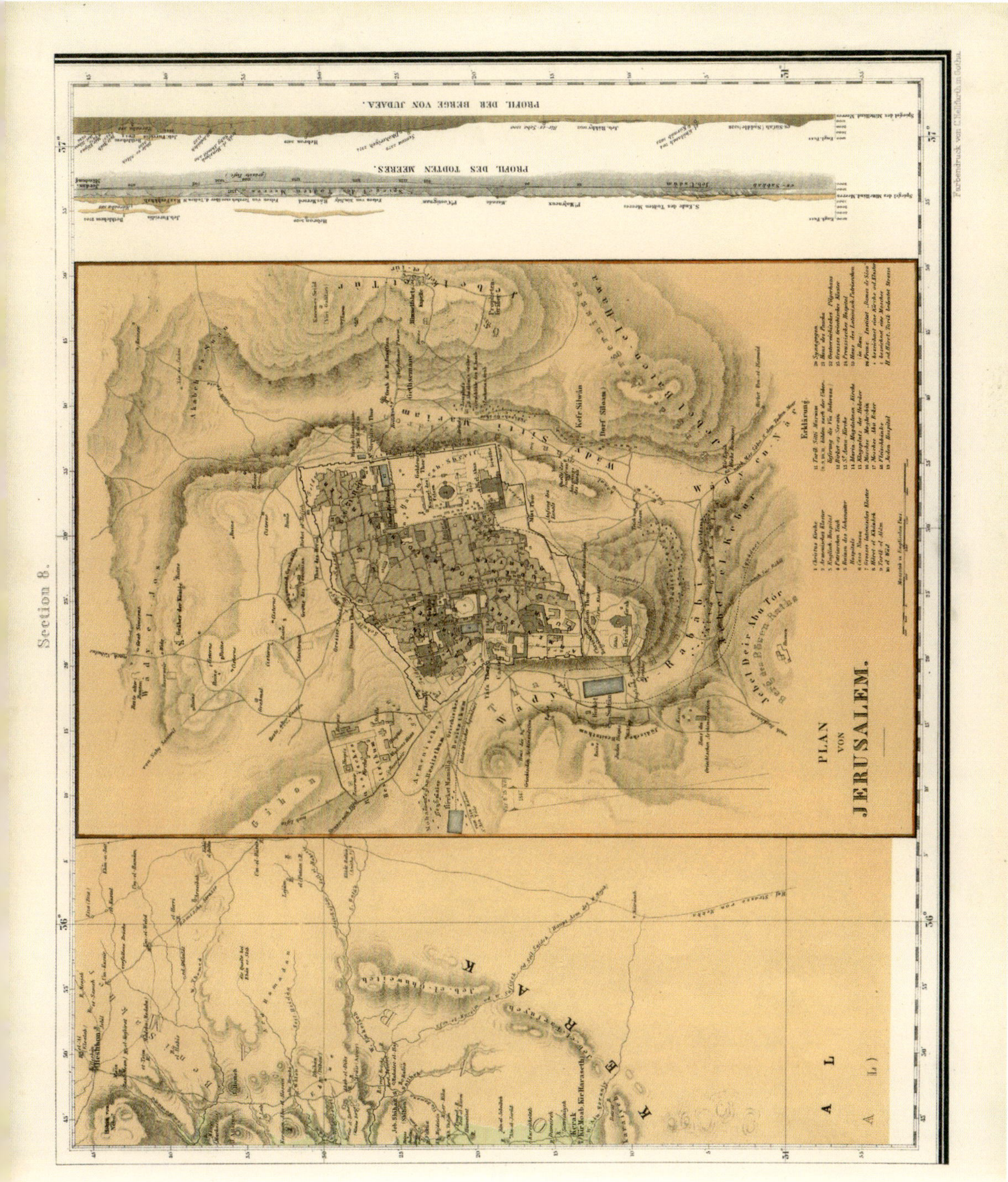
Section 8.
PROFIL DER BERGE VON JUDAEA.
PROFIL DES TODTEN MEERES.
PLAN VON JERUSALEM.
Erklärung.